数字系统设计实验教程

（第二版）

屈民军　唐　奕　马洪庆　主编

科学出版社

北京

内 容 简 介

　　本书是电子类专业核心课程的教材之一，由多年从事数字电子技术理论和实验教学的教师合作完成。书中以 Xilinx 公司的 Vivado FPGA 设计套件为基础，硬件平台以 Xilinx 的 Nexys Video Artix-7 FPGA 多媒体音视频智能互联系统为主，并辅以 Basys 3 FPGA 口袋开发板；软件平台采用 ModelSim、Vivado 等专用开发工具，循序渐进地介绍数字系统设计的原理和方法。

　　本书内容包括数字系统设计方法介绍、Verilog HDL 介绍、仿真及测试代码的编写、实验软/硬件平台的使用、数字系统基础实验、数字系统综合实验、MIPS 微处理器的设计和应用等 7 章。作者本着培养学生综合设计和创新能力的原则精心设计了 29 个实验项目，以设计性、综合性和探索性实验为主，强调多学科知识的交叉应用，以达到培养和提高学生实验的综合技能的目的。

　　本书可作为高等院校电子信息类、通信类、自动化类、计算机类、测控技术与仪器等专业的教材，也可供其他从事电子技术工作的技术人员参考。

图书在版编目（CIP）数据

数字系统设计实验教程/屈民军，唐奕，马洪庆主编. —2 版. —北京：科学出版社，2018.6

ISBN 978-7-03-057749-8

Ⅰ. ①数⋯　Ⅱ. ①屈⋯　②唐⋯　③马⋯　Ⅲ. ①数字系统–系统设计–实验–教材　Ⅳ. ①TP271-33

中国版本图书馆 CIP 数据核字（2018）第 123557 号

责任编辑：刘　博/责任校对：郭瑞芝
责任印制：赵　博/封面设计：迷底书装

科 学 出 版 社 出版
北京东黄城根北街 16 号
邮政编码：100717
http://www.sciencep.com
三河市骏杰印刷有限公司印刷
科学出版社发行　各地新华书店经销
*
2018 年 6 月第 一 版　　开本：787×1092　1/16
2025 年 1 月第五次印刷　　印张：21 1/4
字数：490 000
定价：79.00 元
（如有印装质量问题，我社负责调换）

前　言

随着集成电路深亚微米工艺技术的发展，EDA 技术和 FPGA 器件获得了长足的发展，七年前出版的《数字系统设计实验教程》在内容方面就显得有些落后了。为了顺应技术潮流，必须对实验的软/硬件平台进行升级，因此对原书的修订就显得势在必行。与此同时，作者经过这七年的实验教学，积累了大量的实验教学心得，获得了新的教学思路，并累积了大量教学素材，为原书的修订打下坚实的基础。这次教程修订的主要思想体现在以下几个方面。

(1) 实验设置更加重视由浅入深，循序渐进，并注重实验的趣味性，便于学生接受的同时激发学生学习兴趣，提高实验教学质量。另外，在实验内容设置上，更加强调设计性、综合性、探索性和多学科知识交叉应用。

(2) 优化了"自顶而下"的数字系统层次化结构设计方法，使层次结构和模块划分更为合理。

(3) 第二版强调数字系统的仿真方法和技巧，使学生不在实验室就可完成实验的大部分内容。

(4) 引进"口袋实验室"，第二版中有相当一部分实验可在 Basys 3 口袋实验开发板进行，因此使每位学生都可以拥有一套低成本的 FPGA 开发板卡，可随时随地进行实验。

鉴于上述教程的修订思想，在第二版修订过程中，各章节工作主要体现在以下几方面。

将原书的第 1、2 章精简为第 1 章，主要介绍 FPGA 器件原理和数字系统设计方法。

第 2 章"Verilog HDL"为新增加内容，使教材内容更加完整。本章系统介绍有关硬件描述语言 Verilog HDL 的语法知识和用 Verilog HDL 描述数字系统设计方法。

第二版更加强调仿真的重要性，增加了部分仿真难点的设计和仿真技巧的介绍。例如，在第 3 章中增加 PS2 鼠标的仿真测试实例，介绍双向端口的仿真。又如，在实验 15 介绍正弦波等模拟信号序列的观察方法。

第 4 章主要介绍软硬件平台使用，由于实验平台均已升级到 2017 年的最新版本，因此，与第一版相比，本章可视为全新的章节。

第二版更加强调循序渐进的教学模式，因此第 5 章增加常用组合模块设计、常用时序模块设计两个数字电路级别的实验，并大幅改写浮点加法器设计实验，目的是强调系统层次化结构设计方法，易于学生从数字电路设计转为数字系统设计。另外，本章还增加学号滚动实验以提高学生的实验兴趣。

第 6 章增加若干音频接口处理实验和游戏实验，更强调多学科知识的交叉应用，更凸显实验内容的综合性和趣味性。另外，与第一版相比，在许多实验中，作者优化了"自顶向下"的数字系统层次化结构设计方法，使层次结构和模块划分更为合理。

相对第一版，第 7 章改动较少，只是将 CPU 设计更新到新的 FPGA 平台。

另外，请读者注意：本教程配套相关程序代码等电子资料，请登录 http://www.ecsponline.com/，检索图书名称，在图书详情页"资源下载"栏目中获取。

屈民军、唐奕和马洪庆等参与了本书的修订工作。另外，在本书修订过程中，我们参考了大量书籍、论文以及网络文献，在此向各位作者表示深深的感谢。

由于作者水平有限，书中难免还有不足之处，恳请读者给予批评指正，以便于本书的修订和完善。

编 者

2018 年 4 月于浙江大学

目 录

第1章　FPGA与数字系统设计 ···1
　1.1　现场可编程逻辑器件 ···1
　　1.1.1　概述 ···1
　　1.1.2　FPGA发展历史 ··1
　　1.1.3　FPGA芯片的结构 ···3
　1.2　数字系统设计方法 ···6
　　1.2.1　数字系统的基本组成 ·······································6
　　1.2.2　数字系统的结构化设计方法 ·································7
　　1.2.3　数字系统设计实例 ···8
　1.3　基于FPGA的数字系统设计流程 ·······························12
　1.4　基于FPGA的数字系统的调试 ·································15
　　1.4.1　数字系统的调试 ··15
　　1.4.2　选择合适的FPGA调试方法 ·······························18
第2章　Verilog HDL ···20
　2.1　初识Verilog HDL ···20
　　2.1.1　概述 ···20
　　2.1.2　Verilog HDL的基本结构 ···································20
　2.2　Verilog HDL的基础知识 ·······································22
　　2.2.1　词法 ···22
　　2.2.2　常量 ···24
　　2.2.3　数据类型和变量 ··25
　　2.2.4　参数 ···26
　　2.2.5　模块端口类型 ··27
　　2.2.6　运算符及优先级 ··27
　2.3　Verilog HDL的描述语句 ·······································31
　　2.3.1　数据流描述语句 ··31
　　2.3.2　行为描述语句 ··32
　　2.3.3　Verilog描述风格及层次化设计 ······························39
　　2.3.4　编译预处理指令 ··43
　2.4　有限状态机的描述 ···44
　　2.4.1　状态机的结构 ··44
　　2.4.2　状态机的Verilog HDL描述方法 ·····························45

2.5　设计举例与技巧 ··48
 2.5.1　常用组合电路的设计 ··48
 2.5.2　常用时序电路的设计 ··51
 2.5.3　数字系统设计实例 ··54

第 3 章　testbench 的编写 ···61
3.1　概述 ···61
3.2　testbench 的结构形式 ···61
 3.2.1　testbench 的基本结构 ··61
 3.2.2　testbench 结构实例详解 ··62
3.3　常用的系统任务和系统函数 ···65
3.4　testbench 的激励和响应 ··67
 3.4.1　testbench 的激励方式 ··67
 3.4.2　仿真结果分析方式 ··69
3.5　常用激励信号的一些描述形式 ···69
3.6　testbench 实例 ···72
 3.6.1　组合乘法器实例 ··72
 3.6.2　视频显示接口仿真实例 ··74
 3.6.3　PS2 键盘接口电路实例 ··77
 3.6.4　PS2 鼠标接口电路实例 ··80

第 4 章　数字系统实验平台的使用 ···84
实验 1　ModelSim 仿真软件的使用 ···84
实验 2　Vivado 软件的使用 ···97
实验 3　IP 内核的使用与仿真 ···109
实验 4　ILA 的逻辑分析仪实验 ···123

第 5 章　数字系统设计的基础实验 ···130
实验 5　常用组合电路模块的设计和应用 ···130
实验 6　浮点数加法器的设计 ···136
实验 7　常用时序电路模块的设计和应用 ···141
实验 8　快速加法器的设计 ···146
实验 9　快速乘法器的设计 ···150
实验 10　学号滚动显示实验 ··156
实验 11　异步输入的同步器和开关防颤动电路的设计 ···160

第 6 章　数字系统综合设计实验 ···166
实验 12　数字式秒表 ···166
实验 13　低频数字式相位测量仪的设计 ···170
实验 14　全数字锁相环的设计 ···176
实验 15　直接数字频率合成技术(DDS)的设计与实现 ···181
实验 16　基于 FPGA 的 FIR 数字滤波器的设计 ···186
实验 17　数字下变频器(DDC)的设计 ···191

实验 18　音频编解码芯片接口设计 ·· 195

实验 19　音乐播放实验 ·· 209

实验 20　基于 FPGA 的实时语音变声系统的设计 ································ 221

实验 21　HDMI 显示器接口设计实验 ·· 230

实验 22　键盘接口实验 ·· 239

实验 23　鼠标接口实验 ·· 248

实验 24　文本输入与显示实验 ·· 254

实验 25　动态显示实验 ·· 260

实验 26　点灯游戏的设计 ·· 266

实验 27　推箱子游戏的设计 ·· 272

第 7 章　CPU 设计 ·· 279

实验 28　多周期 MIPS 微处理器设计 ··· 279

实验 29　流水线 MIPS 微处理器设计 ··· 299

附录 A　Basys3 开发板的使用 ··· 314

A.1　FPGA 主芯片介绍 ·· 315

A.2　电源电路 ··· 315

A.3　时钟电路 ··· 315

A.4　基本 I/O 接口 ··· 316

A.5　数码管电路 ·· 316

A.6　I/O 扩展电路 ·· 317

A.7　USB-UART 桥接电路 ·· 318

A.8　USB HID Host ·· 318

A.9　VGA 接口 ·· 318

A.10　FPGA 调试及配置电路 ·· 319

附录 B　Nexys Video 开发板的使用 ·· 320

B.1　FPGA 主芯片介绍 ·· 321

B.2　电源电路 ··· 321

B.3　时钟电路 ··· 322

B.4　基本 I/O 接口 ··· 322

B.5　I/O 扩展电路 ·· 323

B.6　音频编解码(CODEC)接口电路 ·· 323

B.7　USB-UART 桥接电路 ·· 324

B.8　USB HID Host ·· 324

B.9　HDMI 接口 ·· 325

B.10　FPGA 调试及配置电路 ·· 325

附录 C　ASCII 码表 ··· 326

附录 D　仿真环境的建立 ·· 328

参考文献 ·· 332

## 第 1 章

FPGA 与数字系统设计

1.1 现场可编程逻辑器件

1.1.1 概述

随着集成电路深亚微米工艺技术的发展，可编程逻辑器件（FPGA）及其应用获得了长足的发展，FPGA 器件的单片规模大大扩展，系统运行速度不断提高，功耗不断下降，价格大幅度降低。因此，与传统电路设计方法相比，利用 FPGA/CPLD 进行数字系统的开发具有功能强大、开发过程投资小、周期短、便于修改及开发工具智能化等特点。并且随着电子工艺不断改进，低成本高性能的 FPGA/CPLD 器件推陈出新，促使 FPGA/CPLD 成为当今硬件设计的首选方式之一。熟练掌握 FPGA/CPLD 设计技术已经成为电子设计工程师的基本要求。

电子设计自动化（Electronic Design Automation，EDA）技术是以计算机为工作平台，融合了应用电子技术、计算机技术、智能化技术最新成果而开发出来的一套先进的电子系统设计的软件工具。集成电路设计技术的进步也对 EDA 技术提出了更高的要求，大大地促进了 EDA 技术的发展。以高级语言描述、系统仿真和综合技术为特征的 EDA 技术，代表了当今电子设计技术的最新发展方向。EDA 设计技术的基本流程是设计者按照"自顶而下"的设计方法，对整个系统进行方案设计和功能划分。电子系统的关键电路一般用一片或几片专用集成电路（ASIC）实现，采用硬件描述语言（HDL）完成系统行为级设计，最后通过综合器和适配器生成最终的目标器件。这种被称为高层次的电子设计方法，不仅极大地提高了系统的设计效率，而且使设计者摆脱了大量的辅助性工作，将精力集中于创造性的方案与概念的构思上。近年来的 EDA 技术主要有以下特点：

(1) 采用行为级综合工具，设计层次由 RTL 级上升到了系统级；

(2) 采用硬件描述语言描述大规模系统，使数字系统的描述进入抽象层次；

(3) 采用布局规划（floor planning）技术，即在布局布线前对设计进行平面规划，使得复杂 IC 的描述规范化，做到在逻辑综合早期设计阶段就考虑到物理设计的影响。

从某种意义上来讲，FPGA 和 EDA 技术的发展，将会进一步引起数字系统设计思想和方法的革命。正是在这样的技术发展背景下，为了配合数字系统设计课程教学，本书主要讨论基于 FPGA 器件来实现数字系统。

1.1.2 FPGA 发展历史

Xilinx 公司于 1984 年发明了世界首款 FPGA，在接下来的 30 多年里，在应用需求和工艺技术发展的驱动下，FPGA 的器件得到了迅速发展，容量提升了一万多倍，速度提升了 100 多倍，每单位功能的成本和能耗降低到原来的万分之一。FPGA 经历了如下几个阶段。

1. 发明阶段(1984~1992 年)

首款 FPGA，即 Xilinx 公司基于 SRAM 技术可重复编程的 XC2064，只包含 64 个逻辑模块，每个模块含有两个 3 输入查找表(LUT)和一个寄存器。尽管容量很小，XC2064 晶片的尺寸却非常大，因此价格昂贵。

在成本压力下，FPGA 架构师寻求通过架构和工艺创新来尽可能地提高 FPGA 的设计效率。为提高效率，架构经历了从复杂的 LUT 结构到 NAND 门再到单个晶体管的演变。另外，各厂商也在探索不同新工艺，Actel 公司以牺牲可重复编程能力为代价，采用反熔丝工艺，在 1990 年推出当时最大容量的 FPGA(Actel 1280)。

在这一阶段，尚无自动布局布线。另外，完全不同的 FPGA 架构排除了通用设计工具的可能。因此 FPGA 厂商就担负起了为各自器件开发电子设计自动化(EDA)的任务。

2. 扩展阶段(1992~1999 年)

FPGA 初创公司都是无晶圆厂的公司，在当时属于新鲜事物。由于没有晶圆厂，他们在 20 世纪 90 年代初期通常无法获得领先的芯片技术。到 20 世纪 90 年代后期，IC 代工厂意识到 FPGA 是推动工艺发展的理想因素，只要能用新工艺产出晶体管和导线，就能制造基于 SRAM 的 FPGA。因此，每一代新工艺的出现都会将晶体管数量增加一倍，FPGA 成本减半，并将 FPGA 的尺寸增加一倍。

在这一阶段，基于 SRAM 工艺的 FPGA 体现了明显的产品优势，因为它们可以率先采用每种新工艺。而反熔丝在新节点上的验证工作则需要额外数月甚至数年时间。基于反熔丝的 FPGA 丧失了竞争优势。为获得上市速度和成本优势，架构创新与工艺改进相比就要退居其次。

在这一阶段，EDA 有了长足发展，到 20 世纪 90 年代末，EDA 能自动完成综合、布局和布线等设计流程。

3. 积累阶段(2000~2007 年)

2000 年以后，FPGA 已成为数字系统中的通用组件。容量和设计尺寸快速增加，FPGA 在数据通信领域开辟了巨大市场。21 世纪初期互联网泡沫破灭之后，迫切需要降低成本，这也减少了很多"临时"ASIC 用户。定制芯片对小的研发团队来说风险太大。当他们发现 FPGA 可以解决他们的问题时，自然就变成了 FPGA 用户。

FPGA 不局限于典型问题，单纯提高容量不足以保证市场增长。FPGA 厂商通过如下两种方式解决了这一挑战。针对低端市场，厂商再度关注效率问题，并生产低容量、低性能、低成本的 FPGA 系列，例如，Xilinx Spartan 系列 FPGA。针对高端市场，FPGA 厂商通过开发各种重要功能的 IP 内核，努力让客户更方便地使用 FPGA。这些 IP 内核中最值得注意的是存储器、控制器、各种通信协议模块(包括以太网 MAC)，甚至微处理器等。

设计特点在 2000 年以后发生了改变。大型 FPGA 容纳超大型设计(完整子系统)。FPGA 用户不再只是实现逻辑；他们需要使 FPGA 设计符合系统标准要求。积累阶段末期，FPGA 已不仅是门阵列，而且还是集成有可编程逻辑的复杂功能集。FPGA 俨然变成了一个系统。

4. 系统阶段(2008 年以后)

这个阶段出现了片上可编程系统(SoPC 技术)和系统级芯片(SoC 技术),是 FPGA 和 ASIC 技术融合的结果。FPGA 越来越多地整合系统模块:高速数据收发器、存储器、DSP 处理单元和嵌入式处理器内核等。同时还进一步集成了重要控制功能:比特流加密与验证、混合信号处理、电源与温度监控以及电源管理等。

在系统阶段,器件发展同时也推动了 EDA 开发工具的发展。系统 FPGA 需要高效的系统编程语言,目前可利用 OpenC、System Verilog 和 C 语言等软件来开发 FPGA 系统。

目前,基于 FPGA 的片上可编程的概念仍在进一步向前发展,如动态可重构 FPGA 技术等。

1.1.3　FPGA 芯片的结构

如前所述,FPGA 是在 PAL、GAL、CPLD 等可编程器件的基础上进一步发展的产物。它是作为 ASIC 领域中的一种半定制电路而出现的,既解决了定制电路的不足,又克服了原有可编程器件门电路的缺点。

目前主流的 FPGA 仍是基于查找表(LUT)技术,并且整合了常用功能(如 DRAM、时钟管理和 DSP 等)的硬核模块,其内部结构示意如图 1.1 所示。FPGA 芯片主要由以下 6 部分组成。

1. 基本可编程逻辑单元(CLB)

CLB 是 FPGA 内的基本逻辑单元,CLB 的实际数量和特性依器件的不同而不同。在 Xilinx 公司的 FPGA 器件中,CLB 是基于查找表结构的,每个 CLB 由多个(一般为 4 个或 2 个)相同的 Slice 和附加逻辑构成,如图 1.2 所示。

Slice 是 Xilinx 公司定义的基本逻辑单元,其内部结构如图 1.3 所示,一个 Slice 由两个 4 输入的函数发生器、进位逻辑、算术逻辑、存储逻辑和函数复用器组成。

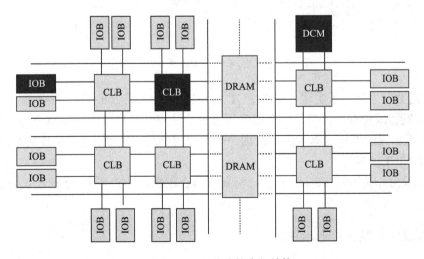

图 1.1　FPGA 芯片的内部结构

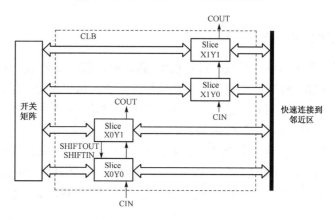

图 1.2 典型的 CLB 结构示意图

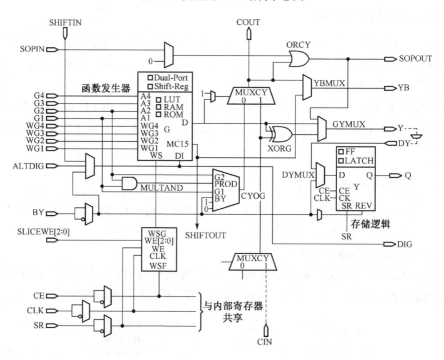

图 1.3 典型的 4 输入 Slice 结构示意图

4 输入函数发生器用于实现 4 输入 LUT、分布式 RAM 或 16bit 移位寄存器；存储逻辑可配置为 D 触发器或锁存器；进位逻辑由专用进位信号和函数复用器（MUXCY）组成，用于实现快速的算术加减法操作；算术逻辑包括一个异或门（XORG）和一个用于提高乘法运算效率的专用与门（MULTAND）。

CLB 可以由开关矩阵（switch matrix）配置成组合逻辑、时序逻辑、分布式 RAM 和分布式 ROM。

2. 可编程输入/输出单元（IOB）

可编程输入/输出单元简称 I/O 单元，是芯片与外界电路的接口部分，完成不同电气特性下对输入/输出信号的驱动与匹配要求，其结构示意图如图 1.4 所示。

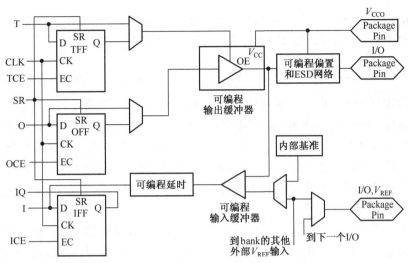

图 1.4　典型的 IOB 内部结构示意图

FPGA 内的 I/O 按组分类，每组都能够独立地支持不同的 I/O 标准。通过软件的灵活配置，可适配不同的电气标准与 I/O 物理特性，可以调整驱动电流的大小，可以改变上拉、下拉电阻。目前，I/O 口的频率也越来越高，一些高端的 FPGA 通过 DDR 寄存器技术可以支持高达 2Gbit/s 的数据速率。

外部输入信号可以通过 IOB 模块的存储单元输入到 FPGA 的内部，也可以直接输入至 FPGA 内部。当外部输入信号经过 IOB 模块的存储单元输入到 FPGA 内部时，其保持时间（hold time）的要求可以降低，通常默认为 0。

为了便于管理和适应多种电气标准，FPGA 的 IOB 被划分为若干个组（bank），每个 bank 的接口标准由其接口电压 V_{CCO} 决定，一个 bank 只能有一种 V_{CCO}，但不同 bank 的 V_{CCO} 可以不同。只有相同电气标准的端口才能连接在一起，V_{CCO} 电压相同是接口标准的基本条件。

3. 数字时钟管理模块（DCM）

业内大多数 FPGA 均提供数字时钟管理模块（Digital Clock Manager，DCM），Xilinx 公司最先进的 FPGA 提供了数字时钟管理和相位环路锁定。DCM 可实现时钟频率合成、时钟相位调整和消除时钟信号畸变三大功能。

4. 嵌入式块式存储器（DRAM）

大多数 FPGA 都具有内嵌的块 RAM，这大大拓展了 FPGA 的应用范围和灵活性。块 RAM 可被配置为单端口 RAM、双端口 RAM、内容地址存储器（CAM）和 FIFO 等常用存储结构。RAM、FIFO 是比较普及的概念，不再赘述。CAM 在其内部的每个存储单元中都有一个比较逻辑，写入 CAM 的数据会和内部的每一个数据进行比较，并返回与端口数据相同的所有数据的地址，因而在路由的地址交换器中有广泛的应用。除了块 RAM，还可以将 FPGA 中的 LUT 灵活地配置成 RAM、ROM 和 FIFO 等结构。

单片块 RAM 的容量为 18Kbit，即位宽为 18 位、深度为 1024。可以根据需要改变其位宽和深度，但要满足两个原则：首先，修改后的容量（位宽×深度）不能大于 18Kbit；其次，位宽最大不能超过 36 位。当然，可以将多片块 RAM 级联起来形成更大的 RAM，此时只受限于芯片内块 RAM 的数量，而不再受上面两条原则的约束。

5. 丰富的布线资源

布线资源连通 FPGA 内部的所有单元，而连线的长度与工艺决定着信号在连线上的驱动能力和传输速度。FPGA 芯片内部有着丰富的布线资源，根据工艺、长度、宽度和分布位置的不同而划分为 4 个类别。第一类是全局布线资源，用于芯片内部全局时钟和全局复位/置位信号的布线；第二类是长线资源，用于完成芯片 bank 间的高速信号和第二全局时钟信号的布线；第三类是短线资源，用于完成基本逻辑单元之间的逻辑互连和布线；第四类是分布式的布线资源，用于专有时钟、复位等控制信号线。

在实际中，设计者不需要直接选择布线资源，布局布线器可自动根据输入逻辑网表的拓扑结构和约束条件选择布线资源来连通各个模块单元。从本质上讲，布线资源的使用方法和设计的结果有密切、直接的关系。

6. 底层内嵌功能单元和内嵌专用硬核

内嵌功能模块主要指延迟锁相环（Delay Locked Loop，DLL）、锁相环（Phase Locked Loop，PLL）、数字信号处理（Digital Signal Processing，DSP）和中央处理器（Central Processing Unit）。现在越来越丰富的内嵌功能单元使得单片 FPGA 成为系统级的设计工具，并具备了软硬件联合设计的能力，逐步向 SoC 平台过渡。

内嵌专用硬核是相对底层嵌入的软核而言的，指 FPGA 处理能力强大的硬核（hard core），等效于 ASIC 电路。为了提高 FPGA 性能，芯片生产商在芯片内部集成了一些专用的硬核。例如，为了提高 FPGA 的乘法速度，主流的 FPGA 中都集成了专用乘法器；为了适用通信总线与接口标准，很多高端的 FPGA 内部都集成了串并收发器（SERDES），可以达到数十 Gbit/s 的收发速度。

Xilinx 公司的高端产品不仅集成了 Power PC 系列 CPU，还内嵌了 DSP Core 模块，其相应的系统级设计工具是 EDK 和 Platform Studio，并依此提出了片上系统（System on Chip，SoC）的概念。通过 PowerPC、MicroBlaze、PicoBlaze 等平台，能够开发标准的 DSP 处理器及其相关应用，达到 SoC 的开发目的。

1.2　数字系统设计方法

1.2.1　数字系统的基本组成

数字系统的结构框图如图 1.5 所示，数字系统一般可划分为数据通道子系统和控制器子系统两大部分。数据通道子系统主要完成数据采集、存储、运算处理和数据传输等功能；控制器单元是执行算法的核心电路，根据外部控制输入和数据通道单元的响应信号，依照设计方案中的既定算法，按序控制系统内各模块进行工作。

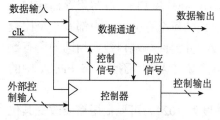

图 1.5　数字系统的结构框图

数据通道通常为设计者所熟悉的各种功能电路，无论是取用现成模块或自行设计一般不会花很大精力。因此，系统设计的主要任务是设计控制器。控制器通常为一个有限状态机电路。

1.2.2　数字系统的结构化设计方法

1. 自顶而下的设计方法

从理论上讲，任何数字系统都可以看成一个复杂的时序系统。自顶而下的设计方法是设计者从整个系统逻辑功能出发，先进行最顶层的系统设计，然后按照一定的原则将系统划分成若干子系统，逐级向下，再将每个子系统划分为若干功能模块，模块还可以继续划分为子模块，直至分成最基本模块实现。在自顶而下的划分过程中，最重要的是将系统或子系统划分为控制器单元和若干个数据通道单元。

自顶而下的数字系统设计方法可分为以下几个步骤。

(1) 对设计任务进行分析，根据设计任务把所要设计的系统合理地划分成若干子系统，使其分别完成较小的任务。

(2) 将系统或子系统划分为控制器单元和若干个数据通道单元。

(3) 设计控制器，以控制和协调各数据通道的工作。

(4) 对各子系统功能部件进行逻辑设计。

(5) 对于复杂的数字系统，还要对各子系统间的连接关系及数据流的传送方式进行设计。

对整个设计要求和任务的良好理解是设计任务能否很好完成的关键。只有仔细分析和明确了总体设计任务后，才有可能合理地进行子系统的划分工作。系统的划分过程，实际上是把总体任务划分成若干个分任务的过程。这项工作完成的好坏可由下列原则进行初步衡量。

(1) 对所要解决的总体任务是否已全部清楚地描述出来？

(2) 是否有更清楚、更简单的描述可以概括所要解决的问题？

(3) 各子系统所承担的分任务是否清楚、明确？是否有更清楚的划分方式？

(4) 各子系统之间的相互关系是否明确？它们之间的控制关系是怎样的？

(5) 控制部分与被控制部分是否清楚、明确？它们之间的控制关系是怎样的？

2. 用 ASM 图设计控制器

控制器的设计是数字系统硬件设计的中心环节。控制器本身也是一个子系统，它的作用是解释所接收到的各个输入信号，根据输入信号和预定的算法流程图程序控制整个系统按指定的方式工作。

从本质上讲，由硬件直接实现的控制器设计与一般时序电路并无区别，仅仅由于设计着眼点不同，控制器的设计有其独特性。控制器设计的主要特点是不必过分追求状态最简，触发器的数量也不必一味地追求最少。主要理由是控制器的成本只占总成本中很小一部分，但控制器的性能对整个系统的工作有举足轻重的影响。有时，在控制时序中增加一些多余状态，往往会使数字系统工作更加直观，便于监视和检查故障。因此在状态化简时，应首先考虑工作性能的优劣，维修是否方便，工作是否可靠直观，而不必过分追求最简状态。这样虽然增加了一些硬件设备，却换得了设计简便、工作明确、维修方便等好处。

控制器的形式多种多样，但其基本设计方法有较强的规律性。目前，使用算法流程图 (ASM) 是设计数字系统的最好方法。ASM 图将控制器的控制过程用图形语言方式表达出来，

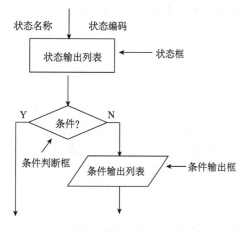

图 1.6 ASM 图的基本图形

类似于描述软件程序的流程图。ASM 图能和实现它的硬件很好地对应起来，显示了软件工程与硬件工程在理论上的相似性和可转换性。ASM 图是设计控制器的重要工具，主要由状态框、条件判断框、条件输出框、开始块和结束块等组成，如图 1.6 所示。下面先介绍 ASM 图的基本图形。

状态框是一个具有进口和出口的矩形框，代表系统的一个状态。状态经历的时间称为状态时间，在同步系统中，状态时间为同步时钟周期的整数倍且至少为一个同步时钟周期。状态名称写在框外左上方，状态编码写在框外右上方，状态输出列表(操作内容)写在矩形框内。

条件判断框简称分支框，用单入口双出口的菱形或单入口多出口的多边形(多个条件)表示。框内写检测条件，出口处注明各分支所满足的条件。

条件输出框由平行四边形组成。它的入口必须来自条件判断框的一分支，当分支条件满足时，给出指定的输出，输出的操作内容写在框内。注意，条件输出框不是控制器的一个状态，它经历的时间取决于状态时间。

算法流程图的开始块和结束块符号如图 1.7 所示，在算法流程图中使用开始块和结束块的目的是提高流程图的可读性。开始块和结束块不进行任何操作。

1.2.3 节将通过两个实例详细介绍数字系统的设计方法，重点介绍 ASM 图的画法。

图 1.7 算法流程图的开始块和结束块

1.2.3 数字系统设计实例

1. 频率测量系统控制器的设计

1)频率测量原理

频率是指周期性信号在单位时间(1s)内变化的次数。若在一定时间间隔 T(即闸门时间)内计得这个周期性信号的重复变化次数 N，则频率 $f=N/T$。根据这个公式可得如图 1.8 所示的数字频率测量系统(频率计)的原理框图。

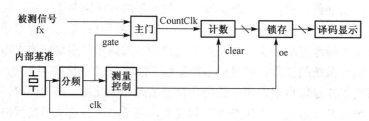

图 1.8 频率测量系统的原理框图

图 1.9 所示为频率测量系统的测量时序图,工作过程为被测信号 fx 送入主门一个输入端,主门开通与否由主门的另一个输入端门控信号 gate 决定。在主门开通前,先用清零信号 clear 将计数器清零,在主门开通时间 T 内,被测信号 fx 通过主门送至十进制计数器进行计数。当主门时间 T 结束后,控制电路首先产生数据锁信号 oe 将计数值 N 送至寄存器中锁存并显示,完成一次测量,然后测量控制电路产生一个复位信号,将计数器清零,同时将分频电路复位,等待下一次测量。当 T=1s 时,显示值 N 为频率,而当 T=1ms、10ms、100ms 时只需重新定位小数点即可。

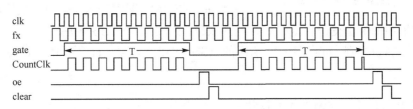

图 1.9　频率测量系统的测量时序图

2) 频率测量控制器的 ASM 图设计

从图 1.8 可看出,数字频率计的数据通道就是计数器、锁存器、显示译码器等较为简单的单元电路。系统设计的核心是控制器的设计,根据图 1.9 的测量时序图,可将频率测量分为 4 个工作阶段。

(1)测量准备阶段,这一阶段对频率计数器进行清零,为下一次测量做准备。

(2)测量等待阶段,等待门控信号 gate 高电平到来,在这一阶段,频率计数器处于保持状态。

(3)频率测量阶段,即门控信号 gate 高电平期间,这期间,频率计数器对被测信号进行计数。

(4)测量结果输出阶段,锁存最新测量结果,并将结果送入译码显示。

根据频率测量的 4 个工作阶段,控制器相应设置 4 个状态:计数器清零、等待 gate 正脉冲、计数测量和测量结果锁存。根据图 1.9 的频率测量系统的测量时序要求,可以画出控制器的 ASM 图,如图 1.10 所示。

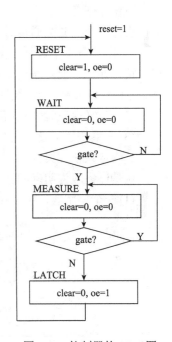

图 1.10　控制器的 ASM 图

从图 1.9 所示的时序图和图 1.10 所示的 ASM 图可看出,频率测量是连续测量。

有两点需要说明一下,一是从 ASM 可看出,WAIT 状态和 MEASURE 状态是可以合并的,但为了使设计更具可读性,一般来说保留两个状态。二是图 1.8 中没有 reset 复位信号,且本系统中不需要该信号,但在控制器设计中,为了便于仿真和调试,复位信号是必不可缺的。因此,在设计时序模块时,一般要加入 reset 复位信号,但在使用该控制器模块实例时,若不需要 reset 复位信号,则可使该信号接低电平,即无效电平。

3) ASM 图与状态机图的转换

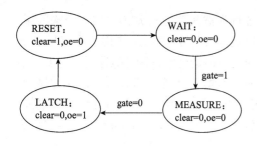

图 1.11　控制器的有限状态机图

有些读者比较熟悉使用有限状态机(FSM)描述时序电路，也可将 ASM 图转换为 FSM 图，转换规则为

(1) ASM 图中的状态框对应着 FSM 图中的一个状态；

(2) ASM 图中的条件框构成 FSM 图的分支；

(3) 对于 ASM 图中条件输出列表框中的输出变量，在 FSM 图中表示该输出与状态和输入都有关，而状态框中的输出变量，则在 FSM 图中表示该输出只与状态有关。

根据上述转换规则，可将图 1.10 所示的 ASM 图转换为图 1.11 所示的 Moore 型有限状态机图。

2. 简易交通信号灯控制系统的设计

1) 设计任务

设计一个简易交通信号灯控制系统，要求：

(1) 由一条主干道和一条支干道汇合成十字路口，交通管理器应能有效地操纵路口两组红、黄、绿灯，使两条交叉道路上的车辆交替通行，主干道每次放行 60s，支干道每次放行 45s，且每次由绿灯变为红灯的转换过程中需亮 5s 黄灯作为过渡；

(2) 用数码显示器显示各状态所剩的时间；

(3) 该系统还可设置为深夜工作状态，即当深夜车辆较少时，信号灯只以黄灯闪烁提醒。

2) 确定系统方案

这是任务较为明确的数字系统，可较容易划分成如下子系统：

(1) 一个控制器，主要完成交通灯的工作状态转换和协调各数据子系统的工作；

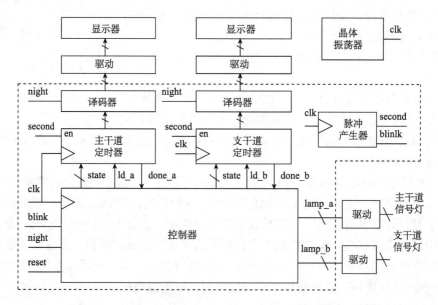

图 1.12　交通信号灯控制系统的基本框图

(2) 主、支干道设置一个剩余时间倒计时计数器；

(3) 四个方向各有一套译码、显示和驱动电路；

(4) 脉冲产生电路：一是产生频率为 1Hz，脉冲宽度为一个系统时钟的周期的脉冲信号作为计时基准；二是产生频率为 1Hz，占空比为 50% 的方波信号，用于控制夜间黄灯闪烁。

根据上述分析，可容易地画出系统的组成框图，如图 1.12 所示。系统的输入、输出、控制和响应等信号等的含义如表 1.1 所示。

表 1.1　系统中各种信号说明

引脚名称	引脚说明
clk	输入信号，系统的主时钟
reset	输入信号，高电平复位系统
blink	产生频率为 1Hz，占空比为 50% 的方波信号，用于控制夜间黄灯闪烁
second	秒脉冲信号，频率 1Hz，脉冲宽度为一个 clk 时钟周期
night	输入信号，高电平表示工作在"深夜"工作状态
done_a、done_b	定时器的响应信号，宽度为一个 clk 时钟周期的脉冲
ld_a、ld_b	给定时器的控制信号，宽度为一个 clk 时钟周期的脉冲，启动定时器
state	控制器的状态，该信号可决定倒计时计数器的起始时间
lamp_a[2:0]、lamp_b[2:0]	主、支干道的信号灯控制信号从高到低分别表示红灯、黄灯和绿灯

3) 交通信号灯控制器的设计

为了便于理解，先用文字描述交通信号灯的工作流程，如图 1.13 所示。特别需要指出的是，当系统转入深夜工作状态时，即 night 信号从 0 变为 1，由于转换没有迫切性，为了使电路更简单，这里只在信号灯一个周期运行结束时采样 night 信号。

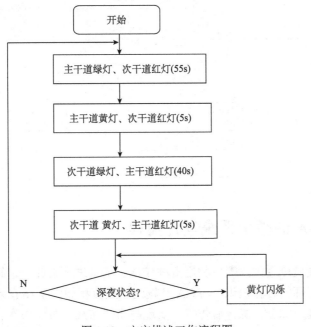

图 1.13　文字描述工作流程图

结合图 1.12 所示的系统框图可画出图 1.14 所示系统的 ASM 图。从 ASM 图可看出控制器为 Mealy 型电路，其有限状态机图如图 1.15 所示。

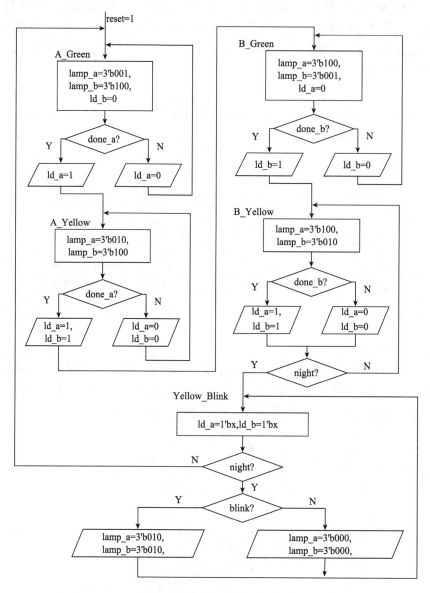

图 1.14   交通灯系统 ASM 图

1.3   基于 FPGA 的数字系统设计流程

数字系统设计发展至今天，需要利用多种 EDA 工具进行设计，了解并熟悉其设计流程应成为当今电子工程师的必备知识。FPGA 开发的一般流程如图 1.16 所示，包括电路设计、设计输入、功能仿真、综合、综合后仿真、实现与布局布线、时序仿真、芯片编程与调试等主要步骤。

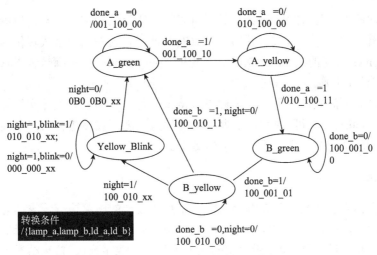

图 1.15　ASM 图的等效 FSM 图

1. 电路设计

在系统设计之前,首先要进行方案论证、系统设计和 FPGA 芯片选择等准备工作。系统设计工程师根据任务要求,如系统的指标和复杂度,对工作速度和芯片本身各种资源、成本等方面的要求进行权衡,选择合理的设计方案和合适的器件类型。一般都采用自顶而下的设计方法,把系统分成若干个子系统,再把每个子系统划分为若干个功能模块,一直这样做下去,直至分成基本模块单元电路。

2. 设计输入

设计输入是将所设计的系统或电路以开发软件要求的某种形式表示出来,并输入给 EDA 工具的过程。常用的方法有原理图输入与硬件描述语言(HDL)等。

原理图输入方式是一种最直接的描述方式,这种方法虽然直观并易于仿真,但效率很低,且不易维护,不利于模块构造和重用。更主要的缺点是可移植性差,当芯片升级后,所有的原理图都需要做一定的改动。

HDL 设计方式是目前设计大规模数字系统的最好形式,其主流语言有 IEEE 标准中的 VHDL 与 Verilog HDL。HDL 在描述状态机、控制逻辑、总线功能方面较强,用其描述的电路能在特定综合器作用下以具体硬件单元较好地实现。HDL 的主要特点有语言与芯片工艺无关,利于自顶向下设计,便于模块的划分与移植,可移植性好,具有很强的逻辑描述和仿真功能,而且输入效率很高。

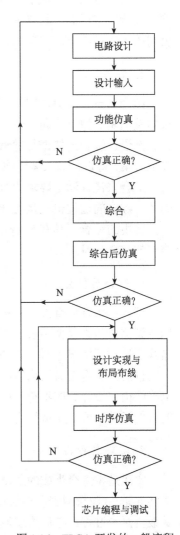

图 1.16　FPGA 开发的一般流程

近年来出现的图形化 HDL 设计工具，可以接收逻辑结构图、状态转换图、数据流图、控制流程图及真值表等输入方式，并通过配置的翻译器将这些图形格式转化为 HDL 文件，如 Mentor Graphics 公司的 Renoir、Xilinx 公司的 Foundation Series 都带有将状态转换图翻译成 HDL 文本的设计工具。

另外，FPGA 厂商软件与第三方软件设有接口，可以把第三方设计文件导入进行处理。如 Foundation 与 Quartus 都可以把 EDIF 网表作为输入网表而直接进行布局布线，布局布线后，可再将生成的相应文件交给第三方进行后续处理。

3. 功能仿真

功能仿真也称为前仿真，是在编译之前对用户所设计的电路进行逻辑功能验证，此时的仿真没有延迟信息，仅对初步的功能进行检测。仿真前，要先利用波形编辑器或 HDL 等工具建立波形文件和测试向量（即将所关心的输入信号组合成序列），仿真结果将会生成报告文件和输出信号波形，从中便可以观察各个节点信号的变化。如果发现错误，则返回设计修改逻辑设计。常用的工具有 ModelTech 公司的 ModelSim、Sysnopsys 公司的 VCS 和 Cadence 公司的 NC-Verilog、NC-VHDL 等软件。

4. 综合

综合（synthesis）就是针对给定的电路实现功能和实现此电路的约束条件，如速度、功耗、成本及电路类型等，通过计算机进行优化处理，获得一个能满足上述要求的电路设计方案。也就是说，综合的依据是逻辑设计的描述和各种约束条件，综合的结果则是一个硬件电路的实现方案：将设计输入编译成由门电路、RAM、触发器等基本逻辑单元组成的逻辑连接网表。对于综合来说，满足要求的方案可能有多个，综合器将产生一个最优的或接近最优的结果。因此，综合的过程也就是设计目标的优化过程，最后获得的结构与综合器的工作性能有关。

常用的综合工具有 Synplicity 公司的 Synplify、Synplify Pro 软件和各个 FPGA 厂家自己推出的综合开发工具。

5. 综合后仿真

综合后仿真检查综合结果是否与原设计一致。在仿真时，把综合生成的标准延时文件反标注到综合仿真模型中去，可估计门延时带来的影响。但这一步骤不能估计线延时，因此和布线后的实际情况还有一定的差距，并不十分准确。

目前的综合工具较为成熟，对于一般的设计可以省略这一步，但如果在布局布线后发现电路结构和设计意图不符，则需要回溯到综合后仿真来确认问题的来源。在功能仿真中介绍的软件工具一般都支持综合后仿真。

6. 实现与布局布线

实现是将综合生成的逻辑网表配置到具体的 FPGA 芯片上。实现主要分为 3 个步骤：翻译（translate）逻辑网表、映射（map）到器件单元与布局布线（place & route）。其中，布局布线是最重要的过程。布局将逻辑网表中的硬件原语和底层单元合理地配置到芯片内部的固有硬件结构上，并且往往需要在速度最优和面积最优之间做出选择。布线根据布局的拓扑结构，利用芯片内部的各种连线资源, 合理正确地连接各个元件。目前, FPGA 的结构非常复杂, 特别是在有时序约束条件时, 需要利用时序驱动的引擎进行布局布线。布线结束后, 软件工具会自动生成报告, 提供有关设计中各部分资源的使用情况。由于只有 FPGA 芯片生产商对芯片结构最为了解, 所以布局布线必须选择芯片开发商提供的工具。

7. 时序仿真

时序仿真也称为后仿真, 是指将布局布线的延时信息反标注到设计网表中来检测有无时序违规(即不满足时序约束条件或器件固有的时序规则, 如建立时间、保持时间等)现象。时序仿真包含的延迟信息最全, 也最精确, 能较好地反映芯片的实际工作情况。由于不同芯片的内部延时不一样, 不同的布局布线方案也给延时带来不同的影响。因此在布局布线后, 通过对系统和各个模块进行时序仿真, 分析其时序关系, 估计系统性能, 以及检查和消除竞争冒险是非常有必要的。

8. 芯片编程与调试

设计开发的最后步骤就是在线调试或者将生成的配置文件写入芯片中进行测试。芯片编程配置是在功能仿真与时序仿真正确的前提下, 将实现与布局布线后形成的位流数据文件(bitstream generation)下载到具体的 FPGA 芯片中。 FPGA 设计有两种配置形式: 一种是直接由计算机经过专用下载电缆进行配置, 另一种则是由外围配置芯片进行上电时自动配置。因为 FPGA 具有掉电信息丢失的性质, 所以可在验证初期使用电缆直接下载位流文件, 如有必要再将文件烧录配置于芯片中(如 Xilinx 的 XC18V 系列、Altera 的 EPC2 系列)。

将位流文件下载到 FPGA 器件内部后进行实际器件的物理测试为电路验证, 当得到正确的验证结果后就证明了设计的正确性。

1.4　基于 FPGA 的数字系统的调试

1.4.1　数字系统的调试

从 1.3 节可知, FPGA 开发流程包括设计阶段和调试阶段, 设计阶段的任务是设计输入、设计实现、仿真, 调试阶段的任务是在线验证检验设计, 校正发现的任何漏洞。在设计阶段, 仿真能够发现和排除显而易见的错误, 缩短调试时间, 但是仿真很难对实时的数据进行校验, 很难发现仿真定时错误和异步事件。因此, 仿真只是检验设计的第一步骤, 调试是必须进行的第二步骤, 不能只通过仿真来完成设计和调试。实际上, 仿真只能覆盖低速、门数较少的FPGA, 而在高速、复杂的数字系统中, 调试是不可或缺的。

设计人员有三种 FPGA 调试方法: 逻辑分析仪调试、内嵌式逻辑分析仪调试和混合调试技术。

1. 逻辑分析仪调试

传统的逻辑分析仪只能分析 FPGA 外部引脚信号, 因此设计时必须有意识地确定如何能够调试他们的设计。印刷电路板(PCB)的设计人员要从 FPGA 中拉出一定数量的测试引脚,在综合、布线、实现时将感兴趣的内部节点信号输出至特定的测试引脚上，再将逻辑分析仪的 pods 连接到这些测试引脚，设定触发条件，进行采集和分析信号。

传统逻辑分析仪提供状态和定时模式，因此可同步或异步捕获数据。在定时模式，设计工程师可以看到信号跃变间的关系。在状态模式，设计工程师可以观察相对于状态时钟的总线。当调试总线上至关重要的数据路径时，状态模式是特别有用的。

传统逻辑分析仪的缺点是只能观察到 FPGA 引脚的信号。在 PCB 制作完成后，测试引脚数就固定了，不能灵活地增加，当测试引脚不够时，会影响测试，从而延误项目的完成。另外，过多的测试引脚不但消耗 FPGA 宝贵的引脚资源，而且影响 PCB 布线。

在不减少分析 FPGA 内部节点数量的同时，减少测试引脚的一种方法是在设计中插入数据选择器。例如，当需要观察 128 个内部节点时，如图 1.17 所示，可在 FPGA 设计中插入数据选择器，通过数据选择器的控制线切换，在给定时间内选择输出 32 个节点的信号。注意，在设计阶段，必须仔细规划测试数据选择器的插入，否则可能止步于不能同时访问需要调试的节点。

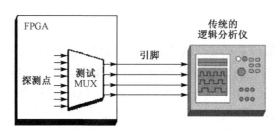

图 1.17　选择出内部信号子集的方法

减少调试专用引脚数的第二种方法是时分复用(TDM)。这项技术最适合用于处理速度较慢的内部电路。假定测试 50MHz 的 8 位总线数据，使用 100MHz 在第一个 10ns 期间采样低 4 位，在第二个 10ns 期间采样高 4 位。这样仅用 4 个引脚，就可在每个 20ns 周期内捕获到全部 8 位的调试信息。在捕获迹线后，组合相继的 4 位捕获就可重建 8 位迹线。TDM 也有一些缺点，如果用传统逻辑分析仪捕获数据，则触发就变得非常复杂且容易出错。

2. 内嵌式逻辑分析仪调试

内嵌式调试方法相当于在 FPGA 内部插入集成逻辑分析仪的 IP 核。FPGA 厂家提供多种内嵌的调试方法和软件工具，如 Xilinx 的 ChipScope Pro、Altera 的 SignalTap Ⅱ、Actel 的 CLAM。

图 1.18 所示为 Xilinx 的 ChipScope Pro 测试方法示意图，相当于在 FPGA 内部插入集成逻辑分析仪的 IP 核，其基本原理是利用 FPGA 中尚未使用的逻辑资源和块 RAM(BRAM)资源，根据用户设定的触发条件，采集需要的内部信号并保存到 BRAM，然后通过 JTAG 口传送到计算机，最后在计算机屏幕上显示出时序波形。

值得说明的是，插入设计的逻辑分析内核会改变设计的定时，因此大多数设计工程师都把内核永久性地留在设计内。如果内核消耗不到 5%的可用资源，那么 FPGA 内核就能充分发挥作用。如果内核要消耗超过 10%的资源，那么设计工程师在使用这种方法时将会遇到很多问题。

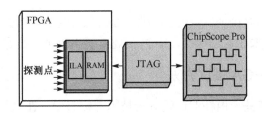

图 1.18　Xilinx 的 ChipScope Pro 测试方法示意图

逻辑分析内核有三项主要优点。

（1）它们的使用不增加引脚。可通过 FPGA 上已有的专用 JTAG 引脚访问。即使没有其他可用引脚，这种调试方法也能得到内部可视能力，且探测非常简单。探测包括把节点路由到内部逻辑分析仪的输入，因此不需要担心为得到有效信息应如何连接到电路板上，也不存在信号完整性问题。

（2）FPGA 不再是"黑箱"。利用 ChipScope Pro 可以十分方便地观测 FPGA 内部的所有信号，包括寄存器、网线型，甚至可以观测综合器产生的重命名的连接信号，对 FPGA 内部逻辑调试非常方便。

（3）成本低廉，只要有这套软件加上一根 JTAG 电缆就可以完成信号的分析。

使用内部逻辑分析仪内核也有两方面的影响。

（1）逻辑分析仪内核消耗 FPGA 的可用资源。

（2）内部逻辑分析仪仅支持状态分析方式，不能进行实时调试。它们捕获的数据与规定的时钟同步，因而不能提供信号定时关系。

3．混合调试技术

综合上述两种方法的优缺点，测试测量行业的两大巨头泰克（Tektronix）与安捷伦（Agilent）都推出第三种调试方法，即混合调试技术。该方法通过 JTAG 口自动映射 FPGA 内部节点，加速工程师 FPGA 调试过程，减少发现问题时返回设计阶段的步骤和时间。这种调试方法有泰克的 FPGAView 解决方案和安捷伦的 FPGA 布线端口分析仪等多种技术。

图 1.19 所示为 Agilent 和 Xilinx 联合为 ChipScope Pro 开发的 2M 状态深存储器，通过 TDM 把引脚数减到最少。

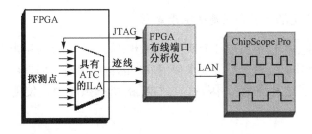

图 1.19　混合测试方法的示意图

这一解决方案把内部逻辑分析内核用于触发。在满足内核的触发条件时，逻辑分析内核把迹线信息传送到内核，再送到引脚。引脚通过 mictor 连接器接到一个小的外部跟踪盒。该解决方案融入了 TDM，以减少调试专用引脚数。根据内部电路的速度，复用压缩可能是 1∶1、2∶1 或 4∶1。由于迹线未在内部保存，IP 内核规模要小于带迹线存储器的逻辑分析 IP。

1.4.2　选择合适的 FPGA 调试方法

传统的逻辑分析仪和基于内核的逻辑分析技术都很有用。在选择最适合设计者调试需求的方案时，事先考虑一些因素将有助于设计者做出决定。下面这几个问题能帮助设计者确定哪种方案最为有效。

1. 预计会遇到哪种类型的调试问题

一般来说，用内部逻辑分析仪能找到较简单的问题，传统逻辑分析仪则能胜任处理复杂的故障。

如果设计者认为问题仅限于 FPGA 内部的功能性问题，那么嵌入式逻辑分析仪可以提供所需的所有调试功能。但是，如果预计有更多的调试问题，如要求检验定时余量、把内部 FPGA 活动与电路板上的其他活动关联起来，或者要求更强大的触发功能，那么使用外部逻辑分析仪更能满足调试需求。另外，当 FPGA 芯片引脚包含超过 200MHz 的高速总线，如集成内存控制器的 DDR-Ⅰ、DDR-Ⅱ 内存总线，以及集成的高速串行 I/O 总线时，信号完整性测试是保证设计成功的基础，这种情况下必须使用逻辑分析仪。

2. 除了状态数据，是否需要考察快速定时信息

如果需要考察快速定时信息，那么外部逻辑分析仪能适应这一要求。外部逻辑分析仪允许以高达 125ps 的时间分辨率(8GS/s 采样)查看 FPGA 信号详细的定时关系，这有助于检验设计中实际发生的事件，检验设计的定时余量。嵌入式逻辑分析仪只能捕获与 FPGA 中已有的指定时钟同步的数据。

3. 需要捕获多深的数据

外部逻辑分析仪提供的采集内存更深。一般在嵌入式逻辑分析仪中，最大取样深度设为128KB，这一数字受到器件的限制。而在外部逻辑分析仪中，可以捕获最多 256MB 采样点。这有助于查看和分析更多的问题及潜在原因，从而缩短调试时间。

4. 设计中更多地受限于引脚还是受限于资源

使用嵌入式逻辑分析仪不要求任何额外的输出引脚，但必须使用内部 FPGA 资源实现逻辑分析仪功能。使用外部逻辑分析仪要求使用额外的输出引脚，但使用内部 FPGA 资源的需求达到最小(或消除了这种需求)。因此，FPGA 的引脚数越少，使用内部逻辑分析仪就越适合。

5. 能否容忍对 FPGA 设计的冲击吗

嵌入式逻辑分析仪会消耗 FPGA 资源，并且会影响设计定时，因此嵌入式逻辑分析仪只能在大规模的 FPGA 上工作。而传统逻辑分析仪的路由信号输出对所有尺寸与类型的 FPGA 的设计和工作影响甚微。

思 考 题

1.1　采用 FPGA/CPLD 进行数字系统设计有什么特点?

1.2　Xilinx 公司的 FPGA 内部的核心部件有哪些? 主要功能分别是什么?

1.3　简要描述 FPGA 开发数字系统的设计流程。

1.4　FPGA 的调试方法有哪三种? 它们各有什么特点?

1.5　什么是"自顶而下"的设计方法?"自顶而下"的设计方法有什么特点?

1.6　控制器的作用是什么? 为什么说控制器的设计是数字系统设计的核心?

1.7　试说明 ASM 图与软件流程图有何差别?

1.8　边沿检测电路的波形如图 1.20 所示,每当检测到输入信号 X 的上升沿或下降沿时,产生一个宽度为 1 个 CP 周期的正脉冲输出信号 Y。另外, 输入信号 X 的高电平宽度和低电平宽度均足够大。试画出能实现边沿检测电路的 ASM 图。

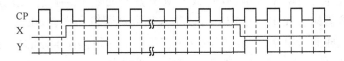

图 1.20　边沿检测电路的波形

第 2 章

Verilog HDL

2.1 初识 Verilog HDL

2.1.1 概述

硬件描述语言(Hardware Description Language,HDL)是硬件设计人员和电子设计自动化(EDA)工具之间的界面。其主要目的是编写设计文件,建立电子系统行为级的仿真模型。即利用计算机的巨大能力对用 Verilog HDL 或 VHDL 建模的复杂数字逻辑进行仿真,然后再自动综合以生成符合要求且在电路结构上可以实现的数字逻辑网表(Netlist),根据网表和某种工艺的器件自动生成具体电路,然后生成该工艺条件下这种具体电路的延时模型。仿真验证无误后用于制造 ASIC 芯片或写入 EPLD 和 FPGA 器件中。

自从 Iverson 于 1962 年提出 HDL 以来,许多高等学校、科研单位和大型计算机厂商都相继推出了各自的 HDL,但最终成为 IEEE 技术标准的仅有 Verilog HDL 和 VHDL。

2.1.2 Verilog HDL 的基本结构

1. Verilog HDL 与 C 语言的比较

Verilog HDL 是在 C 语言基础上发展起来的,从语法结构上,Verilog HDL 与 C 语言有许多相似之处,并借鉴 C 语言的多种操作符和语法结构。为了便于对 Verilog HDL 有个初步认识,在此先将 Verilog HDL 与 C 语言的异同做如下比较。

(1)C 语言由函数组成,而 Verilog HDL 则是由与其相应的模块(module)组成的。不过,Verilog HDL 的模块就是实现一定功能的硬件电路。

(2)C 语言对函数的调用通过函数名相关联,函数之间的传值是通过端口变量实现的。相应地,Verilog HDL 中的模块调用也是通过模块名相关联,模块之间的联系同样通过端口的连接实现,所不同的 Verilog HDL 反映的是硬件之间的真实物理连接。

(3)C 语言中有主函数 main,整个程序的执行从 main 函数开始。Verilog HDL 没有相应命名的模块,且每一个模块都是等价的,但必定存在一个顶层模块,它的端口中包含芯片系统与外界的所有 I/O 信号。这个顶层模块从程序的组织结构上讲,类似于 C 语言的主函数,但 Verilog HDL 中的所有模块都是并发运行的,因为在实际硬件中许多操作都是在同一时刻发生的,这一点必须从本质上与 C 语言加以区别。

(4)Verilog HDL 有时序的概念,因为在硬件电路中从输入到输出总是有延迟存在的。

(5)Verilog HDL 既包含一些高层次程序设计语言的结构形式,同时也兼顾描述硬件电路具体的线路连接。

2. 模块的概念和结构

作为一种高级语言,Verilog HDL 以模块集合的形式来描述数字系统。模块是 Verilog HDL 的基本单元,由两部分组成,一部分描述接口,即与其他模块通信的外部输入/输出端口;另一部分描述逻辑功能。一般说来一个文件就是一个模块,这些模块是并行运行的,但常用的做法是用包括测试数据和硬件描述的高层模块来定义一个封闭的系统,并在这一模块中调用其他模块的实例。

模块结构基本语法如下:

```
module <模块名>(<端口列表>)
    参数定义(可选)
    端口说明(input, output, inout)
    数据类型定义
    持续赋值语句(assign)
    过程块(always和initial)一行为描述语句
    低层模块实例-调用低层模块
    任务和函数
    延时说明块
endmodule
```

其中,<模块名>是模块唯一性的标识符;<端口列表>是输入、输出和双向端口的列表,这些端口用来与其他模块进行连接;数据类型定义部分用来指定数据对象为连线型、寄存器型或存储器型;过程块包括 always 过程块和 initial 过程块两种,行为描述语句只能出现在这两种过程块内;延时说明块用来对模块的各个输入和输出端口之间的路径延时进行说明。

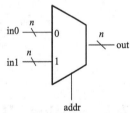

图 2.1　数据选择器

下面用图 2.1 所示的数据选择器的 Verilog HDL 描述来说明模块结构。

例 2-1　数据选择器的 Verilog HDL 描述

```
module   mux_2to1(out, in0,in1, addr); // 模块名、端口列表
    // 参数定义,n表示数据的位数,默认为1位
    parameter  n=1;
     //端口说明
    output [n-1:0]  out;
     input  [n-1:0]   in0, in1;
    input   addr;
     //数据类型定义
    reg [n-1:0] out;
     //过程块,描述逻辑功能
 always @(in0 or in1 or addr)//括号内为敏感信号表达式
    begin
      if(addr)out=in1;
      else        out=in0;
    end
endmodule
```

从上面的例子可以看出 Verilog HDL 的基本结构如下所示。

（1）Verilog HDL 模块的内容包含在"module"和"endmodule"两个语句之间。

（2）首先要给出模块名，之后的括号内给出的是端口列表。本例模块取名 mux_2to1，参照图 2.1，端口列表中端口为硬件中的外接引脚，模块通过这些端口与外界联系。

（3）参数定义，本例定义一个参数 n，表示输入、输出数据的位数，默认 n 为 1。这样，以后其他模块调用该模块时，可通过参数传递来改变 n 的值。参数传递的方法留在后面章节交代。

（4）端口说明，说明端口类型（input）、输出（output）和双向端口（inout）。

（5）数据类型定义，定义端口或变量的数据类型（wire、reg 等）。

（6）描述逻辑功能，本例用 always 过程块描述数据选择器的逻辑功能。

（7）用"//"可以进行单行注释，用"/*…*/"可以进行多行注释。另外，begin…end 相当于 C 语言中的 { }。

图 2.2 是例 2-1 的综合的 RTL 级电路结果，它与我们期望得到的结果是一致的。强调一下，虽然 Verilog HDL 与 C 语言相似，但其用来描述硬件电路，因此在编写 Verilog HDL 代码时，要有与硬件对应起来的思维。

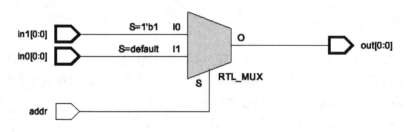

图 2.2　对例 2-1 用 Vivado 软件综合分析结果

2.2　Verilog HDL 的基础知识

同其他高级语言一样，Verilog HDL 具有自身固有的语法说明与定义格式，包括数字、字符串、标识符、运算符、数据类型和关键字等，这些有与 C 语言相同或相似之处，也有 Verilog HDL 作为硬件描述所特有的地方，应注意比较 Verilog HDL 与 C 语言的区别。

2.2.1　词法

Verilog HDL 的源文件是由一串词法标识符构成的，一个词法标识符包含一个或若干个字符。源文件中这些标识符的排放格式很自由，也就是说，选择间隔符来分隔词法标识符。Verilog HDL 中词法标识符的类型有以下几种：间隔符、注释符、标识符和关键字。

1. 间隔符

Verilog HDL 的间隔符包括空格、制表符、换行以及换页符。这些字符起到分割作用，使文本错落有致，可方便用户阅读和修改。

2. 注释符

Verilog HDL 支持两种形式的注释。

单行注释：以 "//" 起始，以新的一行作为结束。

多行注释：是以 "/*" 起始，以 " */" 结束。

3. 标识符

标识符是赋给对象的唯一的名字，用这个标识符来提及相应的对象。标识符可以是字母、数字、符号 "$" 和下划线 "_" 的任意组合序列，但它必须以字母（大小写）或下划线开头，不能是数字或 "$" 符开头。例如，temp_a、_shift 和 CLEAR 等都是合法的，而 2q_out、a*b 为不合法。标识符是区分大小写的，如 qout 与 QOUT 是不同的标识符。

4. 关键字

关键字也称保留字，它是 Verilog HDL 的专用字，所有的关键字都是用小写形式，不能将关键字用作标识符。表 2.1 给出了 Verilog HDL 中常用的关键字，其中最后一个 mux 被 Vivado、ModelSim 等 EDA 软件列为保留字。

表 2.1　Verilog HDL 中常用的关键字

always	endfunction	medium	real	time
and	endprimitive	module	realtime	tran
assign	endspecify	nand	reg	tranif0
begin	endtable	negedge	release	tranif1
buf	endtask	nmos	repeat	tritri0
bufif0	event	nor	rnmos	tri1
bufif1	for	not	rpmos	triand
case	force	notif0	rtran	trior
casex	forever	notif1	rtranif0	trireg
casez	fork	or	rtranif1	vectored
cmos	function	output	scalared	wait
deassign	highz0	parameter	small	wand
default	highz1	pmos	specify	weak0
defparam	if	posedge	specparam	weak1
disable	inout	primitive	strong0	while
edge	input	pull0	strong1	wire
else	integer	pull1	supply0	wor
end	join	pullup	supply1	xnor
endcase	large	pulldown	table	xor
endmodule	macromodule	rcmos	task	mux

2.2.2 常量

Verilog HDL 有下列四种基本的值。

(1) 0：逻辑 0 或 "假"。

(2) 1：逻辑 1 或 "真"。

(3) x：不定值。

(4) z：高阻态。

Verilog HDL 有整数常量、实数常量和字符串常量。

1. 整数常量

在 Verilog HDL 中，整数有二进制(b 或 B)、八进制(o 或 O)、十六进制(h 或 H)或十进制(d 或 D)四种进制表示方式，格式为

<位宽>'<进制><数值>

其中，位宽为对应二进制数的位数，该项可选。当位宽小于相应数值的实际位数时，相应的高位部分被忽略，这一点值得注意；当位宽大于数值的实际位数时，相应的高位部分补 0(数值的最高位为 1 或 0)或补 x(数值的最高位为 x)或补 z(数值的最高位为 z)。例如：

```
8'b1100_0101      //位宽为8位的二进制数11000101
8'hb5             //位宽为8位的十六进制数b5
'b01x             //默认位宽的3位二进制数01x
6'hb5             //位宽为6位的十六进制数35，因为位宽不够，高位忽略(11_0101)
8'b100101         //位宽为8位的二进制数00100101，位宽太多，高位补0
2a0               //非法的整数表示(十六进制数字表示需'h)
另外，对于十进制数，可缺省位宽和进制说明，例如：
98                //简单的十进制数格式，代表十进制数98
```

注意：

(1) x(或 z)在十六进制值中代表 4 位 x(或 z)，在八进制中代表 3 位 x(或 z)，在二进制中代表 1 位 x(或 z)，x(或 z)不能出现在十进制中。

(2) 数值常量中的下划线 "_" 是为了增加可读性，不会影响数值大小，但不能放在数值常量的首位。

2. 实数常量

Verilog HDL 中实数可以用下列两种形式定义。

(1) 十进制计数法，但数点两侧都必须至少有一位数字。例如：

```
2 . 0
5 . 6 7 8
0 . 1
2 .      // 非法，小数点两侧必须有1位数字
```

(2) 科学计数法。这种形式的实数举例如下：

```
23_5.1e2      //其值为23510.0;下划线可忽略
3.6E2         //其值为360.0(e与E相同)
5 E-4         //其值为0．0005
```

注意，Verilog HDL 定义了实数如何隐式地转换为整数。实数通过四舍五入被转换为最相近的整数。

3. 字符串常量

字符串常量是一行写在双引号之间的字符序列串，若字符串用作 Verilog HDL 表达式或操作数，则字符串被看作 8 位 ASCII 码值的序列，即一个字符对应 8 位 ASCII 码值。例如，字符串“ab”等价于 16'h57_58。

字符串变量是寄存器型变量，它具有与字符串的字符数乘以 8 相等的位宽，如存储字符串“Hello”变量需要 5×8，即 40 位的寄存器。

Verilog HDL 支持 C 语言中的转义符，如\n(换行符)、\t(制表符)、\\(字符\)、\"和\%。

2.2.3　数据类型和变量

Verilog HDL 的数据类型集合表示在硬件数字电路中数据进行存储和传输的要素。Verilog HDL 不仅支持抽象数据类型的变量如整型变量、实型变量等；同时也支持物理数据类型的变量，代表真实的硬件。

Verilog HDL 中的变量的数据类型分为连线型(nets type)和寄存器型(register type)两大类，共 19 种数据类型，下面只介绍常用的 4 种。

1. wire 型

wire 型属连线型变量，对应的是硬件电路中的物理信号连线，没有电荷保持作用。它的值始终根据驱动的变化而更新。有两种方法对它进行驱动：一是在结构描述时把它连接到门或模块的输出端；二是用持续赋值语句 assign 语句对其赋值。如果没有驱动源对其赋值，连线型的默认值为 z。

wire 型信号的定义格式如下：

```
wire [msb:lsb] net1, net2, …, net N;
```

其中，msb 和 lsb 是用于定义连线型位宽的常量表达式；范围定义是可选的；如果没有定义范围，缺省的为 1 位 wire 型信号。下面是连线型变量说明实例。

```
wire a,b;       //定义两个1位的wire型变量a, b
wire [7:0] Addrbus;    //定义一个8位的wire型地址向量Addrbus
```

2. reg 型

reg 型属寄存器型变量，寄存器型数据对应的是具有状态保持作用的硬件电路，如触发器、锁存器等。若寄存器型的变量未被初始化，默认值为 x。寄存器型与连线型的区别在于：

寄存器型数据保持最后一次赋值，而连线型数据需持续驱动。

寄存器型数据只能在 always 语句和 initial 语句中被赋值。反之，在 always 语句和 initial 语句中被赋值的每一个信号必须定义为寄存器型。

寄存器型 reg 定义形式如下：

```
reg [ msb: lsb] reg1, reg2, …;
```

msb 和 lsb 定义了位宽，并且均为常数值表达式。范围定义是可选的；如果没有定义范围，缺省值为 1 位寄存器。例如：

```
reg [3:0] count;      //定义一个4位寄存器型向量count
reg a,b;              //定义两个1位寄存器型变量a和b
```

寄存器可以取任意长度。寄存器中的值通常被解释为无符号数，但寄存器型的值可取负数，若该变量用于表达式的运算中，则按无符号类型处理。例如：

```
reg [3:0]  a;
...
a = -2;        //a按无符号数14来看待，14(1110)是-2的补码
```

特别要说明一下，reg 类型不等同于硬件电路的触发器和锁存器，组合电路的输出也可定义为 reg 类型。例 2-1 中数据选择器输出就定义为 reg 类型，因为其在 always 过程块中被赋值。

3. 存储器型变量

存储器型变量为二维向量，由若干个相同位宽的向量构成，存储器型变量使用如下方式说明：

```
reg [msb: lsb] mem1 [upper1:lower1],mem2[upper2:lower2],... ;
wire [msb: lsb] mem1 [upper1:lower1],mem2[upper2:lower2],... ;
```

例如：

```
reg [7:0 ] MyMem [1023 : 0 ] ;     //定义了一个1KB的存储器型变量MyMem
wire[15:0]  memory[1023 : 0] ;     //定义了一个1KB存储器型变量memory
```

注意，数组的维数不能大于 2。

4. integer 型

integer 型属寄存器变量、是纯数学抽象的数据类型，不对应任何具体的硬件电路。integer 型为 32 位带符号整数型变量，常用作循环控制变量。

2.2.4 参数

在 Verilog HDL 中，用 parameter 语句来定义常量，即用 parameter 语句来定义一个标识符，代表一个常量，称为参数常量。参数经常用于定义时延和变量的宽度，提高程序的可读

性和可维护性。

参数常量只能被赋值一次，参数说明形式如下：

```
parameter  param1=const_ expr1, param2=const_expr2,…;
```

下面为具体实例：

```
parameter  counter_bits=4; //定义计数器的位数
parameter  S0=3, S1=1, S2=0, S3=2; //定义了四个状态
parameter InDataWidth=8, OutDataWidth _size= in_size*2; //定义输入、输出数据宽
度
```

注意，在调用子模块时可通过参数传递的方法改变子模块内的参数值。

2.2.5　模块端口类型

模块端口是模块与外界交互信息的接口，包括 3 种类型。

(1) input：输入信号端口，在模块内不能对 input 信号赋值。

(2) output：输出信号端口。

(3) inout：双向 I/O 端口。

2.2.6　运算符及优先级

1. 运算符

Verilog HDL 定义了许多运算符，按功能可以分为算术运算符、关系运算符、等式运算符、逻辑运算符、按位逻辑运算符、缩位运算符、移位运算符、条件运算符、位拼接运算符等九大类。表 2.2 详细给出了 Verilog HDL 中定义的运算符分类及简单功能说明。

表 2.2　Verilog HDL 中定义的运算符分类及功能说明

类型	运算符	简单说明
算术运算符	+、-、*、/ %	加、减、乘、除 求模
逻辑运算符	!、&&、‖	逻辑非、逻辑与、逻辑或
按位逻辑运算符	~、&、|、^ ^~ 或 ~^	按位非、按位与、按位或、按位异或 按位异或非
关系运算符	<、<=、>、>=	小于、小于等于、大于、大于等于
等式运算符	==、!= ===、!==	逻辑相等、逻辑不等 全等、非全等
缩位运算符	&、~& |、~| ^、^~ 或~^	缩位与、缩位与非 缩位或、缩位或非 缩位异或、缩位异或非
移位运算符	<<、>>	左移、右移
条件运算符	?:	条件
位拼接运算符	{}	连接

1) 算术运算符

在 Verilog HDL 中，算术运算符又称为二进制运算符，共有下面几种：

(1) +(加法运算符，或正值符号，如 $a+b$，+5)。

(2) −(减法运算符，或负值符号，如 $a-b$，−5)。

(3) *(乘法运算符，如 $a*2$)。

(4) /(除法运算符，如 $a/5$)。

(5) %(求模运算符，或称求余运算符，要求%两侧均为整型数据，如 8%3 的值为 2)。

注意：

(1) 在进行算术运算操作时，如果某一操作数有不确定的值，则运算结果也是不定值。

(2) 在进行整数除法运算时，结果值要略去小数部分，只取整数部分，如 8/3=2。

2) 关系运算符

关系运算符为二目运算符，共有 4 种：

(1) >(大于)。

(2) >=(大于等于)。

(3) <(小于)。

(4) <=(小于等于)。

在进行关系运算时，如果操作数之间的关系成立，返回值为 1；反之关系不成立，则返回值为 0；若某一个操作数的值为不定 x 或高阻 z，则关系是模糊的，返回值是不定值 x。

3) 等式运算符

等式运算符为二目运算符，有 4 种，分别为

(1) ==(相等)。

(2) !=(不相等)。

(3) ===(全等)。

(4) !==(非全等)。

注意：

(1) 在==(相等)运算或!=(不相等)运算时，如果任何一个操作数中的某一位为不定值 x 或高阻 z，则结果为不定值 x。例如：

```
1z1x01 = =1z1x01的结果为x；
1z1x01 ! =1z1x01的结果为x。
```

(2) 在===(全等)运算时，其比较过程与==(相等)相同，全等运算时将不定值 x 或高阻 z 看作是逻辑状态的一种参与比较，因此，全等运算返回的结果只有逻辑 0 或逻辑 1 两种。例如：

```
1z1x01= = =1z1x01的结果为1；
101x01= = =1z1x01的结果为0；
101x01= = =101z01的结果为0。
```

(3) !==(非全等)与===(全等)正好相反，这里不再赘述。

4) 逻辑运算符

在 Verilog HDL 中有 3 种逻辑运算符:

(1)!　　　　(逻辑非)。

(2)&&　　　(逻辑与)。

(3)||　　　　(逻辑或)。

&&和 || 是二目运算符,要求有两个操作数,如$(a > b)$&&$(b > c)$。而!是单目运算符,只要求一个操作数,如$!(a > b)$。

5)按位逻辑运算符

在 Verilog HDL 中有 5 种按位逻辑运算符:

(1)~　　　　　(按位取反)。

(2)&　　　　　(按位与)。

(3)|　　　　　(按位或)。

(4)^　　　　　(按位异或)。

(5)^~ , ~^　　(按位同或)。

按位逻辑运算符对其操作数的每一位进行操作,例如,表达式a&b的结果是a和b的对应位相与的值。对具有不定值的位进行操作,视情况不同会得到不同的结果。例如,x和 0 相或得结果x;x和 1 相或得结果 1。如果操作数的长度不相等,较短的操作数将用 0 来补高位,逐位运算将返回一个与两个操作数中位宽较大的一个等宽的值。

需要注意的是,不要将逻辑运算符和按位运算符相混淆,例如,!是逻辑非,而~是按位取反。例如,对于前者!(5= =6)结果是 1,后者对位进行操作,~1011=0100。

6)缩位运算符

缩位运算符是单目运算符,它包括下面几种:

(1)&　　　　　(缩位与)。

(2)~&　　　　(缩位与非)。

(3)|　　　　　(缩位或)。

(4)~|　　　　(缩位或非)。

(5)^　　　　　(缩位异或)。

(6)^~ , ~^　　(缩位同或)。

缩位运算的运算过程是先将操作数的第 1 位与第 2 位进行与、或、非运算,然后将运算结果与第 3 位进行与、或、非运算,依次类推直至最后一位;最后的运算结果是 1 位的二进制数。例如:

```
reg[3:0]  a;
b=&a;      //等效为b=a[0] & a[1] & a[2] & a[3]
```

7)移位运算符

在 Verilog HDL 中有两种移位运算符:<<(左移位运算符)和>>(右移位运算符)。其用法为

```
A << n 或 A>> n
```

表示是将第一个操作数 A 向左或向右移n位,同时用 0 来填补移出的空位。举例如下:

若 A=5'b11001 则 A<<2 的值 5'b00100。

8）条件运算符

Verilog HDL 条件运算符为

```
?:
```

条件运算有三个操作数，其定义同 C 语言定义一样，格式如下：

```
signal = condition _expr ? true_ expr : false_expr
```

当条件成立（condition _expr 为 true）时，信号（signal）取第一个表达式的值，即 true_ expr；反之取第二个表达式的值，即 false_expr。

例如，对 2 选 1 的数据选择器，可描述如下：

```
out= addr ? in1 : in0 ;   // addr=1时out = in1; addr=0时out = in0
```

9）位拼接运算符

Verilog HDL 中有一个特殊的运算符——位拼接运算符{}。这一运算符可以将两个或更多个信号的某些位拼接起来进行运算操作。用法如下：

```
{信号1的某几位,信号2的某几位,…，信号n的某几位}
```

拼接符的 Verilog 实例——左移位寄存器：

```
reg[15:0] q;
always @(posedge clk)
  q[15:0]={ q[14:0],DataIn}
```

表 2.3   运算符的优先级

优先级	运算符	简单说明
高	!、~	逻辑非、按位非
	& 、 ~ &、| 、 ~ |、^ 、 ^~ 或~^	缩位运算符
	+、−	正、负号
	{ }	位拼接运算符
	*、 /、%	算术运算符
	+、−	
	<< 、>>	移位运算符
	< 、 <= 、 > 、 >=	关系运算符
	== 、 !=、 === 、 !==	等式运算符
	&	按位与
	^ 、 ^~ 或~^	按位异或、按位同或
	|	按位或
	&&	逻辑与
	||	逻辑或
低	?:	条件运算符

2. 运算符优先级排序

运算符优先级顺序如表 2.3 所示，为避免出错，同时为增加程序可读性，在书写程序时可用括号（）来控制运算的优先级。

2.3 Verilog HDL 的描述语句

在 Verilog HDL 中，可以使用多种建模的方法，这些建模方法称为描述风格。最常用的三种描述风格为数据流描述、行为描述和结构描述。2.3.1～2.3.2 节将介绍数据流描述和行为描述两种建模的方法，结构描述方法将在 2.3.3 节介绍。

2.3.1 数据流描述语句

数据流描述采用持续赋值语句即 assign 语句，它用于给 wire 等 nets 型变量进行赋值。当组合电路已有表达式或逻辑电路图，适合用 assign 语句描述。

下面是采用数据流方式描述的一位全加器，一位全加器逻辑表达式如式(2.1)所示。

$$\begin{cases} s = a \oplus b \oplus ci \\ co = a \cdot b + a \cdot ci + b \cdot ci \end{cases} \tag{2.1}$$

例 2-2 一位全加器的数据流描述

```
module  fulladder(a, b, s,ci, co );
 input   a, b, ci;
 output  s, co ;
    assign  s = a ^ b ^ ci;
    assign  co =(a && ci)||(b && ci )||(a && b);
endmodule
```

在本例中，有两个持续赋值语句。这些赋值语句是并发的，与其书写的顺序无关。只要持续赋值语句右端表达式中操作数的值变化，持续赋值语句即被执行。

2.3.2 行为描述语句

Verilog HDL 支持许多高级行为语句，使其成为结构性和行为性语言。

1. 过程结构

下述两种语句是为一个设计的行为建模的主要机制。

（1）always 语句。

（2）initial 语句。

一个模块中可以包含任意多个 initial 或 always 语句。这些语句相互并行执行，即这些语句的执行顺序与其在模块中的顺序无关。一个 initial 语句或 always 语句的执行产生一个单独的控制流，所有的 initial 和 always 语句在 0 时刻开始并行执行。

initial 或 always 语句是不能嵌套使用的。

1) always 语句

```
always语句语法如下：
always @(<敏感信号表达式>)
begin
//过程赋值
//if语句
//case语句
//while,repeat,for语句
//task,function调用
end
```

(1) 敏感信号表达式。敏感信号表达式又称敏感事件表，只要该表达式的值发生变化，就会执行块内的语句，因此 always 语句有无限循环意义。敏感信号表达式列出所有影响块内变量取值的输入信号，若有两个或两个以上敏感信号时，它们之间用 or 连接。

例如，四选一数据选择器，四个输入信号 in0、in1、in2、in3 和地址信号 addr[1:0]中有任何一个发生变化，输出就会改变，所以四选一数据选择器的敏感信号表达式为

```
always @(in0 or in1 or in2 or in3 or addr)
```

组合电路的敏感信号表达式可用 "*" 代替，表示只要等号右边的值发生变化，就进行赋值运算，上述四选一数据选择器的敏感信号表达式可表示为

```
always @(*)
```

(2) posedge 与 negedge 关键字。对于时序电路，事件往往是由时钟边沿触发的。为表达边沿这个概念，Verilog HDL 提供了 posedge 与 negedge 两个关键字来描述。如用 posedge clk 表示时钟信号 clk 的上升沿，而 negedge clk 表示时钟信号 clk 的下降沿。对于异步的清零/置数，应按以下格式书写敏感信号表达式：

```
always @(posedge clk or negedge r)//低电平清零有效
always @(posedge clk or posedge r)//高电平清零有效
```

例 2-3 就是用 if 语句描述的带异步清零的 D 触发器，清零输入 r 高电平有效。

例 2-3　带异步清零的 D 触发器

```
module dffr(q,d,clk,r);
  input d, clk, r;
  output q;
  reg q ;
  always @(posedge clk or posedge r )//异步清0，高电平有效
  begin
    if(r)q=0 ;
    else   q =d;  //同步输入
  end
endmodule
```

在这个例子中，敏感信号表达式中没有列出输入信号 d，这是因为 d 为同步输入信号，只能在时钟上升沿到来时起作用。从语句描述可看出，只要 r 为高电平，q 就为 0；而同步输入信号 d，只有在 clk 上升沿且 r 无效时才能赋值给 q。

注意，对于异步的清零/置数控制时，块内逻辑描述要与敏感信号表达式的有效电平一致。例 2-4 描述是错误的。

例 2-4　带异步清 0 的上升沿 D 触发器

```
always  @(posedge clk or negedge r)//低电平清零有效
    begin
    if(r)//与敏感信号表达式的有效电平矛盾，应改为if(!r)
        q=0;
    else
        q=d;
    end
```

在高速数字系统中，很少采用异步清零/置数操作，更多采用同步清零/置数操作，因此，同步时序电路的敏感信号表达式大多采用下面两种表达式的其中之一。

```
always  @(posedge clk)//时钟上升沿触发
always  @(negedge clk)//时钟下降沿触发
```

(3)语句块。Verilog HDL 的语句分为两种。

串行语句块(begin…end 语句组)，begin…end 作用类似 C 语言中的 { }，用来组合需要顺序执行中的语句，串行语句块内的各条语句是按它们出现的次序逐条顺序执行。

并行语句块(fork…join 语句组)，fork…join 作用类也似 C 语言中的 { }，用来组合需要并行执行中的语句，即语句并行块内的各条语句是同时执行的。

2)initial 语句

initial 过程赋值语句只执行一次，即在 0 时刻开始执行。主要面向功能仿真模拟，通常不具有可综合性。initial 语句通常用来描述测试模块的初始化、监视、波形生成等功能行为。initial 过程赋值语句的语法如下：

```
initial
    begin
      语句1;
      语句2;
      …
    end
```

initial 语句多用于测试代码的编写，下面就是例 2-2 所描述的一位全加器的测试代码，其输入波形如图 2.3 所示。

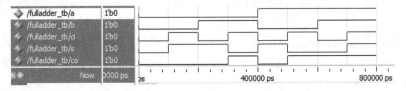

图 2.3　全加器的仿真波形

例 2-5　全加器的测试代码

```
`timescale 1ns / 1ps
module fulladder_tb;
    reg a,b,ci; //Inputs
    wire s,co; //Outputs
    //全加器实例
fulladder  fulladder _inst(.a(a),.b(b),.s(s),.ci(ci),.co(co));
initial begin
    //每隔100ns给输入a,b,ci赋一组值
        a = 0;b = 0;ci = 0;
    #100  a = 0;b = 0;ci = 1;
    #100  a = 0;b = 1;ci = 0;
    #100  a = 0;b = 1;ci = 1;
    #100  a = 1;b = 0;ci = 0;
    #100  a = 1;b = 0;ci = 1;
    #100  a = 1;b = 1;ci = 0;
    #100  a = 1;b = 1;ci = 1;
    #100  $stop;
end
endmodule
```

initial 过程赋值语句也可以用为硬件功能模块中的 reg 变量赋初值。下面给出的例子，initial 语句用于对 reg 变量和存储器变量初始化。

例 2-6　initial 语句用于对 reg 变量和存储器变量初始化

```
parameter  SIZE = 1024;
reg [7:0]  myRAM [SIZE- 1 : 0] ;
initial
begin:
integer  i;
for(i = 0; i< SIZE; i =i + 1)
myRAM [i] = 0;    //存储器变量初始化
end
```

这个例子利用 initial 语句在仿真开始时刻对存储器变量赋初值，从而完成对各个变量的初始化。

2. 过程赋值语句

过程赋值是在 initial 语句或 always 语句内的赋值，过程赋值只能对寄存器型的变量(reg、integer、memory 型等)赋值。过程赋值分两类。

(1)阻塞性过程赋值。赋值操作符是 "="， 表达式的右端可以是任何表达式。阻塞赋值在该语句结束时执行赋值，前面的语句没有完成前，后面的语句是不能执行，因此 begin…end 语句组内的阻塞赋值语句是顺序执行。

（2）非阻塞性过程赋值。在非阻塞性过程赋值中，使用赋值符号"< ="。在 begin…end 语句组内，一条非阻塞赋值语句的执行是不会阻塞下一条语句的执行，也就是说，本条非阻塞赋值语句的执行完毕前，下一条语句开始执行。

下面两个例子可说明阻塞赋值和非阻塞赋值的区别。

例 2-7　非阻塞赋值

```
module non_block(c, a,b,clk);
output  c,b;
input   a,clk;
reg     c,b;
always @(posedge clk)
  begin
      b<=a;//非阻塞赋值
      c<=b;
  end
endmodule
```

例 2-8　阻塞赋值

```
module  block(c, a,b,clk);
output  c,b;
input   a,clk;
reg     c,b;
always @(posedge clk)
  begin
      b=a;//阻塞赋值
      c=b;
  end
endmodule
```

将上面两个例子用 ModelSim 进行仿真，可分别得到图 2.4（非阻塞赋值）和图 2.5（阻塞赋值）所示的仿真波形。

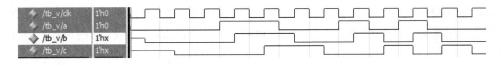

图 2.4　例 2-7 非阻塞赋值的仿真波形

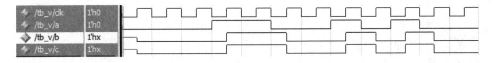

图 2.5　例 2-8 阻塞赋值的仿真波形

由仿真波形可得出，非阻塞赋值的两条语句是同时执行的，而阻塞赋值的两条语句是顺序执行的。相应地，这两种描述所对应的电路如图 2.6 和图 2.7 所示。

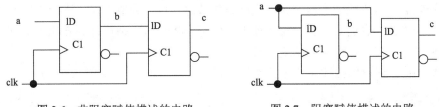

图 2.6　非阻塞赋值描述的电路　　　　图 2.7　阻塞赋值描述的电路

为避免对这两种赋值的错误应用，建议同学们尽量使用阻塞性过程赋值 "="，因为它类似 C 语言的赋值方式。

3. 条件分支语句

条件分支语句有 if…else 语句和 case 语句两种。下面对这两种分支语句进行讨论。

1) if…else 语句

If…else 语句是两分支结构语句，使用方法与 C 语言类似，语法有以下三种：

```
(1)if(<条件表达式>)语句或语句块；
(2)if(<条件表达式>)语句或语句块1；else  语句或语句块2；
```

例 2-1 就采用这种方法描述数据选择器。

```
(3)if(<条件表达式1>)语句或语句块1；
    else if(<条件表达式2>)语句或语句块2；
    …
    else if(<条件表达式n>)语句或语句块n；
    else语句或语句块n+1；
```

这三种方式中，"条件表达式"一般为逻辑表达式、关系表达式或 1 位逻辑变量。系统对表达式的值进行判断，若为 0、不定值 x、高阻 z，作"假"处理；若为 1，按"真"处理。

2) case 语句

case 语句是一个多路条件分支语句，常用于描述多条件译码电路，如译码器、数据选择器、状态机及微处理机的指令译码等。case 语句有 case、casex 和 casez 三种形式，下面分别予以介绍。

（1）case 语句。

case 语句其语法如下：

```
case(<控制表达式>)
    值1：语句或语句块1；        //case分支项
    值2：语句或语句块2；
     …
    值n：语句或语句块n；
    default：语句或语句块n+1；    //default语句不是必需的
endcase
```

当"控制表达式"的值为值 1 时，执行语句或语句块；为值 2 时，执行语句或语句块 2；以此类推；当"控制表达式"的值与所列出的值都不相等时，则执行 default 后面的语句。例 2-9 为用 case 语句描述 4 选 1 数据选择器。

例 2-9　用 case 语句描述 4 选 1 数据选择器

```
module mux4to1(out , in0 , in1 , in2 , in3 ,addr);
parameter  n=1;    //参数n表示数据位数
output[n-1:0] out;
input[n-1:0]  in0,in1, in2,in3;
input [1:0]  addr;
reg[n-1:0] out;
```

```
always @(*)
begin
  case(addr)
      0:    out = in0;
      1:    out = in1;
      2:    out = in2;
      default:  out = in3;          //可用2'b11:out = in3;代替
    endcase
  end
endmodule
```

(2) casez 与 casex 语句。

除了关键字 casex 和 casez，casex 和 casez 这两种形式的语法结构与 case 语句完全一致。case、casex 和 casez 的区别在于对 x 和 z 值使用不同的解释，即在比较控制表达式或分支表达式的值时，在 casez 语句中，对取值为 z 的某些位比较不予考虑，因此只需关注其他位的比较结果；而在 casex 语句中，对取值为 z 和 x 的某些位的比较不予考虑。

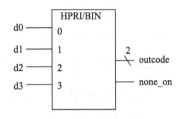

图 2.8　高优先编码器

例 2-10 为用 casex 语句描述的 4-2 线高优先编码器。图 2.8 为编码器的端口示意图，输入 d3～d0 高电平有效。outcode 为编码输出，而 none_on 为输入无效标记，none_on 高电平表示输入无效，即 d3～d0 均为低电平。

例 2-10　4-2 线高优先编码器

```
module encode4to2(none_on,outcode, d3,d2,d1,d0);
    output[1:0]      outcode;//编码输出
    output           none_on;
    input            d3,d2,d1,d0;
    reg[3:0]         out_temp;
    assign {none_on, outcode} = out_temp;
    always @(*)
        begin
            casex({d3,d2,d1,d0})
            4'B1???  : out_temp=3'b0_11;   //可用?来标识x或z
            4'B01??  : out_temp=3'b0_10;
            4'B001?  : out_temp=3'b0_01;
            4'B0001  : out_temp=3'b0_00;
            4'B0000  : out_temp=3'b1_00;   //输入无效
            endcase
        end
endmodule
```

3) 使用条件语句注意事项

在使用条件语句设计时，应注意列出所有条件分支，否则编译器会认为条件不满足时，会引入触发器来保持原值。时序电路设计时，正好利用这一点来进行状态保持；而在设计组合电路时，应避免这种隐含触发器的存在。

另外，有些情况下，很难列出所有条件分支，因此可在 if 语句最后加上 else；在 case 语句的最后加上 default 语句。

4. 循环控制语句

循环控制语句包括 for 循环语句、while 循环语句、repeat 循环语句和 forever 循环语句，循环控制语句多用于测试代码的编写。在逻辑电路描述中适合用循环语句范围较小，且不易掌握，因此，读者应慎用循环语句描述逻辑电路。下面介绍常用的两种循环结构语句：for 循环语句和 repeat 循环语句。

1) for 循环语句

该循环语句与 C 语言的 for 循环语句非常相似，只是 Verilog HDL 中没有增 1++和减 1—运算符，因此要使用 $i=i+1$ 的形式。for 循环语句的形式如下：

for(循环变量赋初值；循环结束条件；循环变量增值)循环体语句或语句块；

for 循环语句执行过程可分如下几步：

(1)执行"循环变量赋初值"。

(2)判断"循环结束条件"表达式：若"循环结束条件"取值为真，则执行"循环体语句或语句块"，然后继续执行第 3 步；若"循环结束条件"取值为假，则循环结束，退出 for 循环语句的执行。

(3)执行"循环变量增值"语句，转到第 2 步继续执行。

下面通过设计一个 4 位串行加法器，来说明 for 循环语句的使用。图 2.9 为 4 位串行加法器原理图，由 4 个一位全加器级联组成，即低位的进位向高位传递的方法。

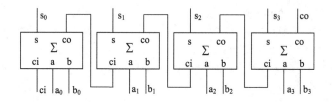

图 2.9　串行加法器原理

例 2-11　n 位串行加法器

```
module  fulladder_n(a, b, s, ci, co);
parameter n=4; //加法器的位数n，默认4位加法器
input [n-1:0] a;
input [n-1:0] b;
output [n-1:0] s;
input ci;
output co;
wire co;
integer i;//循环变量
reg  [n-1:0] s;
```

```
reg  [n:0] c; //暂存一位加法器的进位
assign co=c[n];
always @(*)
begin
    c[0]=ci;
    for(i=0;i<=n-1;i=i+1)
      begin
        s[i]=a[i]^b[i]^c[i];
        c[i+1]=a[i]&& b[i] ||a[i]&&c[i] ||b[i]&&c[i];
      end
end
endmodule
```

用 Vivado 软件综合分析 4 位串行加法器，其 RTL 级的综合结果如图 2.10 所示，从中可看出，综合结果符合设计要求。

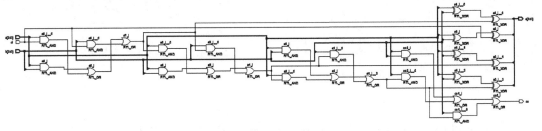

图 2.10　串行加法器 RTL 级的综合结果

2）repeat 循环语句

repeat 循环语句实现的是一种循环次数预先指定的循环，repeat 循环语句的格式如下：

repeat(<循环次数表达式>)语句或语句块；

其中，"<循环次数表达式>"用于指定循环次数，它可以是一个整数、变量或一个数值表达式。如果是变量或数值表达式，其取值只在第一次进入循环时得到计算，从而得以事先确定循环次数。"语句或语句块"是要被重复执行的循环部分。下面范例为产生四变量组合电路的激励波形。

例 2-12　用 repeat 语句产生四变量组合电路的激励波形

```
reg a,b,c,d;
initial
begin
    {a,b,c,d}= 0 ;
    repeat(16)begin   #100   {a,b,c,d} = {a,b,c,d}+1 ;  end //每种取值持续100ns
    #100 $stop;
  end
```

2.3.3　Verilog 描述风格及层次化设计

模块代表硬件上的逻辑实体，其范围可以从简单的门到整个大的系统，如一个计数器、一个存储器子系统、一个微处理器等。模块可以根据所采用的不同的描述方法而分为三种：结构型描述、数据流型描述和行为型描述，也可采用以上几种方式的组合。下面以数据选择器为例，分别介绍这几种描述方式。

1. 数据流型描述

这是一种描述组合逻辑功能的方法，用 assign 持续赋值语句来实现。持续赋值语句完成如下的组合功能：等式右边的所有变量受持续监控，每当这些变量中有任何一个发生变化，整个表达式被重新赋值并送给等式左端。这种描述方法只能用来实现组合功能。例 2-13 为 n 位 2 选 1 数据选择器的数据流型描述。

例 2-13   数据流型描述的例子

```
module  mux2to1 _2(out, in0,in1, addr); // 模块名、端口列表
    parameter n=1;                       //参数定义,n表示数据位数，默认1位
    output [n-1:0]  out;                 //端口说明
input  [n-1:0]  in0, in1;
input  addr;
    assign out= addr ? in1 : in0;        //数据流方式描述逻辑功能
endmodule
```

2. 行为型描述

这是一种使用高级语言的方法。它和用软件编程语言描述没有什么不同，具有很强的可读性、通用性和有效性。它是通过描述硬件的行为特性来实现的，关键词是 always，其含义是一旦敏感信号表达式发生变化，就重新进行一次赋值，有无限循环之意。这种描述方法常用来实现时序电路，也可用来描述组合功能。例 2-1 为数据选择器的行为型描述。

3. 结构型描述

这是通过实例进行描述的方法，将 Verilog HDL 预定义的基本元件实例嵌入到语言中，监控实例的输入，一旦其中任何一个发生变化便重新运算并输出。

在 Verilog HDL 中可使用如下结构部件：

用户自定义的模块(创建层次结构)。

用户自定义元件 UDP(在门级)。

内置门级元件(在门级)。

内置开关级元件(在晶体管级)。

1)门级元件结构描述

Verilog HDL 定义了 26 个内置门级元件，其中比较常用的有以下几种。

多输入门：and(与门)、nand(与非门)、or(或门)、nor(或非门)、xor(异或门)、xnor(同或门)等。

多输出门：buf(缓冲器)、not(非门)等。缓冲器、非门允许多个输出，但输出逻辑是一致的，这与集成门电路有所不同。

三态门：bufif1（高电平使能）、bufif0（低电平使能）、notif1（三态非门，高电平使能）、notif0（三态非门，低电平使能）。

门级元件的调用格式为

多输入门：门类型　<实例名>（输出，输入 1，输入 2，…）。

多输出门：门类型　<实例名>（输出 1，输出 2，…，输出 *N*，输入）。

三态门：　门类型　<实例名>（输出，输入，使能输入）。

一位 2 选 1 数据选择器可由图 2.11 所示的逻辑电路实现，例 2-14 为结构型描述 1 位数据选择器的 Verilog HDL 代码。

例 2-14　结构型描述的例子

```
module  mux2to1_1(in0, in1, addr, out);      //端口定义
input  in0, in1, addr;                        //输入、输出列表
output   out;
wire  y1,y2,y3;                               //信号变量定义
not G1(y1,addr);                              //非门实例，实例名G1
and G2(y2,in0,y1);                            //与门实例，实例名G2、G3
and G3(y3,in1,addr);
or  G4(out,y2,y3);                            //或门实例，实例名G4
endmodule
```

2）Verilog 的层次化设计

复杂数字系统一般采用"自顶而下"的设计方法，即将复杂数字系统划分为几个子系统，再将子系统划分为若干子系统和功能模块。模块还可划分为若干个子模块，直至分成最基本的模块组成。这就要求一个模块能够调用另外一个子模块，从而建立起 Verilog HDL 描述的层次关系，被调用的模块称为这个模块的底层模块。

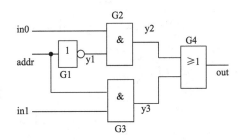

图 2.11　2 选 1 数据选择器的逻辑电路图

调用模块方法有"位置对应调用法"和"端口名称对应调用法"两种方法，如图 2.11 所示，由于"端口名称对应调用法"不易出错，且代码可读性强。因此，我们要求采用"端口名称对应调用法"，其调用格式如下：

```
模块名 < #(.参数1(值1), .参数2(值2)…)> 实例名(
.端口1(与端口1相连的信号),
.端口2(与端口2相连的信号),
…);
```

上面的调用格式中，参数传递是非必需的，当模块没有定义参数时，显然不存在参数传递问题；而当模块有定义参数，也可省略，此时参数采用默认值（即模块中的参数值）。

下面以 4 位无符号数乘法器为例说明模块的调用方法。乘法器的"移位加"算法是模拟笔算的一种比较简单的算法。*A* 与 *B* 相乘过程如图 2.12 所示。*A* 与 *B* 都是 4 位二进制无符号

数，每一行称为部分积，它表示左移的被乘数根据对应的乘数数位乘以 0 或 1，所以二进制数乘法的实质就是部分积的移位和相加。

		A_3	A_2	A_1	A_0	$=A$
	×)	B_3	B_2	B_1	B_0	$=B$
		A_3B_0	A_2B_0	A_1B_0	A_0B_0	部分积 **pp0**
		A_3B_1	A_2B_1	A_1B_1	A_0B_1	部分积 **pp1**
	A_3B_2	A_2B_2	A_1B_2	A_0B_2		部分积 **pp2**
+)	A_3B_3	A_2B_3	A_1B_3	A_0B_3		部分积 **pp3**
P_7	P_6	P_5	P_4	P_3	P_2	P_1	P_0	$=P$

图 2.12 乘法运算过程

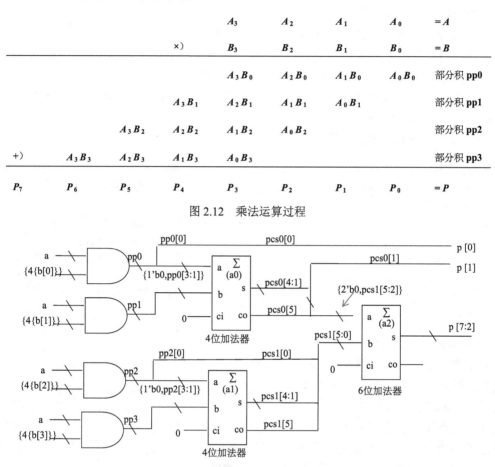

图 2.13 四位乘法器的电路结构图

图 2.13 为四位乘法器的电路结构图，主要用两个四位加法器（a0、a1）和一个六位加法器（a2）组成。加法器 a0 计算部分积 pp0 和 pp1 之和 pcs0；加法器 a1 计算部分积 pp2 和 pp3 之和 pcs1；而加法器 a2 则实现 pcs0 和 pcs1 之和，即最后的乘积。

我们调用例 2-11 的 n 位加法器模块来实现，乘法器顶层 Verilog HDL 描述如下。

例 2-15 四位乘法器的顶层 Verilog HDL 描述

```
module multipier(a,b,p);
    input [3:0] a,b ;
    output [7:0] p ;
// 产生部分积
    wire [3:0] pp0 = a & {4{b[0]}} ; // x1
    wire [3:0] pp1 = a & {4{b[1]}} ; // x2
    wire [3:0] pp2 = a & {4{b[2]}} ; // x4
    wire [3:0] pp3 = a & {4{b[3]}} ; // x8
```

```
    wire[5:0] pcs0, pcs1;
 //调用fulladder_ n模块求pp0、pp1之和,
    assign pcs0[0]=pp0[0];
    fulladder_ n #(.n(4))a0( //将数值4传递给参数N,表示4位加法器
     .a({1'b0,pp0[3:1]}),
     .b(pp1),
     .ci(1'b0), //允许输入常量
     .s(pcs0[4:1]),
     .co(pcs0[5]));
       //调用fulladder_n模块求pp2、pp3之和
assign pcs1[0]=pp2[0];
fulladder_ n #(.n(4))a1(//将数值4传递给参数N
    .a({1'b0,pp2[3:1]}),         //向量可拆开使用
    .b(pp3),
    .ci(1'b0),                   //允许输入常量
    .s(pcs1[4:1]),
    .co(pcs1[5]));
       //调用fulladder_ n模块求乘积p
assign p[1:0]=pcs0[1:0];
fulladder_ n #(.n(6))a2(        //将数值6传递给参数N,表示6位加法器
    .a({2'b0,pcs0[5:2]}),
    .b(pcs1),
    .ci(1'b0),
    .s(p[7:2]),
    .co());                     //输出允许空引脚
endmodule
```

读者需通过本例认真体会参数的作用,掌握模块调用及参数传递的方法是数字系统设计的基本技能。

最后强调一下,层次化描述非常符合"自顶而下"的数字系统设计方法,是现在数字系统设计推崇的方法,目前比较流行"小模块多层次"的系统结构。

4) 混合型描述

在模块中,用户可以混合使用上述三种描述方法。但需特别说明,模块中的门的实例、模块实例语句、assign 语句和 always 语句是并发执行的,即执行顺序跟书写次序无关。

2.3.4 编译预处理指令

与 C 语言的编译指令相似,Verilog HDL 中允许在程序中使用特殊编译指令。编译时,通常先对这些编译指令进行"预处理",然后再与源程序一起进行编译。Verilog HDL 提供了十多条的编译指令,本节只介绍常用的`define、`include 和`timescale 三条常用编译指令。在详细介绍之前,有必要先进行以下几点说明。

(1) 编译预处理指令以`(反引号)开头。

(2) 编译预处理指令非 Verilog HDL 的描述,因而编译预处理指令结束不需要加分号。

(3) 编译预处理指令不受模块与文件的限制。在进行 Verilog HDL 编译时,已定义的编译

预处理指令一直有效，直至有其他编译预处理指令修改它或取消它。

1. 宏编译指令 `define

`define 指令用于文本替换，它很像 C 语言中的#define 指令，语法格式如下：

```
`define 宏名   字符串
```

例如：

```
`define wordsize 8
```

以上语句中，用易懂的宏名 wordsize 来代替抽象的数字 8；要采用了这样的定义后，在编译过程中，一旦遇到 wordsize 则用 8 来代替。

2. 文件包含指令 `include

`include 编译器指令用于嵌入内嵌文件的内容。文件既可以用相对路径名定义，也可以用全路径名定义，例如：

```
`include " . . / . . /primitives.v "
```

编译时，这一行由文件 "../ ../ primitives.v" 的内容替代。

3. 时间定标指令`timescale

在 Verilog HDL 的模型中，所有时延都用单位时间表述，且是一个相对的概念。`timescale 编译指令用于定义计时单位与精度单位。`timescale 编译指令的格式为

```
`timescale <计时单位> / <精度单位>
```

其中时间度量有 s、ms、μs、ns、ps$(10^{-12}s)$ 和 fs$(10^{-15}s)$，计时单位和精度单位只能取 1、10 或 100，且计时单位必须大于精度单位。例如：

```
`timescale  1ns / 100 ps     //表示计时单位为1ns, 精度单位为100ps。
`timescale  1ps / 10 ps      //非法定标，因为计时单位必须小于精度单位。
```

2.4 有限状态机的描述

2.4.1 状态机的结构

数字系统由控制器和数据通道组成，描述控制器功能常用有限状态机(FSM)或算法流程图(ASM)两种方法，这两种方法等价，可以相互转换。所谓状态机，就是通过不同的状态转移来完成一些特定的顺序逻辑，图 2.14 是数字系统设计的最常用的同步状态机电路结构。状态机是数字系统设计中的常用模块，组成元素有输入信号、状态信号(state)、驱动信号(next_state，因为采用 D 型触发器，所以驱动信号为下一状态信号 next_state)及输出信号。

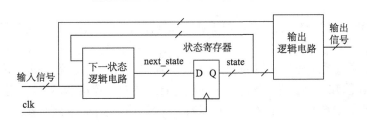

图 2.14　状态机的电路结构组成

状态机分 Mealy 型、Moore 型两类，Mealy 型状态机的输出信号不仅取决于当前状态，还与输入信号有关；而 Moore 型状态机的输出信号只与当前状态有关，与输入信号无关。

2.4.2　状态机的 Verilog HDL 描述方法

状态机的描述方法一般有一段式、二段式和三段式这三种写法，它们在速度、面积、代码可维护性等各个方面互有优劣。

一段式：将状态机结构做一些变换，如图 2.15 所示，显然与图 2.14 有较大差别。因此，只需一个 always 过程块就可实现驱动、输出和状态转换等电路。这种描述方法简洁，且由于输出采用寄存器方法，因此不会产生毛刺，所以电路稳定性较好。但这种描述方法可读性略差、难于理解和维护，如果状态复杂一些就很容易出错。

严格来说，一段式只适用 Moore 型状态机描述，不能准确地描述 Mealy 型状态机。

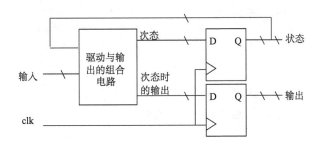

图 2.15　一段式状态机电路框图

二段式：有两个 always 过程块，把时序逻辑和组合逻辑分隔开来。一个 always 过程块描述时序逻辑，即状态寄存器；另一个 always 过程块描述组合逻辑，即下一个状态逻辑电路和输出逻辑电路。这种描述方法不仅便于阅读、理解、维护，而且利于综合器优化代码，利于用户添加合适的时序约束条件，利于布局布线器实现设计。但在两段式描述中，当前状态的输出用组合逻辑实现，可能存在竞争和冒险，产生毛刺。二段式可以准确地描述 Mealy 状态机和 Moore 状态机，是目前较为流行的描述方法，推荐同学们采用这种方法。

二段式的另一种方法是把状态转换逻辑和输出逻辑分隔开来。一个 always 过程块描述状态转换，即状态寄存器和下一个状态逻辑用一个 always 过程块描述；另外一个 always 过程块描述输出逻辑。

三段式：有三个 always 过程块。第一个 always 过程块采用同步时序的方式描述状态寄存器，第二个 always 过程块采用组合逻辑的方式描述下一个状态逻辑、描述状态转移规律，第三个 always 过程块使用同步时序的方式描述输出逻辑。代码容易维护，而且时序逻辑的输出解决了两段式组合逻辑的毛刺问题，但是从资源消耗的角度上看，三段式的资源消耗多一些，且输出比另外两种描述方式会延时一个时钟周期。建议初学者不要采用三段式状态机描述方法。

下面以频率测量系统的控制器为例，介绍状态机的描述方法，第 1 章的图 1.10 和图 1.11 为控制器的 FSM 图和 ASM 图。控制器共有复位（RESET）、等待（WAIT）、测量（MEASURE）和结果输出锁相（LATCH）四个状态。控制器有一个输入信号 gate、两个输出信号 oe 和 clear。另外，一般来说，状态机必须有一个复位信号，复位信号不一定体现在状态机图中。

下面分别用一段式和二段式两种方式描述频率测量系统的控制器，并比较两者的差别。

例 2-16 一段式描述频率测量系统的控制器

```
module  control(clk,reset,gate,oe,clear);
  input  clk,reset,gate;
  output reg oe,clear;
parameter  RESET=0,WAIT=1,MEASURE=2,LATCH=3;  //状态编码
  reg [1:0] state;  //四个状态，两位状态位
always @(posedge clk)
    if(reset)begin  state=RESET;clear=1;oe=0; end
    else
      case(state)
        RESET:   begin  state=WAIT; clear=0; oe=0;end//clear、oe为次态WAIT时输出
        WAIT:    if(gate)begin  state=MEASURE; clear=0; oe=0;end
        MEASURE: if(~gate)begin  state=LATCH; clear=0; oe=1;end
        LATCH:   begin  state=RESET; clear=1; oe=0; end
      endcase
 endmodule
```

一段式状态机代码经 Vivado 综合可得到的 RTL 级结果如图 2.16 所示，从中可看出，输出采用寄存器输出，电路结构与图 2.14 不太一样。

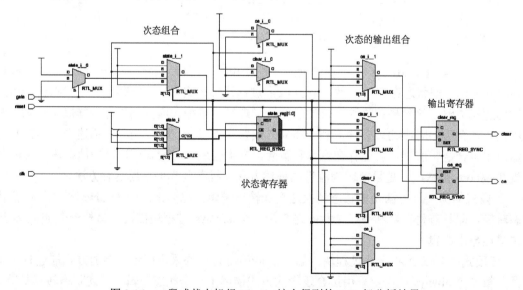

图 2.16　一段式状态机经 Vivado 综合得到的 RTL 级分析结果

例 2-17　二段式描述频率测量系统的控制器

```verilog
module control(clk,reset,gate,oe,clear);
  input  clk,reset,gate;
  output  reg  oe,clear;
  parameter RESET=0,WAIT=1,MEASURE=2,LATCH=3;  //状态编码
  reg [1:0] state,nextstate;
//第一段-时序电路：D型寄存器
  always @(posedge clk)
    if(reset)state=RESET; else state=nextstate;
//第二段-组合电路：下一状态和输出电路
  always @(*)
    begin
    oe=0;clear=0;   //默认值设为0
    case(state)
      RESET:    begin nextstate=WAIT; clear=1; end //clear、oe为现态RESET时输出
      WAIT:     if(gate)nextstate=MEASURE; else nextstate=WAIT;
      MEASURE:  if(gate)nextstate=MEASURE;  else nextstate=LATCH;
      LATCH:    begin nextstate=RESET; oe=1; end
    endcase
    end
endmodule
```

二段式状态机代码经 Vivado 综合可得到的 RTL 级结果如图 2.17 所示，从图中可看出，电路结构与图 2.14 一致，输出采用组合输出。

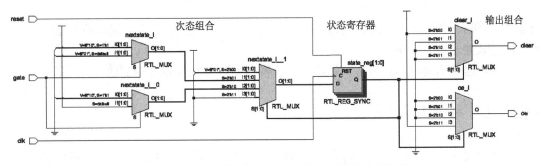

图 2.17　二段式状态机经 Vivado 综合得到的分析结果

例 2-18　二段式的另外一种描述方式

```verilog
module control2(clk,reset,gate,oe,clear);
  input  clk,reset,gate;
  output  oe,clear;
  parameter  RESET=0,WAIT=1,MEASURE=2,LATCH=3;  //状态编码
  reg [1:0] state;
  //第一段：完成状态转换
  always @(posedge clk)
    if(reset)state=RESET;
```

```
      else
        case(state)
          RESET:              state=WAIT;
          WAIT:          if(gate)state=MEASURE;
          MEASURE:       if(~gate)state=LATCH;
          LATCH:              state=RESET;
        endcase
      //第二段：完成输出逻辑,下面两条(两段)语句,用always语句只需一段
      assign clear=(state==RESET);
      assign oe=(state==LATCH);
  endmodule
```

例 2-18 综合分析结果如图 2.18 所示,与例 2-17 综合结果基本结构相同。几段式还是要从本质上(组合或时序)看问题,不是形式上几段。例 2-18 中,作者用一个时序 always 过程

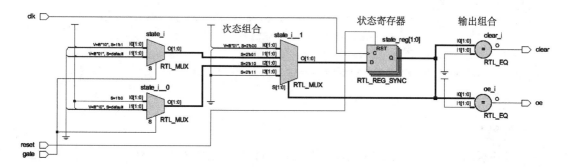

图 2.18　二段式的另外一种描述方式的 Vivado 综合得到的分析结果

块描述寄存器,用两个 assign 语句描述电路输出,虽然形式上有三段,但本质上是二段式。因为三段式要求寄存器输出。

另外,也不需局限描述风格,如状态寄存器也可用 D 触发器实例完成。

2.5　设计举例与技巧

本节结合作者的工作实践,对常用的 Verilog HDL 实例给出提示。在这些实例中,尽量使用多种方法,以便读者更好地掌握 Verilog HDL。

2.5.1　常用组合电路的设计

数字电路中,描述组合电路常用有真值表(卡诺图)、表达式、电路图和功能表等方法,各种方法也有相应的较为合适的 Verilog HDL 描述方法。

(1)真值表:　case 语句描述。

(2)表达式:　assign 赋值。

(3)电路图:　结构描述或 assign 赋值。

(4)功能表:　if…else 语句或 case 语句。

下面提供一些常用的组合电路模块的 Verilog HDL 参考代码。

1. 加法器和比较器

加法器和比较器是常用的组合电路，由于可以采用级联方法实现，因此常采用结构描述实现。前面已给出几个加法器例子，下面给出两个比较器例子。

例 2-19　n 位无符号数比较器的程序

```verilog
module  compare_n(great, equal, little,ina,inb);
parameter  n=1;   //n为比较器的位数
output      great, equal, little;
Input [n-1:0]   ina, inb;
   assign  great=(ina>inb);
   assign  equal=(ina==inb);
   assign  little=(ina<inb);
endmodule
```

例 2-20　用加法器实现 n 位有符号数比较器的代码

```verilog
module signed_compare_n(great, equal, little,ina,inb);
   parameter  n=4;   //n为比较器的位数
   output      great, equal, little;
   input[n-1:0]   ina, inb;       //有符号数，补码形式
   //计算ina-inb，ina-inb=(ina)+(-inb)，防止溢出，扩展一位。
   wire[n:0]  result;
   fulladder_n  #(.n(n+1))a1(      //将数值传递给参数n
         .a({ina[n-1],ina}),    //符号扩展
         .b({~inb[n-1], ~inb}), //b的反码
         .ci(1'b1),
         .s(result),
         .co());
   //两数相减结果：正、零和负分别大于、等于和小于
   assign  great=(~result[n] )&&(| result); //差为正
   assign  equal=~| result;               //差为0
   assign  little=result[n];               //差为负
endmodule
```

2. 译码器

用 case 语句描述译码器最为合适。

1) 二进制译码器

例 2-21　3-8 线译码器(输出低电平有效)

```verilog
module edcoder_38(out, in);
output[7:0]  out;
input[2:0]   in;
reg[7:0]    out;
```

```
always @(*)
  begin
   case(in)
    0: out = 8'b1111_1110;
    1: out = 8'b1111_1101;
    2: out = 8'b1111_1011;
    3: out = 8'b1111_0111;
    4: out = 8'b1110_1111;
    5: out = 8'b1101_1111;
    6: out = 8'b1011_1111;
    7: out = 8'b0111_1111;
   endcase
  end
endmodule
```

2)BCD 码-七段译码器

例 2-22   BCD 码-七段共阳数码译码器

```
module decode4_7(a,b,c,d,e,f,g,din);
output  a,b,c,d,e,f,g;
input[3:0]  din;
reg  a,b,c,d,e,f,g;
always @(*)
  begin
    case(din)
        0  : {a,b,c,d,e,f,g}=7'b0000001;
        1  : {a,b,c,d,e,f,g}=7'b1001111;
        2  : {a,b,c,d,e,f,g}=7'b0010010;
        3  : {a,b,c,d,e,f,g}=7'b0000110;
        4  : {a,b,c,d,e,f,g}=7'b1001100;
        5  : {a,b,c,d,e,f,g}=7'b0100100;
        6  : {a,b,c,d,e,f,g}=7'b0100000;
        7  : {a,b,c,d,e,f,g}=7'b0001111;
        8  : {a,b,c,d,e,f,g}=7'b0000000;
        9  : {a,b,c,d,e,f,g}=7'b0000100;
        default   : {a,b,c,d,e,f,g}=7'bx;
    endcase
  end
endmodule
```

3. 数据选择器

数据选择器是数字电路最常用的电路之一，在 Verilog HDL 中，描述也最为简便，可用门级建模、if…else 语句、case 语句描述，也可用条件运算符?:描述，前面已给出。

4. 双向三态端口

双向端口多用在总线结构中，也多用于通信接口电路，键盘、鼠标等接口也采用双向端口。图 2.19 所示电路为双向 I/O 的端口，其 Verilog HDL 描述如下。

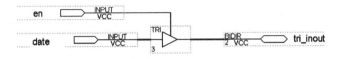

图 2.19　三态双向驱动 I/O 口

例 2-23　双向三态端口的 Verilog HDL 描述

```
module tri_inout(tri_inout,out,data,en,clk);
    input        en,clk;
    input        data;
    inout [7:0]   tri_inout; //双向端口
    wire [7:0]    tri_inout;
    //双向端口的赋值
    assign tri_inout= en?data:8'bz;
endmodule
```

2.5.2　常用时序电路的设计

1. 触发器和寄存器

在 Verilog HDL 中，最常用为 D 型触发器和寄存器，下面给出最常用的 D 型寄存器。

例 2-24　最基本 D 型寄存器

```
module dff(clk,d,q);
    parameter n = 1;//寄存器位数，当宽度n 取1时为D触发器
    input clk;
    input [n-1:0] d;
    output [n-1:0] q;
    reg [n-1:0] q;
    always @(posedge clk)q = d;
endmodule
```

例 2-25　带同步清零的 D 型寄存器

```
module dffr(d, r, clk, q);
    parameter  n= 1; //寄存器位数，当宽度n 取1时为D触发器
    input  r, clk;
    input [n-1:0] d;
    output [n-1:0] q;
    reg [n-1:0] q;
    always @(posedge clk)
```

```
    if(r )q = {n{1'b0}};
        else    q = d;
endmodule
```

例 2-26 带同步清零、输入使能的 D 型寄存器

```
module dffre(d,en,r,clk,q);
    parameter n = 1;   //寄存器位数, 当宽度n 取1时为D触发器
    input en,  r,  clk;
    input [n-1:0] d;
    output [n-1:0] q;
    reg [n-1:0] q;
    always @(posedge clk)
      if(r )q = {n{1'b0}};
        else  if(en)q = d;
            else q = q;   //该条语句也可省略
endmodule
```

2. 计数器

计数器是最常用的时序电路, 种类很多, 这里只介绍最常用的几种。

例 2-27 最简单的 n 位二进制计数器(带同步清零)

```
module counter_n(q, co, en , r, clk);
  parameter n=1;
  output reg [n-1:0] q;
  output  co;
  input   en, r, clk;
  assign co=&q && en;          //进位输出
  always @(posedge clk)
      if(r)q=0;                //同步步清零
      else  if(en)q =q + 1;    //计数或保持
          else  q = q;         //该条语句也可省略
endmodule
```

例 2-28 任意进制计数器/分频器

```
module  counter_n(clk,r,en,q, co);
    parameter  n=2;               //计数器的模
    parameter  counter_bits=1;    //计数器的位数
    input   clk,r,en;
output  co;
output [counter_bits:1] q;
    reg [counter_bits:1] q=0;
    assign  co=(q==(n-1))&& en; //计数器为Mealy时序电路, 进位必须为组合输出
    always @(posedge clk)
      begin
```

```
        if(r)q=0 ;          //同步步清零
        else   if(en)   //en=1,计数；en=0,保持
                    begin   if(q==(n-1))q=0 ; else q=q+1; end
                else   q = q; //该条语句也可省略
     end
endmodule
```

为了更好地理解任意进制计数器/分频器，我们对其进行仿真测试，测试代码如下。

例 2-29 计数器测试代码

```
`timescale 1ns / 1ps
module counter_n_tb;
   // Inputs
    reg clk,r,en;
   // Outputs
    wire [1:0] q;
    wire co;
   // 3进制计数器实例
    counter_n #(.n(3),.counter_bits(2))counter_3(
        .clk(clk),.r(r),.en(en),.q(q),.co(co));
    always #50 clk=~clk;
    initial
      begin
        clk = 0;r=0;en = 0;
        #(51)r=1;
        #(100)r=0;en=1;
        #(500)repeat(10)begin  #(100*3)en=1;  # 100 en=0; end
        #100 $stop;
   end
endmodule
```

仿真结果如图 2.20 所示，当计数使能 en=1 时，计数器对时钟信号计数或分频，而 en 为脉冲信号时，计数器对 en 脉冲信号计数或分频。注意，脉冲信号宽度必须为一个时钟周期。

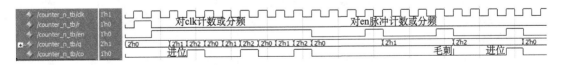

图 2.20 3 进制计数器仿真结果

BCD 码计数器在日常生活中极为常用，如日期、时间等，下面以 12 进制为例说明多位 BCD 码计数器实现方法。12 进制 BCD 计数器由两个十进制计数器级联而成，代码中底层模块 counter_n 为例 2-28 定义的模块 counter_n。

例 2-30 11～100 进制 8421BCD 计数器

```
module counter_bcd(q,co,en,r,clk);
```

```
parameter  qMaxVaule=8'h11;  //计数器最大值，计数器的模即qMaxVaule+1，默认12进制
output[7:0] q;
output  co;
input  en,r,clk;
//进位，该信号也为同步清零信号
assign  co=(q==qMaxVaule)&en;
//个位
wire co1;
counter_n  #(.counter_bits(4),.n(10))counter1(
        .clk(clk),.r(co||r),.en(en),.q(q[3:0]),.co(co1));
//十位
counter_n  #(.counter_bits(4),.n(10))counter2(
        .clk(clk),.r(co||r),.en(co1),.q(q[7:4]),.co());
endmodule
```

计数器的仿真结果如图 2.21 所示，符合设计要求。另外用 Vivado 软件进行 RTL 综合分析，综合结果如图 2.22 所示，从图中可看出电路结构与设计思想相符。

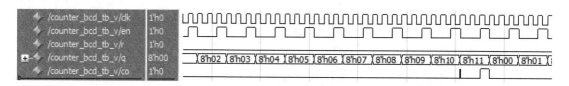

图 2.21   12 进制 BCD 计数器仿真结果

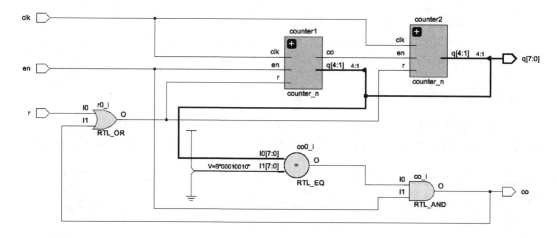

图 2.22   12 进制 BCD 计数器综合结果

2.5.3   数字系统设计实例

设计并制作一个篮球比赛 24s 计时系统。篮球比赛中，为了加快比赛节奏，规则要求进攻方在 24s 内有一次投篮动作，否则视为违例。

1. 设计要求

(1) 显示 24s 倒计时：用两个 LED 数码管显示，其计时间隔为 1s。

(2) 设置"复位"键：按此键可随时返回初始状态，即计时器返回到 24 并停止计数。

(3) 设置"启动/暂停"键，其作用为

①当处于初始状态或暂停状态时，按此键，开始计时或继续计时；

②当处计时状态时，按此键暂停计数。

(4) 计时器递减计数到 0 时，给出 1s 报警信号后使计时器跳回 24，并停止计数。

2. 系统设计

根据设计要求，系统分解为输入按键处理模块、控制器模块、24s 倒计时模块（包括分频器）、显示模块、1s 报警信号产生模块等模块组成，其框图如图 2.23 所示，系统时钟 clk 频率为 100MHz。

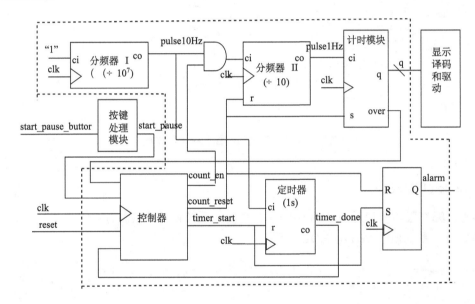

图 2.23　系统框图

控制器是电路核心，其 ASM 和 FSM 如图 2.24 所示。复位后，计时器返回到初始值"24"并进入暂停 PAUSE 状态停止计时。在 PAUSE 状态时，如果此时一次进攻开始，按"启动/暂停"键进入 COUNT 状态，开始倒计时。在 COUNT 状态下，分三种情况：一是 24s 内投球、进攻方违例或进攻方丢球，按复位键进入初始状态；二是防守方违例，按"启动/暂停"停止计时（PAUSE），等进攻方重新发球，再按"启动/暂停"接着计时；三是 24s 违例进入 ALARM 状态启动报警。随即进入 WAIT 状态等待报警结束。报警结束后，进入 RESET 状态复位，为下一次进攻做准备。

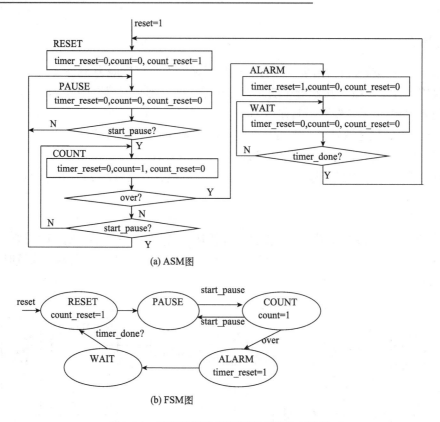

(a) ASM图

(b) FSM图

图 2.24　系统的算法流程图和有限状态机图

3. Verilog HDL 描述

由于篇幅有限，我们对图 2.23 中的虚线框内子系统设计进行描述。

例 2-31　系统顶层 Verilog HDL 代码

```verilog
module timer_24s_top(clk, reset, start_pause, alarm, q);
    parameter sim=0;
    input clk;
    input reset;
    input start_pause;
    output alarm;
    output [7:0] q;
    //控制器模块实例
    wire over,timer_done;
    wire count_en,count_reset,timer_start;
    control control_inst(
        .clk(clk),
        .reset(reset),
        .start_pause(start_pause),
        .over(over),
        .timer_done(timer_done),
```

```
        .timer_reset(timer_start),
        .count(count_en),
        .count_reset(count_reset));
```
/*分频器Ⅰ模块实例,仿真时,2分频;综合实现时,因sim=0,分频比10**7
分频器调用例2-28定义的模块counter_n*/
```
wire pulse10Hz;
counter_n  #(.n(sim?2:10**7),.counter_bits(sim?1:24))divI(
           .clk(clk),.r(1'b0),.en(1'b1),.q(), .co(pulse10Hz));
```
//分频器Ⅱ模块实例,调用例2-28定义的模块counter_n
```
wire pulse1Hz;
counter_n  #(.n(10),.counter_bits(4))divII(
          .clk(clk),.r(count_reset),.en(count_en && pulse10Hz),.q(),
          .co(pulse1Hz));
```
//计时模块设计
```
assign over=(q==1)&&  pulse1Hz;
wire bo;
```
//个位,调用十进制减法计数器模块counter_down
```
counter_down  #(.start_n(4))counter_down_inst1(
         .clk(clk),.s(count_reset),.en(pulse1Hz ),.q(q[3:0]),.bo(bo));
```
//十位,调用十进制减法计数器模块counter_down
```
counter_down #(.start_n(2))counter_down_inst2(
         .clk(clk),.s(count_reset),.en(bo),.q(q[7:4]),.bo());
```
//1s定时器实例,调用定时计数器模块timer_counter
```
timer_counter  #(.n(9),.counter_bits(4))timer_inst(
   .clk(clk),.r(timer_start),.en(pulse10Hz),.co(timer_done));
```
//RS触发器实例
```
srff  srff_alarm(.clk(clk),.r(count_reset),.s(timer_start),.q(alarm));
endmodule
```

例 2-32　控制器 Verilog HDL 代码

```
module control(clk,reset,start_pause,over,timer_done,timer_reset,count,
count_reset);
   input  clk,reset,start_pause,over,timer_done;
   output reg  timer_reset,count, count_reset;
   parameter RESET=0,PAUSE=1,COUNT=2,ALARM=3,WAIT=4; //状态编码
   reg [2:0] state,nextstate;
//D寄存器
always @(posedge clk)if(reset)state=RESET; else state=nextstate;
//下一状态和输出电路
always @(*)begin
    timer_reset=0;count=0;count_reset=0;//默认值为0
    case(state)
      RESET: begin nextstate=PAUSE; count_reset=1; end
      PAUSE: if(start_pause)nextstate=COUNT;  else nextstate= PAUSE;
      COUNT: begin      count=1;
```

```
                    if(over)nextstate=ALARM;
                    else  begin
                        if(start_pause)nextstate= PAUSE; else nextstate=COUNT;end
                    end
        ALARM: begin nextstate=WAIT; timer_reset=1; end
        WAIT: if(timer_done)nextstate=RESET; else nextstate=WAIT;
        default: nextstate=RESET;
      endcase
    end
endmodule
```

例 2-33 十进制减法计数器 Verilog HDL 代码

```
module counter_down(clk,s,en,q,bo);
    parameter  start_n=10;//减法计数起始值
    input   clk,s,en;
    output bo;
    output [3:0]  q;
    reg [3:0]  q=0;
    assign bo=(~|q)&& en;//借位
    always @(posedge clk)
      begin
        if(s)q=start_n ;  //置减法计数起始值
        else  if(en)//en=1,减法计数；en=0,保持
            begin   if(q==0)q=9 ; else q=q-1; end
      end
endmodule
```

例 2-34 定时计数器的 Verilog HDL 代码

```
module timer_counter(clk,r,en,co);
    parameter  n=10;
    parameter  counter_bits=4;
    input   clk,r,en;
    output  co;
    reg [counter_bits:1]  q=0;
    assign  co=(q==(n-1))&& en;    //进位
    always @(posedge clk)
      begin
        if(r)q=0 ;
        else if(en)q=q+1;    //en=1,计数；en=0,保持
      end
endmodule
```

例 2-35 RS 触发器 Verilog HDL 代码

```
module srff(clk, r, s, q);
```

```
    input clk,r,s;
    output reg q;
    always @(posedge clk)if(r)q=0;else if(s)q=1;
endmodule
```

例 2-36 顶层测试代码

```
`timescale 1ns / 1ps
module timer_24s_tb_v;
//Inputs
reg clk,reset,start_pause;
//Outputs
wire alarm;
wire [7:0] q;
//注意,给顶层传递sim=1,降低分频比
timer_24s_top  #(.sim(1))timer_24s_inst(
    .clk(clk),
    .reset(reset),
    .start_pause(start_pause),
    .alarm(alarm),
    .q(q)    );
initial  begin
    //Initialize Inputs
    clk = 0;
    reset = 1;
    start_pause = 0;
    #16 reset = 0; //reset
    #20 start_pause = 1;//start
    #10 start_pause = 0;
    #1000 start_pause = 1;//pause
    #10 start_pause = 0;
    #400 start_pause = 1;//start
    #10 start_pause = 0;
    #4100  start_pause = 1;//start
    #10    start_pause = 0;
    #2000   reset = 1;
    #10   reset = 0;//reset
    #200     $stop;
  end
    always #5 clk=~clk;
endmodule
```

注意:由于顶层存在分频比为 10^7 的分频器,基本不可能进行实时仿真,也没必要实时仿真。所以在顶层模块中,设置参数 sim,默认 sim=0 不影响电路综合和实现。而仿真时,测试文件通过参数传递置 sim=1,此时,将分频器 I 的分频比设为 2,这样大大减少了

仿真时间。

最后仿真结果如图 2.25 所示，符合设计要求。

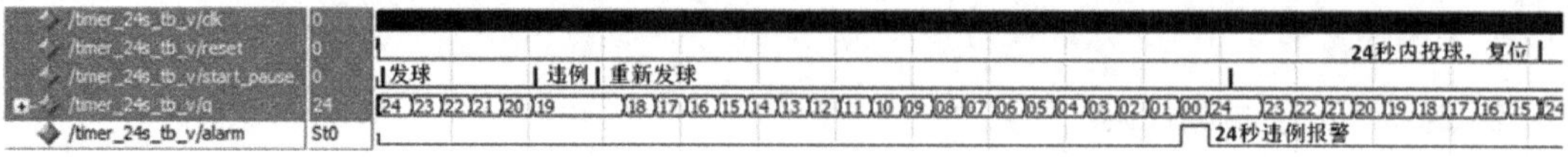

图 2.25　24s 计时系统的仿真结果

testbench 的编写

3.1 概述

随着数字系统设计的规模越来越大和越来越复杂，数字设计的仿真验证已经成为一个日益困难和烦琐的事。面对这个挑战，验证工程师需要依靠许多的验证工具和方法。对于大如几百万门的设计系统，一般使用一套可靠的形式验证(formal verification)工具；然而对于一些小型的设计，带有测试平台(testbench)的 HDL 仿真器就可以很好地进行验证。

testbench 是一种效率较高的验证手段。任何设计都包含有输入输出信号，但是在软环境中没有激励输入，无法对设计电路的输出进行正确评估。那么此时便需要有一种模拟实际环境的输入激励和输出校验的 "虚拟平台"，在这个平台上可以对设计电路从软件层面上进行分析和校验，这就是 testbench 的含义。如今，testbench 已经成为一个验证高级语言(High-Level Language，HLL)设计的标准方法。

testbench 相对于画波形图产生激励的方法，虽然后者更加直观而且易于入门，但 testbench 却有着后者无法比拟的优点。首先，testbench 以语言的方式描述激励源，很方便产生各种激励源，包括各种抽象的激励信号，如 PCI 的配置读写、存储器读写等操作，testbench 可以轻松地实现远高于画波形图方法所能提供的功能覆盖率。其次，testbench 不仅能以语言的方式进行描述输入激励，也能够以文本的方式显示仿真输出，这样极大地方便了仿真结果的查看和自动比较。 再次，testbench 易于修改，重用性效率高，当系统设计升级后需要修改激励信号，这时若采用画波形图的方法不得不将原波形推翻重新设计；但若使用 testbench，只需要进行一些小的修改就可以完成一个新的测试平台，节约了大量的人力物力及时间，极大地提高了验证效率。此外，testbench 可以通过在内部设置观测点，或者使用断言等技术，在错误定位方面也有着独一无二的优势。

目前 FPGA 设计都朝向片上系统(System on Chip，SoC)的方向发展，如何保证这些复杂系统的功能是正确的成了至关重要的问题。任何潜在的问题都会给后续工作带来极大的困难，而且由于问题发现得越迟，付出的代价也越大，这个代价是几何级数增长的。因此，编写一个功能覆盖率和正确性尽量高的 testbench 对所有功能进行充分的验证是非常有必要的。

3.2 testbench 的结构形式

3.2.1 testbench 的基本结构

一个典型的 testbench 的流程可用图 3.1 表示。

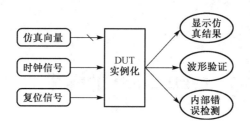

图 3.1　testbench 的基本结构

从图 3.1 可以看出 testbench 应完成以下任务：

(1) 设计仿真激励源，其中时钟信号和复位信号一般是必不可少的；

(2) 对需要测试的模块 DUT (Device Under Test) 进行实例化；

(3) 输出结果到终端或波形窗口以检视，将实际结果和预期结果进行比较，若仿真结果与设计要求不符，可在测试程序内部插入观测点以检测错误。

为了完成上述任务，testbench 必须拥有以下基本形式：

```
module  testbench_name; //定义一个没有输入输出的module
    信号类型定义声明；
    DUT实例化；
    产生激励信号，选择性监控输出响应；
    endmodule
```

3.2.2　testbench 结构实例详解

本小节以一个简单的 4 位移位寄存器为例，详细介绍 testbench 的编写。为了方便读者理解 testbench 编写的过程，设定该移位寄存器有同步复位信号 reset(高电平有效)，并在控制信号 sel 的作用下可实现保持、左移、右移及置数功能，其中左移和右移功能中被移出的位均用 0 填补。其设计 Verilog HDL 代码如下：

```
module shift_reg(clk, reset, sel, data, shiftreg);
    input clk, reset;
    input [1:0] sel;
    input [3:0] data;
    output [3:0] shiftreg;
    reg [3:0] shiftreg;
    always @(posedge clk)begin
        if(reset) shiftreg = 0;                    //同步复位
        else  case(sel)
            2'b00 : shiftreg = shiftreg;      //保持
            2'b01 : shiftreg = shiftreg << 1;//左移
            2'b10 : shiftreg = shiftreg >> 1;//右移
            2'b11 : shiftreg = data;          //置数
        endcase
    end
endmodule
```

下面将分步编写该设计程序的测试文件 shift_reg_tb。

1. 对信号进行类型定义

在定义信号类型之前，可以先定义一个时间常量，方便后面信号时间的描述。

```
parameter  dely=100;  //该信号一般为系统时钟的周期
```

DUT 中的输入信号在 testbench 中必须定义为 reg 型，以保持信号值；而 DUT 输出信号必须定义为 wire 型。

```
//declaration of signals
reg clk,reset;
reg [1:0] sel;
reg [3:0] data;
wire [3:0] shiftreg;
```

2. 测试模块的实例化

模块实例化要注意 DUT 与 testbench 的端口连接。

```
//instantiation of the shift_reg design
shift_reg dut(.clk(clk),.reset(reset), .sel(sel), .data(data),.shiftreg(shiftreg));
```

3. 产生激励信号

本例的激励信号有同步复位信号 reset、控制信号 sel 以及当置数信号有效时需置数的数据 data。要完整仿真该设计的全部功能，值得注意的是信号描述的先后次序及持续时间。根据实现的功能，需要产生的激励信号波形如图 3.2 所示。从该图可知，由于同步复位优先级最高，所以第一次置数的信号（即 sel=2'b11）必须至少持续 2 个时钟周期。为了完整仿真左移、右移功能，控制信号（即 sel=2'b01 或 2'b10）至少需要持续 4 个时钟周期。同时，由于右移功能仿真完成之后，移位寄存器的输出为 4'b0000，对仿真左移功能没有意义，所以在右移与左移功能仿真之间需要再置数一次（即 sel=2'b11）。最后，不要忘记对保持功能的仿真。

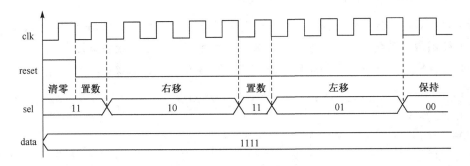

图 3.2　激励信号波形示意图

（1）描述时钟信号。描述时钟信号的方法有多种，具体在后面有介绍。下面是产生无特别要求的时钟信号的常用方法。

```
//this process sets up the free running clock
initial  begin
    clk = 0;  forever  #(dely/2)clk = ~clk;    end //clk周期为dely,占空比50%
```

（2）描述复位信号，同步复位要求信号至少持续 1 个时钟周期。

```
//this process sets up the reset signal
initial begin
    reset = 1;                      //reset高电平有效
    #dely  reset = 0;       end //复位信号持续1个时钟周期,撤销复位信号
```

（3）根据图 3.2，移位功能的仿真描述如下。

```
//this process sets up the sel signal
initial begin
sel=2'b11; data = 4'b1111;      //置数的数据始终为4'b1111
    #(dely*2)    sel = 2'b10;    //第一次置数信号持续2个时钟周期后,右移
    #(dely*4)    sel = 2'b11;    //右移控制信号持续4个时钟周期后,置数
    #dely    sel = 2'b01;        //置数信号为1个时钟周期后,左移
    #(dely*4)    sel = 2'b00;    //左移控制信号持续4个时钟周期后,保持
    #(dely*2)    $stop;          //保持2个时钟周期,停止仿真
end
```

至此，全部激励信号都已描述完成，仅上述部分也可视为一个完整的 testbench，我们可以通过波形图验证设计的正确性。仿真结果波形图如图 3.3 所示。

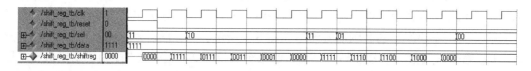

图 3.3   仿真结果波形图

4. 利用系统函数和系统任务显示仿真结果

除了直接观察波形图的方法，我们还有更直观查看结果的手段，即充分利用 Verilog HDL 自带的系统函数和系统任务，方便地将仿真结果显示在终端上，或者直接存成文档供打印查看。因此，我们可以在描述完激励信号后对输出响应方式也加以设定。

```
// this process block pipes the ASCII results to theterminal or text editor
initial begin
  $display("time clk reset sel data shiftreg");
  $monitor("%t %b %b %b %b %b ", $realtime,clk, reset,sel, data,shiftreg);
end
```

按此格式显示的仿真结果如图 3.4 所示。

```
time clk reset sel data shiftreg
   0  0    1   11 1111  xxxx
  50  1    1   11 1111  0000
 100  0    0   11 1111  0000
 150  1    0   11 1111  1111
 200  0    0   10 1111  1111
 250  1    0   10 1111  0111
 300  0    0   10 1111  0111
 350  1    0   10 1111  0011
 400  0    0   10 1111  0011
 450  1    0   10 1111  0001
 500  0    0   10 1111  0001
 550  1    0   10 1111  0000
 600  0    0   11 1111  0000
 650  1    0   11 1111  1111
 700  0    0   01 1111  1111
 750  1    0   01 1111  1110
 800  0    0   01 1111  1110
 850  1    0   01 1111  1100
 900  0    0   01 1111  1100
 950  1    0   01 1111  1000
1000  0    0   01 1111  1000
1050  1    0   01 1111  0000
1100  0    0   00 1111  0000
1150  1    0   00 1111  0000
1200  0    0   00 1111  0000
1250  1    0   00 1111  0000
```

图 3.4　仿真结果终端显示

3.3　常用的系统任务和系统函数

在编写 testbench 时，一些系统函数和系统任务可以帮助我们更方便地产生测试激励、显示调试信息以及协助定位错误。所谓任务(task)或函数(function)就是一段封闭的代码。对于一些常用的操作，Verilog HDL 语言提供了标准的系统任务和系统函数，所有的系统任务和系统函数以字母$开头，通常在 initial 或 always 块中调用。本节介绍常用的系统任务和系统函数，这些任务和函数基本能满足一般仿真需要。

1. $display 与 $write

$display 和$write 属于输出控制类的显示任务，两者功能相同，都用于将信息输出到标准输出设备，区别是前者输出信息带行结束符，即能自动换行，后者不带行结束符。
例如：

```
$display("simulation time is %t",$time);      //显示仿真时间
$display( "hello,world!" );                    //显示字符串
$write("a=%d\n",a);        //显示变量a的值并换行，与$display("a=%d",a)作用相同
```

2. $monitor 与 $strobe

$monitor 与 $strobe 一样也属于输出控制类的系统任务。
(1) $monitor 是监控任务，用于连续监控指定的参数，只要参数表中的参数发生变化，整个参数表就在当前仿真时刻结束时显示。例如：

```
$monitor("at %t, D = %d, clk = %d", $time, D, clk, "and Q is %b", q);
```

执行该监控任务时，将对信号 D、clk 和 Q 进行监控。如果这三个参数中有任何一个的值发生变化，就显示所有参数的值。
另有两个系统任务$monitoroff 和$monitoron 用于关闭或开启监控任务。
(2) $strobe 是探测任务，用于在指定时间显示仿真数据。例如：

```
always @(posedge clk)
    $strobe("the flip-flop value is %b at time %t", Q, $time);
```

上述语句表示，每出现一个 clk 上升沿时，$stobe 任务将输出当前的 Q 值和仿真时刻。

（3）$monitor 与$strobe 两者的区别在于：前者类似一个实时持续监控器，输出变量列表中任何一个变量发生变化，系统都将结果输出一次；后者则只有在模拟时间发生改变时才将结果输出。

3. $fopen 与 $fclose

$fopen 与$fclose 属于文件输入、输出类系统任务。

（1）$fopen 用于打开一个文件并准备写操作，其语法格式如下：

```
integer file_pointer = $fopen(file_name);
```

$fopen 将返回关于文件 file_name 的整数型指针，并把它赋给整型变量 file_pointer。

（2）$fclose 可以通过文件指针关闭文件，其语法格式如下：

```
$fclose(file_pointer);
```

（3）一般来说，$fopen 与$fclose 只用于文件的打开和关闭，不对文件做任何操作。而其他对文件的操作命令，如下面要介绍的文件输出函数，必须在对文件操作前利用$fopen 打开文件，执行完文件操作后利用$fclose 关闭文件。

4. $fmonitor、$fdisplay 与 $fwrite

Verilog HDL 将数据写入文件有多种方法，常用的系统函数和任务有$fmonitor、$fdisplay 与$fwrite 等，下面简单介绍这三个系统任务及它们的不同。

（1）$fmonitor 不需要触发条件，只要有变化就可以将数据写入文件。例如：

```
$fmonitor(file_pointer,"%h",data_out);
```

该语句将整个仿真过程产生的数据 data_out 写入文件中。

（2）$fdisplay 需要有触发条件，满足触发条件时才会把数据写入文件。例如：

```
always@(posedge clk)
$fdisplay(file_pointer,"%h",data_out);
```

该例中的触发条件是 clk 的上升沿，只有 clk 的上升沿到来时才将数据 data_out 写入文件中，并且每写入一次数据后自动换行。

（3）$fwrite 与$fdisplay 基本相同，也是需要触发条件满足时才将数据写入文件中。两者的区别就在于前者每写入一次数据不会自动添加换行符，而后者会自动带换行符。例如：

```
$fwrite(file_pointer,"Hello,world!\n");
$fdisplay(file_pointer,"Hello,world!");
```

这两条语句功能完全一致。

5. $readmemh 与 $readmemb

$readmemh 与$readmemb 属于文件读写控制类系统任务,能够从外部文本文件中读取数据并将数据加载到存储器中,前者读取十六进制数据,后者读取二进制数据。它们的语法格式如下:

```
task_id("file_name", mem_name, [start_addr, finish_addr]);
```

其中,起始地址 start_addr 和结束地址 finish_addr 都可以缺省。如果缺省起始地址,表示从存储器的首地址开始存放数据,如果缺省结束地址,表示一直存放到存储器的尾地址。具体的使用方法在后面的例子中有详细介绍。

6. $time 与 $stime 与 $realtime

$time、$stime 与 $realtime 都是属于显示仿真事件的系统函数,这三者都用于显示当前时刻距离仿真开始时刻的时间量值,区别在于:$time 函数调用后返回的是 64 位整型时间值;$stime 函数调用后返回的是 32 位整型时间值;而$realtime 函数调用后返回的是实数型时间值。此外,$time 与$stime 以 `timescale 定义的时间单位为单位,而$realtime 以 `timescale 定义的时间单位+时间精度为单位,数值上更为精准。

7. $stop 与 $finish

$stop 与$finish 属于仿真控制类系统任务,都用于停止仿真,区别在于:$stop 用于暂停仿真,随后返回软件操作主窗口,将控制权交给程序设计者;而$finish 用于终止仿真,随即关闭软件操作主窗口,结束整个仿真过程。

8. $random

$random 是用于产生随机数的系统函数,其语法格式为

```
$random([seed]);
```

其中,seed 可以缺省,或者必须是 reg 或者 integer 类型。返回的随机数是 32 位有符号数。例如:

```
$random%60;        // 产生的是-59～59之间的随机数
{$random}%60;      //产生的是0～59之间的随机数
```

以上介绍的只是一部分常用的 Verilog HDL 系统任务和函数。关于这些任务和函数更多的用法,以及其他未介绍到的任务和函数,请读者参考相关文献资料。

3.4 testbench 的激励和响应

3.4.1 testbench 的激励方式

1. 常用的激励方式

testbench 常用的激励方式是 HDL 语言描述方式。HDL 语言描述可以产生所需的控制信

号以及一些简单的数据，相比起手工画波形来仿真方便了许多，效率提高了很多。

2. 复杂数据的产生

如果需要产生的激励具有复杂的数据结构，如二维数组或者 IP 报文的输入信号，HDL 就显得比较麻烦或是困难。使用 C/C++或者 MATLAB 语言可以轻而易举地产生复杂的数据激励，而 3.3 节中介绍的 Verilog HDL 系统任务和函数可以很好地利用 C/C++或者 MATLAB 语言这一优点。用 C/C++或者 MATLAB 语言产生的数据存放到文件中，以供系统任务 $readmemb/$readmemh 读取。读取后的数据存放到自定义的 memory 里，Verilog HDL 再从 memory 中取出数据按一定顺序赋予被测模块。例如：

```
//定义一个二维数组
reg[7:0] DataIn[0:47];
//将DataSourceFile文件中的数据读入至DataIn数组中，可直接使用
$readmemh("DataSourceFile.txt", DataIn);
```

其中，DataSourceFile 文件中数据格式如下：

```
12
5a
...
35
11
```

每行一个数据，这些数据依次放在数组 DataIn 中，从地址 0 到 2f。用户也可以指定数据存放在数组中的顺序，文件的数据格式如下：

```
@2f
11
@2e
35
...
@1
5a
@0
12
```

奇数行表示地址，地址从 2f 至 0 递减。偶数行是数据。

3. 动态数据的产生

上述两种方法产生静态数据很简单，但对大量动态激励数据，就显得不够灵活，实时性不够强。为了大大提高仿真速度，仿真器提供一种编程语言接口 PLI（Program Language Interface）。通过 PLI 将 C 程序嵌入 HDL 设计中，用户不但可以利用 C 语言的系统函数和任务扩充 HDL 语言的功能，而且能实现 C 语言和 HDL 之间的直接通信，大大提高了效率。PLI 是 testbench 的高层次应用，在这里我们不再详述，感兴趣的读者可以参考其他文献资料。

3.4.2　仿真结果分析方式

仿真结果最简单的分析方式就是观察输出波形。但这种最基本和直接的方式过程比较烦琐与低效，因为需要从无数信号中筛选出有效的信号并判断其是否正确。这种方式更适合小规模系统或模块的仿真分析。

同激励方式可以利用 Verilog HDL 系统任务和系统函数一样，我们也可以借助适当的系统任务和函数来协查仿真结果。

（1）利用$display 可以将需要显示信息直接输出到终端设备上。例如：

```
$display("Address: %b   DataIn: %b",MemAddr,DataIn);
```

仿真完毕，在终端显示上可以直观地观察地址及对应的数据。

（2）利用$fdisplay 可以实现将输出数据写入指定的文件中。例如：

```
//定义一个整数型文件指针
integer DataOutFile;
//打开指定文件
DataOutFile=$fopen("DataOutFile.txt");
//往文件中写入数据
$fdisplay(DataOutFile,"@%h\n%h", MemAddr,DataIn);
//关闭文件
$fclose(DataOutFile);
```

仿真完毕，打开文件 DataOutFile.txt，即可读到地址及对应的数据。

3.5　常用激励信号的一些描述形式

1. 变量初始化

变量初始化的基本原则为：在 DUT 中完成内部变量的初始化，testbench 中完成 DUT 接口信号的初始化。

变量的初始化有两种方法。一种是通过 initial 语句块初始化，例如：

```
reg a,b;
initial  begin  a=0; b=0;end
```

另一种是在定义变量时直接初始化，例如：

```
reg a=0,b=0;
reg [7:0]  cnt = 8'b00000000;
```

2. 时钟的描述方法

1）普通时钟

在设计中我们常用占空比为 50% 的时钟激励信号，要产生这种信号，通常有两种描述方法，一种是用 initial 语句描述，另一种是用 always 语句描述。

initial 语句通常用来对变量进行初始化，要产生周期性的时钟周期，必须与 forever 语句配合。例如：

```
parameter clk_period = 100;        //定义时钟周期常量
reg clk;
initial begin
    clk = 0;  forever  #(clk_period/2)clk = ~clk;  end /时钟周期为100ns的方波信号
```

注意：一定要给时钟赋初始值，因为信号的缺省值为高阻态 z，如果不赋初始值，则反相后信号还是 z，时钟信号就一直处于高阻状态。

利用 always 语句产生周期性的信号非常方便，但同样需要注意的是必须给时钟赋初始值，因此可利用 initial 语句来产生信号的初始值。例如：

```
parameter clk_period = 100;
reg clk;
initial     clk = 0;
always #(clk_period/2)clk = ~clk;
```

以上写法产生的时钟波形如图 3.5 所示。

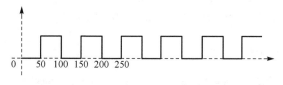

图 3.5   周期性方波时钟

2) 自定义占空比的时钟

有时候在设计仿真时需要一些占空比非 50%的时钟信号，假设高电平时间为 High_time，低电平时间为 Low_time，占空比为 High_time/(High_time+Low_time)，那么可以采用以下方式来产生自定义占空比的时钟激励信号：

```
parameter High_time = 50,Low_time = 100;
reg clk;
always  begin
    clk = 1;
    #High_time;    clk = 0;
    #Low_time;
end
```

以上代码产生的时钟波形如图 3.6 所示。

3) 相位偏移的时钟

假设需要产生的时钟信号高电平时间为 High_time，低电平时间为 Low_time，相位偏移为 phase_shift。要描述该类信号，可先设计一个具有相同高、低电平时间但无相位偏移的标准时钟信号 absolute_clk，然后利用公式 phase_shift=360×pshift_time/(High_time+Low_time)

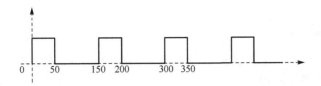

图 3.6　自定义占空比时钟

算出时间偏移 pshift_time，最后将标准时钟信号延迟 pshift_time，即可得到相位偏移时钟 phaseshift_clk。具体描述方式如下：

```
parameter High_time = 50,Low_time = 100,phase_shift = 120;
parameter pshift_time = phase_shift*(High_time+Low_time)/360;
reg absolute_clk;
wire phaseshift_clk;
always begin
absolute_clk = 1;
    #High_time;
absolute_clk = 0;
    #Low_time;   end
assign #pshift_time phaseshift_clk = absolute_clk;
```

以上代码产生的时钟波形如图 3.7 所示。

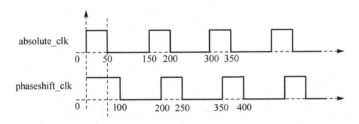

图 3.7　相位偏移时钟

4）固定数目的时钟

若仿真的时钟信号不需要无限循环，只需几个周期即可，可以采用 repeat 语句来实现：

```
parameter clk_cnt = 20, clk_period = 100;
reg clk;
initial begin
    clk = 0;
    repeat(clk_cnt*2)
        #(clk_period/2)clk = ~clk;
end
```

以上代码产生了 20 个周期的时钟信号。

3. 复位信号的描述方法

复位信号是仿真时的一个重要信号。复位信号分为异步复位信号和同步复位信号，两种复位信号的描述方法是不一样的。

1) 异步复位信号

异步信号因为与时钟信号无关，所以描述方法较为简单，可在 initial 语句块中利用赋值语句完成：

```
parameter rst_repiod = 100;
reg reset;
initialbegin
reset = 0;
   #rst_repiod;
   reset =1;
   #(2*rst_repiod);
   reset = 0;
end
```

该复位信号高电平有效，在时间单位 100 时开始复位，持续 200 个时间单位。

2) 同步复位信号

描述同步复位信号时，应将时钟信号作为敏感信号。

```
parameter rst_repiod = 100;
reg reset;
initial begin
    reset = 0;
   @(posedge clk)
   reset = 1;                        //复位信号在clk上升沿时高电平有效
   #rst_repiod;
   reset = 0;
end
```

3.6 testbench 实例

3.6.1 组合乘法器实例

本例以booth补码乘法器为例,该乘法器端口较为简单,只有两个8位有符号数输入 in_a、in_b 及 16 位有符号数输出 out_p。

1. testbench 编写思路

在编写 testbench 时应注意，两个 8 位有符号数相乘有 2^{16} 种输入可能，在描述激励信号时不可能穷尽所有的输入情况，因此在产生激励输入时要选择有代表性的输入组合。尤其值得注意的是输入为边界值的情况，这能很好地验证模块设计中有无忽略中间环节乘积溢出的问题。

2. Verilog HDL 代码

假设 8 位 booth 乘法器模块端口描述如下：

```
module boothmult_top(input [7:0]in_a, input [7:0] in_b, output [15:0]out_p);
```

testbench 可描述如下：

```
module boothmult_top_tb;
    parameter dely=100;
    //输入信号a、b，输出信号p
    reg [7:0] a,b;
    wire [15:0] p;
    //DUT实例化
    boothmult_top myboothmult(.in_a(a), .in_b(b), .out_p(p));
    //产生输入激励
    initial begin
        a=8'b0;b=8'b0; //两个乘数均为0时
        //两个乘数均为正数
        #(dely*5)a=8'h25;b=8'h46;
        #(dely*5)a=8'h78;b=8'h65;
        //两个乘数一正一负
        #(dely*5)a=8'hf0;b=8'h3f;
        #(dely*5)a=8'h62;b=8'h85;
        //两个乘数均为负数
        #(dely*5)a=8'ha7;b=8'h97;
        #(dely*5)a=8'he6;b=8'hb3;
        #(dely*5)a=8'h80;b=8'h80;    //两个乘数为负边界值-128时
         #(dely*5)a=8'h7f;b=8'h7f;    //两个乘数为正边界值+127时
        #(dely*5)$stop; end          //停止仿真
    endmodule
```

3. 查看仿真结果

仿真波形如图 3.8 所示。图中输入、输出变量均以二进制显示，不利于阅读，可以在变量右键菜单中重新选择数据进制。为了方便判断结果，本例选择 Decimal，即有符号十进制数。最后结果如图 3.9 所示。

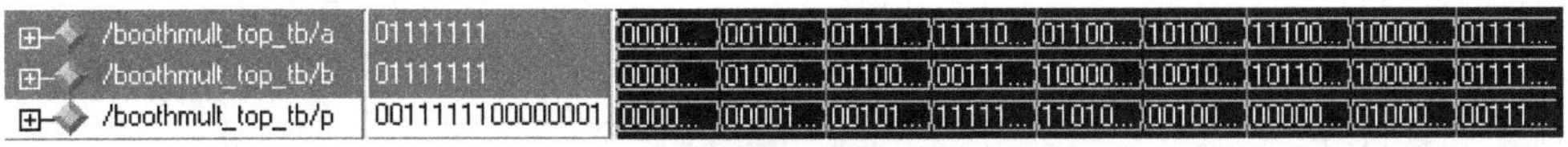

图 3.8 booth 补码乘法器仿真波形图

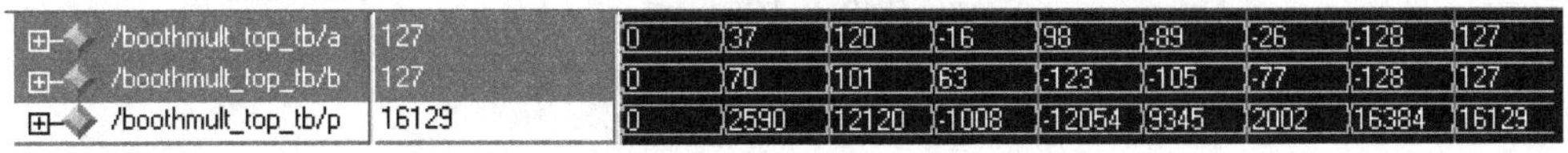

图 3.9 改变编码进制后的仿真结果

除了用波形显示仿真结果的方法，还可利用系统函数$monitor 来监测仿真输出。具体方法为，在 testbench 末尾加上以下语句：

```
always@(a or b)
    $monitor("input is %d and %d, output is %d",a,b,p)
```

只要输入 a 和 b 有变化，立即会被系统监测到，并将结果显示在屏幕上，如图 3.10 所示。

```
# input is   0 and   0, output is     0
# input is  37 and  70, output is  2590
# input is 120 and 101, output is 12120
# input is 240 and  63, output is 64528
# input is  98 and 133, output is 53482
# input is 167 and 151, output is  9345
# input is 230 and 179, output is  2002
# input is 128 and 128, output is 16384
# input is 127 and 127, output is 16129
```

图 3.10　仿真结果终端显示

3.6.2　视频显示接口仿真实例

VGA 显示器是数字系统中常用的输出设备，本书所使用的 NexysVideo 开发板的视频接口采用了 HDMI 接口。VGA 的扫描原理及 HDMI 接口协议在本书的实验 21 中做了详尽解释，读者可在做实验 21 时再阅读以下内容。

本例实现在带有 HDMI 接口的 VGA 显示器上以 640×480@60Hz 格式显示黑白相间的方格图像，方格大小为 64×64 像素。

1. 设计的层次结构

设计模块的层次结构如图 3.11 所示。顶层模块 HDMI_TOP 的输入信号只有时钟信号 clk 和复位信号 reset，输出信号只有 TMDS 三个数据通道的差分输出 TMDSp、TMDSn 和像素时钟通道的差分输出 TMDSp_clk、TMDSn_clk。图 3.11 虚框内标注的信号除了 EndLine 和

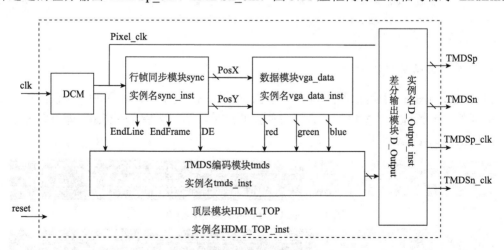

图 3.11　HDMI 视频接口设计的层次结构图

EndFrame 为行帧同步模块的中间变量，余下的均为顶层模块中的中间变量。这些信号并未引出作为输出信号，但这些信号在 testbench 中有着重要的作用，为了强调它们，作者特意在层次框图中标注出来。

2. testbench 编写思路

该设计的 testbench 有三点值得注意的地方。

(1) 仿真结果的呈现。本例的输出信号为 TMDS 编码数据及像素时钟，这些信号通过仿真波形展现不是很直观，难以与要设计的图像对应起来。为了方便判断图像设计正确与否，我们除了仿真波形，还在 testbench 中专门对数据模块 vga_data 输出的 R、G、B 信号进行读取，读取到的数据以视频文件形式输出，即将三基色分量 R、G、B 依次写入文件 rgb.rgb24 中，仿真完毕后用 RGB 播放器查看该视频文件，就可以直观地看到所设计的图像。这种方法比波形图直观方便。但一旦仿真结果不对，即设计有错时，多数情况需要通过波形来纠错。

(2) 变量在 testbench 中的引用方法。testbench 可以引用顶层模块的中间变量或者子模块的信号，语法格式为：测试模块名.顶层模块实例名.子模块实例名.变量名。例如，HDMI_TOP_tb.HDMI_TOP_inst.sync_inst.EndLine 表示的是测试模块 HDMI_TOP_tb 中顶层模块实例 HDMI_TOP_top_inst 的子模块-行帧同步模块实例 sync_inst 的变量 EndLine，其他表示方法依此类推。

(3) 本例利用系统函数$fwrite 将 R、G、B 值写入文件，并将该过程封装为一个任务 WRITE_BYTE，在写文件时直接调用该任务即可。

3. Verilog HDL 代码

设计模块的 testbench 描述如下：

```
module HDMI_TOP_tb;
    reg clk;                              //输入信号100MHz时钟
    reg reset;                            //复位信号，高电平有效
    wire[2:0]  TMDSp,TMDSn;               //TMDS三个数据通道的差分输出
    wire       TMDSp_clk,TMDSn_clk        //像素时钟的差分输出
    glbl glbl();     //glbl用来仿真xilinx器件，完成全局复位/置位功能
    //设置中间变量引用DCM的像素时钟输出
    wire   pixel_clk;
    assign pixel_clk=HDMI_TOP_tb.HDMI_TOP_inst.pixel_clk;
    //产生时钟激励
    initial  begin  clk = 0;    forever #5 clk = ~clk;     end
    //产生复位信号
    initial begin
        reset = 1;
        repeat(3)@(posedge pixel_clk); reset = 0;       end
    //顶层模块HDMI_TOP_top实例化
    HDMI_TOP HDMI_TOP_inst(.clk(clk), .reset(reset), .TMDSp(TMDSp),
        .TMDSn(TMDSn), .TMDSp_clk(TMDSp_clk), TMDSn_clk(TMDSn_clk));
    //读取视频的三基色数据并写入视频文件
```

```
    integer frame_num;                        //定义帧数
    integer file_red,file_green,file_blue;    //三基色分量文件
    integer file_rgb;                         //RGB文件指针
    initial begin
        frame_num = 0;
        file_rgb= $fopen("rgb.rgb24","wb"); //三基色变量将写入rgb.rgb24文件中
        while(1)begin
            @(posedge pixel_clk);
            //在显示有效区时将三基色变量分别写入三基色分量文件中
            if(HDMI_TOP_tb.HDMI_TOP_inst.DE==1)
            begin
                WRITE_BYTE(HDMI_TOP_tb.HDMI_TOP_inst.blue, file_rgb);
                WRITE_BYTE(HDMI_TOP_tb.HDMI_TOP_inst.green,file_rgb);
                WRITE_BYTE(HDMI_TOP_tb.HDMI_TOP_inst.red,  file_rgb);
            end
            //判断行扫描是否结束
            if(HDMI_TOP_tb.HDMI_TOP_inst.sync_inst.EndLine==1)
            begin
                //每扫描完一行显示其行数
                $display("Line %d",HDMI_TOP_tb.HDMI_TOP_inst.PosY);
                //当场扫描完成时，帧数加1
                if(HDMI_TOP_tb.HDMI_TOP_inst.sync_inst.EndFrame==1)
                    frame_num = frame_num + 1;
            end
            //完成1帧扫描后，关闭RGB文件，并停止仿真
            if((frame_num == 1)&&
                (HDMI_TOP_tb.HDMI_TOP_inst.sync_inst.EndFrame==1))
            begin
                $fclose(file_rgb);
                $stop;
            end
        end
    end
    //自定义的写文件任务
    task WRITE_BYTE;
        input [7:0] data;
        input integer file_ptr;
        /*由于R、G、B均为8位二进制数据，所以也应按二进制格式写入文件。且不用换行，故可
        用系统函数$fwriteb来实现*/
        $fwriteb(file_ptr,"%s",data);
    endtask
endmodule
```

仿真完毕后，在该设计模块的工程文件夹中发现增加了一个新文件 rgb.rgb24。用 RGB 播放器播放该文件，可以看到以下图像，如图 3.12 所示。由此说明 DCM、行帧同步电路和

视频数据等模块的设计正确，但 TMDS 编码及差分输出还需要用波形验证。

图 3.12　图像仿真结果显示

3.6.3　PS2 键盘接口电路实例

PS2 键盘是我们常用的输入设备，在许多数字系统中都需要用到它，因此学会 PS2 键盘的设计和仿真是非常必要的。PS2 键盘接口协议及工作原理在本书的实验 22 中做了详细介绍，此处不再赘述。

1. 仿真的层次结构

本例仿真有其独到之处，需要同时仿真两个模块，如图 3.13 所示，即要仿真接口模块 interface 和数据处理模块 data_process。在 PS2 键盘接口电路中，模块 interface 负责接收按键的串行扫描码，并把串行扫描码转换为并行码；模块 data_process 则负责并行扫描码翻译成按键的通码、断码、Shift 键、扩展码和 ASCII 码等信息。

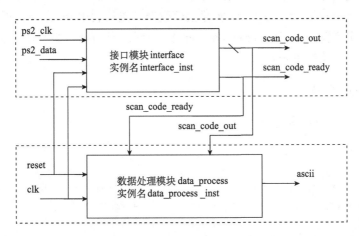

图 3.13　PS2 键盘设计结构图

2. testbench 编写思路

编写 PS2 键盘仿真的 testbench，有两点值得注意。

(1) PS2 键盘的仿真难点在于键盘发送的数据包，图 3.14 为键盘发送数据包的时序图。根据 PS2 接口协议，ps2_data 为 11 位的串行数据帧，在 ps2_clk 的下降沿由主机(host)采样读入，也就是说 ps2_data 必须在 ps2_clk 的下降沿到来之前准备好。为了达到这个目的，本例设定 ps2_data 在 ps2_clk 的上升沿时更新(当然也有其他方案)。但 ps2_data 的第 1 位数据是个例外，这是因为在键盘发送数据包之前必须要先检测 ps2_clk 是否为高电平，即在数据发送之前 ps2_clk 始终应为高电平，不可能出现上升沿。因此，第 1 位 ps2_data 的读入方法与其他 10 位不同：应在读入第 1 位 ps2_data 之后，间隔一定的时间(具体时间可以自行设计)后再产生 ps2_clk 的下降沿。

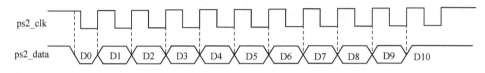

图 3.14　PS2 键盘发送数据包的时序图

(2) 关于扫描码的模拟输入。根据 PS2 接口协议，PS2 键盘发送的数据帧格式为 11 位，第 1 位一定是起始位低电平，接下来是 8 位按键扫描码(低位在前)，还有 1 位奇校验位，最后是停止位高电平。例如，按键"A"按下时，键盘发送的数据包就应该是 0_00111000_0_1，发送顺序是从左到右依次串行发送。从上述描述可知，如果要在 testbench 中模拟 n 个按键分别按下的情况的话，则必须要模拟 $11 \times n$ 位扫描码数据。但这些数据并无太多规律，假如采用每描述一个 ps2_clk 之后描述一个 ps2_data 的方法，可想而知 testbench 会有多冗长。

为了使 testbench 简洁，可以将要模拟的多个按键的扫描码以键盘发送数据帧格式存放在一个文本文件 ScanDataInFile.txt 中，然后利用系统函数 $readmemb 将其读入。但是，$readmemb 读取文件是一次性将所有数据全部读入，与期望数据串行输入有一定差距。因此，需要在 testbench 中设定一个数组 scan_data_in 暂存全部数据，然后利用 for 循环，每到 ps2_clk 上升沿时，便执行一次语句 ps2_data=scan_data_in[i]。通过这种方法，大大简化了 testbench，使其修改更为方便，可读性更好。

3. Verilog HDL 代码

设计模块的 testbench 描述如下：

```verilog
module PS2Keyboard_top_tb;
    parameter dely=40;
    parameter FileLength=11*5;              //定义读取文件的长度，本次测试5个按键
    reg clk, reset, ps2_clk, ps2_data;     //输入信号
    wire [7:0] scan_code_out, ascii_code;  //输出信号
    //接口模块ps2_interface实例化
    wire scan_code_ready;
    ps2_interface ps2_interface_inst(.clk(clk), .reset(reset), .ps2_clk(ps2_clk),
        .ps2_data(ps2_data), .scan_code_ready(scan_code_ready),
        .scan_code(scan_code_out),.parity_error());
    //数据处理模块data_process实例化
```

```verilog
data_process data_process_inst(.clk(clk), .reset(reset), .scan_code_ready
  (scan_code_ready),
  .scan_code(scan_code_out), .read(1'b1),.extended(), .released(),
  .shift_key_on(),
  .ascii(ascii_code), .data_ready());
//产生时钟激励
initial begin  clk = 1;   forever #(dely/2)clk = ~clk;   end
//产生串行扫描码
reg  scan_data_in[0:FileLength-1];   //定义中间变量
integer i,j;                         //循环用中间变量
initial begin
  //读取文件，读取的数据全部存放在scan_data_in数组中
  $readmemb("ScanDataInFile.txt", scan_data_in);
   reset=0;
  //键盘发送数据前的准备状态必须确认ps2_clk和ps2_data均为高电平
  ps2_data=1;
  ps2_clk=1;
  #(dely*20)reset=1;              //复位
  #(dely*2)reset=0;               //停止复位
  i=0;                            //读取scan_data_in数组的顺序
  j=0;                            //读取扫描码的个数
  //有几个扫描码就循环几次
  for(j=0;j<(FileLength)/11;j=j+1)
  begin
     //必须在ps2_clk下降沿之前读取扫描码中的第1位起始位
     ps2_data=scan_data_in[i];    //读取扫描码的第1位
     #(dely*2)ps2_clk=0;          延迟2个dely后产生ps2_clk下降沿
     //产生11个ps2_clk
    repeat(11*2)
    begin
       #(dely*8)ps2_clk=~ps2_clk;
       /*在每个ps2_clk上升沿的时候读入ps2_data,以确保在ps2_clk下降时ps2_data已
       更新*/
       if(ps2_clk==1)begin
          i=i+1;
       //将scan_data_in数组中的扫描码依次传递给ps2_data
          ps2_data=scan_data_in[i];
       end
    end
  end
          //接收一个扫描码后显示输出结果
$display("scan_code_out is %h,ascii_code is %h", scan_code_out, ascii_code);
/*接收完一个扫描码后,停止发送ps2_clk,同时将ps2_clk和ps2_data都设置为高电平,以准备
接收下一个扫描码*/
ps2_clk=1;
ps2_data=1;
```

```
  #(dely*24);
  end
  $stop;   //停止仿真
 end
endmodule
```

4. 查看仿真结果

仿真时可随意模拟多个按键分别按下的情况，只需修改文本文件 ScanDataInFile.txt 的内容即可。当文本文件的内容设置为按键 "a" "b" "c" "d" "e" 的扫描码时，仿真得到的结果如图 3.15 所示。查看各个按键对应的扫描码和 ASCII 码，可验证设计结果的正确性。

```
# scan_code_out is 1c,ascii_code is 61,
# scan_code_out is 32,ascii_code is 62,
# scan_code_out is 21,ascii_code is 63,
# scan_code_out is 23,ascii_code is 64,
# scan_code_out is 24,ascii_code is 65,
# Break at E:/modelsim/ps2kb2/PS2Keyboard_top_tb.v line 78
```

图 3.15　仿真结果终端显示

3.6.4　PS2 鼠标接口电路实例

PS2 鼠标也是常用的输入设备，掌握 PS2 鼠标接口电路的设计和仿真方法是非常重要的。PS2 鼠标接口协议及工作原理可参看本书的实验 23。

1. testbench 编写思路

PS2 鼠标接口电路的仿真有以下几点值得注意。

(1)设计中的 ps2_clk 和 ps2_data 为双向端口，采用了三态门实现。如果这两个信号在 testbench 中定义为 reg 型或者 wire 型，那这些信号要么做输入信号，要么做输出信号，只能仿真一种情况。

为了实现双向端口的描述，我们引入了一组变量 ps2_clk_reg 和 ps2_data_reg。ps2_clk 和 ps2_data 定义为 wire 型，用作输出信号；ps2_clk_reg 和 ps2_data_reg 则定义为 reg 型，用作输入信号，两组信号通过另一组中间信号 link_clk 和 link_data 来实现双向端口的功能：

```
  ps2_clk= link_clk? ps2_clk_reg:1'bZ;
  ps2_data=link_data? ps2_data_reg:1'bZ;
```

当 link_clk 和 link_data 为 1 时，通过对 ps2_clk_reg 和 ps2_data_reg 进行激励模拟，ps2_clk 和 ps2_data 实现输入功能；当 link_clk 和 link_data 为 0 时，ps2_clk 和 ps2_data 的值取决于设计电路，相当于实现输出功能。

(2)考虑到仿真效率，本例中 testbench 未对看门狗部分进行仿真。

2. Verilog HDL 代码

设计模块的 testbench 描述如下：

```
module mouse_interterface_tb_v;
    //输入信号
    reg clk, reset;
    //输出信号
    wire left_button, right_button;
    wire [8:0] x_increment, y_increment;
    wire data_ready,error_no_ack;
    //双向端口
    wire ps2_clk, ps2_data;
    reg ps2_clk_reg,ps2_data_reg;
    reg link_clk,link_data;
    assign ps2_clk= link_clk? ps2_clk_reg:1'bZ;
    assign ps2_data=link_data? ps2_data_reg:1'bZ;
    //顶层模块实例化
    ps2_mouse_interface uut(.clk(clk), .reset(reset),.ps2_clk(ps2_clk),
        .ps2_data(ps2_data), .left_button(left_button), .right_button
        (right_button),
        .x_increment(x_increment), .y_increment(y_increment),
        .data_ready(data_ready), .error_no_ack(error_no_ack)    );
    //鼠标应答字信号0xFA
    reg[10:0] response={1'b1,1'b0,8'b1111_1010,1'b0};
    //模拟鼠标数据包：左键按下，x,y位移分别-72，25
    reg [10:0]byte_1={1'b1,1'b0,8'b0001_1001,1'b0};
    reg [10:0]byte_2={1'b1,1'b1,8'b1011_1000,1'b0};
    reg [10:0]byte_3={1'b1,1'b0,8'b0001_1001,1'b0};
    //时钟激励
    initial begin  clk = 0; forever #20 clk=~clk; end
    initial begin
    reset = 1;                      //复位
    link_clk=1;link_data=1;
    ps2_clk_reg=1;ps2_data_reg=1;   //ps2_clk、ps2_data为高电平
    #(61)reset = 0;                 //复位结束
    link_clk=0;                     //ps2_clk拉低150us,鼠标等待中
    #(40*3760)link_clk=1;   link_data=0;
    //在ps2_clk下降沿发送命令0xF4
    repeat(10)begin
    #(200)     ps2_clk_reg=0;
    #(200)     ps2_clk_reg=1;end
    //模拟鼠标应答位
    link_data=1;ps2_data_reg=0;
    #(200)ps2_clk_reg=0;
```

```
    #(200)   ps2_clk_reg=1;ps2_data_reg=1;
    #(800)
    //模拟鼠标的应答字0xFA
    integer i=0;
    for(i=0;i<11;i=i+1)
      begin
      ps2_data_reg= response[i];
      #(200)   ps2_clk_reg=0;
      #(200)   ps2_clk_reg=1;
      end
    //模拟鼠标三字节数据包
    #(800)
    for(i=0;i<11;i=i+1)
      begin
      ps2_data_reg= byte_1[i];
      #(200)   ps2_clk_reg=0;
      #(200)   ps2_clk_reg=1;
      end
    #(800)
    for(i=0;i<11;i=i+1)
      begin
      ps2_data_reg= byte_2[i];
      #(200)   ps2_clk_reg=0;
      #(200)   ps2_clk_reg=1;
      end
    #(800)
    for(i=0;i<11;i=i+1)
      begin
      ps2_data_reg= byte_3[i];
      #(200)   ps2_clk_reg=0;
      #(200)   ps2_clk_reg=1;
      end
    #(800)$stop;
  end
endmodule
```

3. 查看仿真结果

由于鼠标接口模块主要是一个有限状态机，因此在仿真波形中必须加入状态信号，然后根据输入信号观察状态转换是否符合设计要求。本例仿真的部分波形如图 3.16 所示，在 data_output 状态(m2_state=8)时，输出按键信息，符合设计要求。

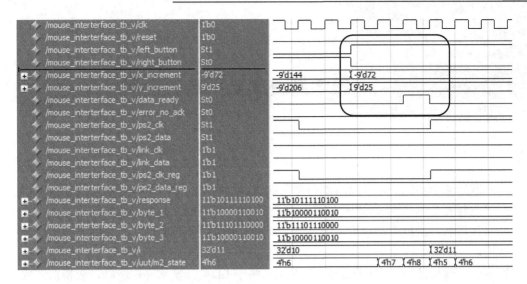

图 3.16　鼠标接口的部分仿真波形

## 第 4 章

数字系统实验平台的使用

本章通过 4 个实验使读者熟悉本书使用的软、硬件实验开发平台和数字系统的开发流程。本章的重点首先是学习 ModelSim 软件、Vivado 软件和 FPGA 开发系统的使用方法，其次是学习仿真技巧和调试技术。最后，读者还可通过本章提供的实验代码体会数字系统的层次化设计风格。

因为，本教程使用了 ModelSim 和 Vivado 两个 EDA 开发软件，所以，应特别注意文件管理。具体做法：每个实验创建 src、sim 和 vivado 三个子文件夹。src 文件夹存放源文件，即两个开发软件的公共文件。sim 与 vivado 两个子文件夹分别存放 ModelSim 工程和 Vivado 工程。

本教程使用两种 FPGA 开发板：Nexys Video Artix-7 FPGA 多媒体音视频智能互联开发系统（简称 Nexys Video 开发板）和 Basys3 口袋开发板。本章在介绍数字系统的开发流程时，以 Nexys Video 开发板为范例，只在某些步骤时指出使用 Basys3 口袋实验开发板的差别。因此，使用 Basys3 开发板读者留意两者微小差别。

实验 1 ModelSim 仿真软件的使用

一、概述

1. Xilinx 的 FPGA 开发设计流程

Xilinx 的 FPGA 开发设计流程，如图 4.1 所示，包括设计输入、功能仿真、用户约束、综合、设计实现、时序仿真、下载配置和在线调试等芯片编程与调试等主要步骤。

(1) 设计输入（design entry）。Xilinx 的 FPGA 的开发软件 Vivado 采用基于工程的分层次管理，支持硬件描述性语言（HDL）、逻辑图和状态图等混合输入方式。本教程只采用 Verilog HDL 硬件描述性语言进行设计输入，因此设计可采用 ModelSim 或 Vivado 软件的编辑器，也可采用 Notepad++、UltraEdit 等专业代码编辑软件，建议使用后者。

(2) 功能仿真（behavioral simulation）。功能仿真的主要目的是验证设计文件的逻辑功能是否正确，即在理想状态下（不考虑延迟），验证电路的功能是否符合设计的要求。

虽然 Xilinx 开发软件 Vivado 自带仿真器，且功能也不错，但 Vivado 对电脑硬件要求较高，且运行速度慢。另外，功能仿真这一过程会经常修改设计代码，对仿真速度、仿真手段要求极高。而 ModelTech 公司的 ModelSim 软件是专业仿真软件，其在仿真速度、仿真手段更具优势，且对电脑硬件要求较低，所以本教程采用 ModelSim 软件进行仿真。

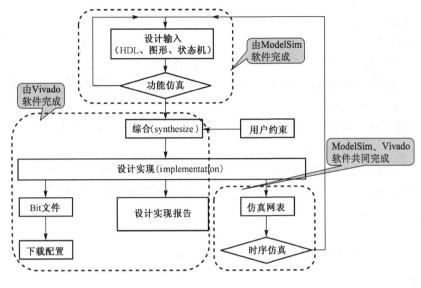

图 4.1　Xilinx 的 FPGA 开发设计流程图

（3）用户约束（user constraints）。在进行高速数字电路设计时，设计者经常需要对时序、I/O 引脚位置和区域等附加约束，以便控制综合、实现过程，使设计满足运行速度、面积和引脚位置等方面的要求。这些约束条件存放在用户约束文件（.XDC 文件）中，用户可随时编辑修改。

（4）综合（synthesize）。综合是使用 HDL 设计的重要环节，是将 HDL 描述转换为用基本门电路、RTL 和厂家提供的基本单元进行描述的过程。

（5）设计实现（implementation）。Vivado 的实现功能包括了逻辑优化（opt_design）、映射（map）、布局（place_design）和布线（route_design）等过程。

（6）时序仿真（timing simulation）。时序仿真是在将设计适配到 FPGA 芯片后的仿真验证方式。时序仿真在严格的仿真时间模型下，模拟芯片的实际运作。仿真时间模型将最基本的门级时延计算在内，从而可有效地分析出设计中的竞争和冒险。在多数情况下，经过时序仿真验证后的设计基本上与实际电路是一致的。

（7）下载配置（programming）。下载功能包括了 BitGen，用于将布局布线后的设计文件转换为比特流（bitstream）文件。还包括了 iMPACT 功能，用于进行设备配置和通信，控制程序烧写到 FPGA 芯片中。

本教程将用两个实验介绍 FPGA 开发设计流程，在实验 1 介绍功能仿真这一步骤，实验 2 介绍综合、设计实现、下载配置等开发过程。

2. ModelSim 软件简介

ModelSim 是一种简单易用、功能强大的逻辑仿真工具，具有广泛的应用。仿真分为功能仿真、门级仿真、时序仿真。

功能仿真也称为行为仿真或前仿真，即在完成一个设计的代码编写工作之后，可以直接对代码进行仿真，检测源代码是否符合功能要求。这时，仿真的对象为 HDL 代码，比较直观，速度比较快，可以进行与软件相类似的多种手段的调试。在设计的最初阶段发现问题，可以节省大量的精力。

功能仿真需要以下文件。

(1) HDL 源代码：可以是 VHDL 语言或 Verilog HDL 语言。

(2) 测试激励代码 (testbench)：根据要求设计输入、输出的激励程序，由于不需要进行综合，书写具有很大的灵活性。

(3) 仿真模型/库：根据设计内容调用的器件供应商提供的模块，如 DCM、FIFO、ROM、RAM 等。

本实验对 ModelSim 的功能仿真方法进行入门性的介绍，在实验 3 介绍具有 IP 内核的数字系统的 ModelSim 仿真，并在后续的实验根据需要陆续介绍 ModelSim 仿真的一些使用技巧。

二、实验设备

装有 Vivado 软件和 ModelSim SE 软件的计算机。

三、设计代码

1. 实验任务

设计并实现一个流水灯电路，要求：

(1) 8 个发光二极管间隔 0.5s 轮流点亮。

(2) 设置一个 direction 开关控制流水灯点亮方向。direction=0 时，向右轮流点亮；direction=1 时，向左轮流点亮。

(3) 设置一个 reset 按钮，复位时，最右边灯亮。

2. 电路总体框图

根据设计要求，流水灯电路可由三个子模块组成，如图 4.2 所示。分频器模块产生周期为 0.5s 的脉冲信号 pulse2Hz，该信号决定流水灯的流动速度。计数器模块为三位可逆计数器，该模块决定流水灯的流动方向，direction=0，减法计数 (向右轮流点亮)；direction=1，加法计数 (向左轮流点亮)。译码器模块则根据计数状态 q 点亮相应编号的发光二极管。

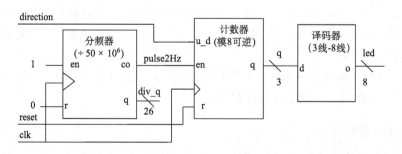

图 4.2   流水灯的顶层电路连接图

3. Verilog HDL 代码

由于电路具有大分频比的分频器模块，实时仿真基本不可能也没必要。因此，一般做法，仿真时将分频器改为小分频比的分频器模块,以减少仿真时间。具体解决方案:在顶层模块设置参数 sim,sim 默认值为 0。sim 取值决定分频器的分频比:sim=0,分频比设置为 50×10^6;而 sim=1,分频比设置为 10。在测试代码,调用 top 模块,传递 sim 值为 1,这样就减少了仿真时间。另外,顶层模块中的 sim 默认 0 值不影响电路综合和实现。

下面,给出实验的部分 Verilog HDL 代码,除了理解电路原理,读者还应重点理解参数 sim 的作用。

(1)流水灯电路的顶层模块。

```
module FlowingWaterLight(clk,reset,direction,led);
  parameter  sim=0;// 默认综合方式
  input clk,reset,direction;
  output[7:0] led;
//////////////////////////////////////////////////////////////////////
//n进制计数器/分频器实例, sim=0时,分频比n=5000_0000;计数器位数
//counter_bits=26;而sim=1时,分频比n=10;计数器位数counter_bits=4;
//////////////////////////////////////////////////////////////////////
  wire pulse2Hz;
  counter_n #(.n(sim?10:5000_0000),.counter_bits(sim?4:26))
  div_inst(.clk(clk), .en(1), .r(0), .q(), .co(pulse2Hz));
//-------------------- 可逆计数器实例 ------------------//
  wire[2:0] q;
  counter_up_dn #(.counter_bits(3))counter_up_dn_inst(
    .clk(clk),.en(pulse2Hz),.u_d(direction),.r(reset),.q(q));
// ------------------ 3线-8线器实例 ------------------//
  decode  decode_inst(.din(q),.out(led));
endmodule
```

(2)n 进制计数器/分频器模块。

```
module counter_n(clk,en,r,q,co);
parameter  n=2; //参数n表示计数的模
parameter  counter_bits=1;//参数counter_bits表示计数的位数
input   clk,en,r ;
output  co;
output  [counter_bits-1:0]  q;
reg [counter_bits-1:0]  q=0;
assign  co=(q==(n-1))&& en;//进位
always @(posedge clk)
   begin
     if(r)q=0;
   else if(en)//en=1,计数  en=0,保持
       begin if(q==(n-1))q=0 ; else  q=q+1; end
   end
endmodule
```

(3)测试代码(testbench)。

```
 `timescale 1ns/100ps
module FlowingWaterLight_tb;
parameter DELY=10;
reg clk, reset, direction;
wire [7:0]  led;
//顶层模块实例,传递sim参数1,改变分频比,减少仿真时间
FlowingWaterLight #(.sim(1))FlowingWateLight_inst(
   .clk(clk),.reset(reset),.direction(direction),.led(led));
//产生时钟波形
initial begin clk = 0;  forever #5 clk = ~clk;end
///产生reset、 direction波形
initial  begin
   reset = 0; direction = 1;
   #(DELY/2+1)reset = 1;
   #(DELY)reset = 0;
   #(DELY*80)direction = 0;
   #(DELY*90)$stop;  end
endmodule
```

四、实验步骤

ModelSim 运行方式有以下 4 种。

(1)用户图形界面模式。

(2)交互式命令行模式,不显示 ModelSim 的可视化界面,仅通过命令控制台输入的命令完成所有工作。

(3)Tcl 和宏模式,编写可执行文件(扩展名为 do)或者 Tcl 语法文件。

(4)批处理模式。所有操作都在后台进行,用户看不到 ModelSim 的界面,也不需要交互式输入命令。当工程很大,文件比较多时,用批处理比较方便。直接运行批处理文件,在后台调用 ModelSim,执行 ModelSim 的脚本文件*.do,完成操作。

由于本实验为入门性介绍,且受篇幅限制,因此只介绍用户图形界面模式的仿真步骤。

1. 下载文件

从网站中下载 lab1_2_FlowingWaterLight 文件夹至硬盘里,存放在 e:\SystemDesignLab 文件下。lab1_2_FlowingWaterLight 共三个子文件夹,其中 src、sim 和 vivado 三个文件夹分别存放源代码、ModelSim 工程和 Vivado 工程。

src 有顶层设计代码 FlowingWaterLight.v、任意进制计数器/分频器设计代码 conter_n.v、任意位数可逆计数器设计代码 conter_up_down.v、译码器模块设计代码 decode.v 和顶层测试代码 FlowingWaterLight_tb.v。为了更好地学习 ModelSim 使用方法,在这些文件中,作者人为地设置了三处错误。

2. 启动 ModelSim

启动后进入 ModelSim 的主窗口，主要由工作区、命令窗口、信息显示区、菜单栏和工具栏等几部分组成，如图 4.3 所示。

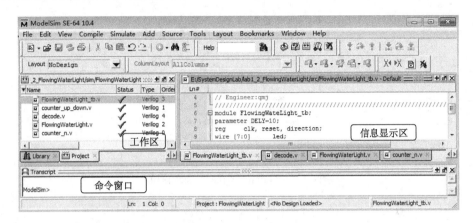

图 4.3　ModelSim 的主窗口

3. 建立工程

在 ModelSim 的主窗口中，选择菜单 File⇨New⇨Project 命令；弹出如图 4.4 所示的 Create Project 对话框，在 Project Name 文本框中填写工程名：FlowingWaterLight。Project Location 文本框是工程文件夹路径，可通过 Browse 按钮来选择或改变文件夹路径，本例文件夹路径为 E:/SystemDesignLab/lab1_2_FlowingWaterLight/sim。

图 4.4　建立工程的对话框

注意：工程名和存储的路径中不能出现中文与空格，建议工程名称以字母、数字、下划线来组成。

4. 给工程加入文件

单击 Create Project 对话框中的 OK 按钮后，ModelSim 自动弹出 Add items to the Project

对话框，如图 4.5 所示。选择 Add Existing File 后，弹出图 4.6 所示的 Add file to Project 对话框，根据相应提示将文件加到该 Project 中。本例需要加入 FlowingWaterLight.v、counter_n.v counter_up_down.v、decode.v 和 FlowingWaterLight_tb.v 等 5 个文件。这些文件均存在文件夹 E:\SystemDesignLab\lab1_2_FlowingWaterLight\src 下。注意，每次可加入多个文件。

图 4.5　Add Items to the Project 窗口

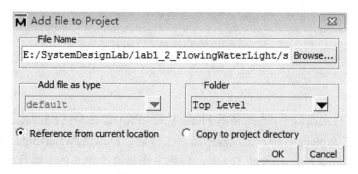

图 4.6　添加文件对话框

添加文件后的主界面如图 4.7 所示，工作区中文件的状态"？"表示未编译或修改后未编译；"√"表示编译通过；而"×"表示有错，编译未通过。

在工作区中，双击文件名，可在信息区查看相应代码。

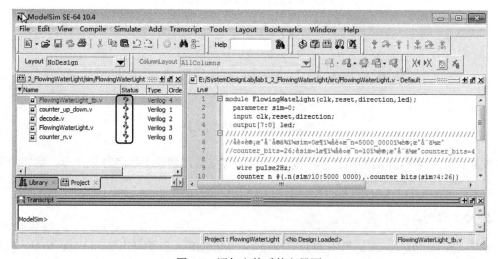

图 4.7　添加文件后的主界面

5. 编译

执行菜单中 Compile⇨Compile All 命令来编译所有文件。编译后，在命令窗口会显示编译结果，同时各文件的 Status 栏中也会标记编译结果，如图 4.8 所示。

小提示：如果文件的 Status 栏未标记编译结果，可在工作区右击，在弹出的快捷菜单中选择 Update 命令更新显示。

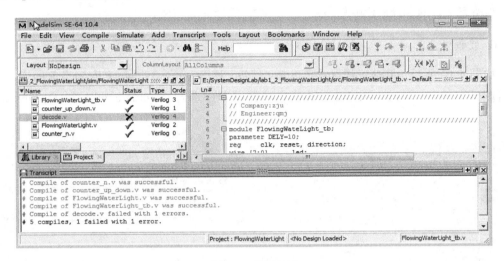

图 4.8　编译结果

图 4.8 所示可看出，模块 decode.v 编译出错。查找错误方法如图 4.9 所示，共有下列几个步骤。

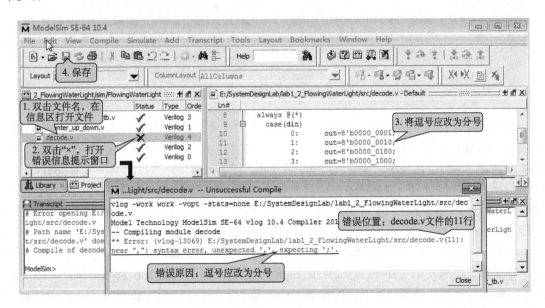

图 4.9　查错过程

(1)在工作区中，双击文件，在信息区打开文件。

(2)在文件的 Status 栏中双击"×",打开错误信息提示窗口。

(3)根据错误提示的位置和原因,修改代码错误。本例,应将 decode.v 的第 11 行末尾逗号改为分号。

(4)保存文件,保存后,Status 栏中 "×"将变为"？"。

(5)修改文件后,应重新编译。在工作区单击选中 decode.v,执行菜单中 Compile⇨Compile Selected 命令。

当所有文件的 Status 栏中都显示 "√"时,编译才算完成。

6. 装载文件

如图 4.10 所示,单击工作区中 Library 标签,展开 work 库,work 库为当前的工作库。右击测试文件 FlowingWaterLight_tb,在快捷菜单中选择 Simulate without Optimization 命令。

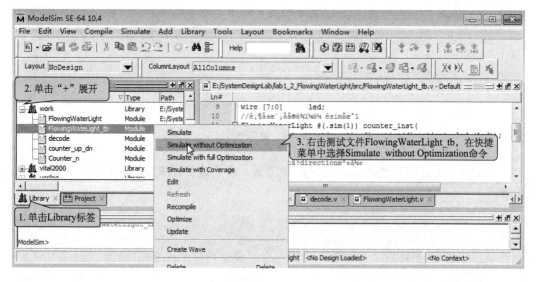

图 4.10　装载文件

因为代码中存在错误,所以装载失败。装载失败原因一般有两类:一是调用子模块时,模块名、参数名及端口名称错误等;二为变量类型定义错误。命令区会显示错误信息,如图 4.11 所示。本例错在调用子模块时,模块名出错,任意分频比计数器的模块名为 counter_n,而顶层模块调用时错用了 Counter_n。这里说明一下,Verilog HDL 以分号区隔语句,所以第 10~11 行为一条语句。这一条语句中的任何错误,大多情况下,提示错误位置放在最后一行。

将 FlowingWaterLight.v 文件的第 10 行的 Counter_n 改为 counter_n,保存文件,重新编译。然后重新装载测试文件 FlowingWaterLight_tb,当工作区出现 sim 选项卡时,如图 4.12 所示,表示仿真模块装载成功。同时出现 Object 窗口,该窗口列出 sim 选项卡中选中模块的信号,包括端口信号、中间变量和参数等。

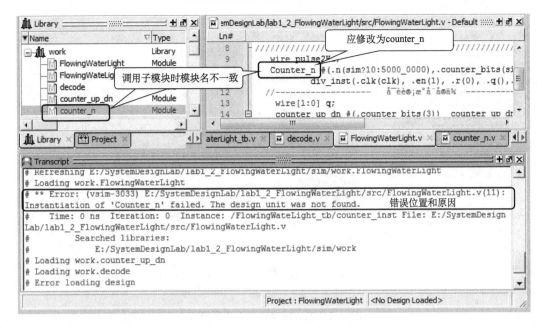

图 4.11　装载错误信息

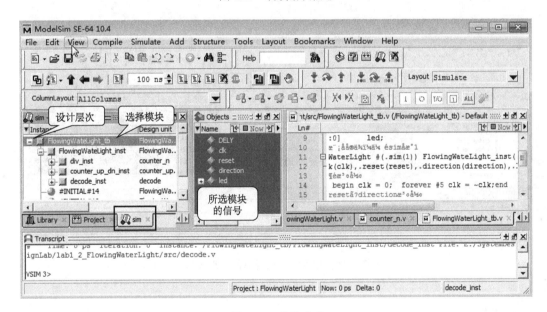

图 4.12　装载成功

7. 仿真设置

如图 4.13 所示，在工作区的 sim 选项卡中 ，选中测试模块 FlowingWaterLight_tb，则在 Objects 窗口显示选中的 FlowingWaterLight_tb 模块中的信号。可右击 Objects 窗口，通过快捷菜单 Add to ⇨Wave⇨Signals in Region 命令将 Object 窗口所有信号加入 Wave 窗口，信息区将会出现波形窗口，如图 4.14 所示。

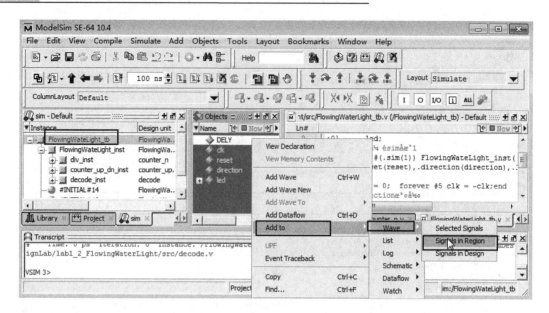

图 4.13　加入测试信号至波形窗口

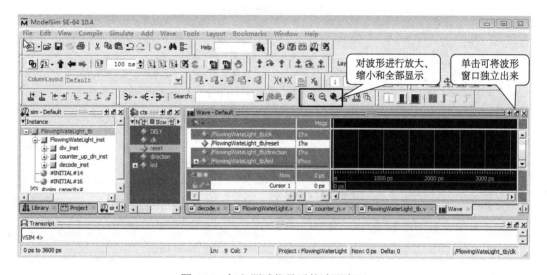

图 4.14　加入测试信号后的波形窗口

8. 仿真

（1）设置信号的编码方式。ModelSim10.4 对信号默认显示方式为 16 进制，为了增加仿真结果的可读性，本例中 led 信号用二进制编码方式较为合适。在波形窗口右击 led 信号，在弹出的快捷菜单执行 Radix⇨Binary 命令，将 led 信号编码方式改为二进制。

（2）执行仿真。选择菜单 Simulate⇨Run⇨Run-ALL 命令，得到图 4.15 所示的仿真波形（由于篇幅原因，只显示部分波形），从仿真波形可看出，led 高 4 位始终为 0，设计存在错误。下面将通过调试手段，查找设计错误。

图 4.15　仿真波形之一

首先，观察顶层设计的中间变量 pulse2Hz 和 q 的波形，以确定设计错误发生在哪个模块，方法如下。

(1)如图 4.16 所示，在工作区的 sim 选项卡中，选中顶层模块 FlowingWaterLight，可在 Objects 窗口内选定要观察的信号 pulse2Hz 和 q，通过右键快捷菜单的 Add Wave 命令加到波形 Wave 窗口。也可直接将 Objects 窗口中的信号"拖至"波形 Wave 窗口。

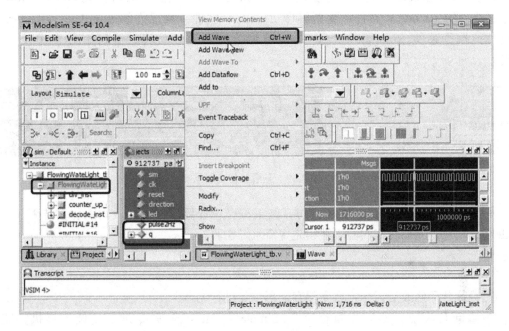

图 4.16　加入顶层设计的信号

(2)执行菜单 Simulate ⇨ Restart 命令，在弹出的 Restart 窗口中单击 OK 按钮。

(3)执行菜单 Simulate ⇨ Run ⇨ Run-ALL 命令，再次仿真。

仿真波形如图 4.17 所示，从仿真波形可知，pulse2Hz 和 q 波形均正确，基本可确定设计错误发生在 decode 模块。

图 4.17　仿真波形之二

其次，根据上面分析，加入 decode 模块的全部信号，重新仿真，得到如图 4.18 的仿真波形。仔细分析波形，可看出 decode 模块的 din 信号出错(din 信号应与顶层的 q 信号一致)，主要是 din 信号位宽不对。

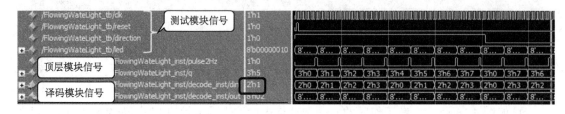

图 4.18　仿真波形之三

最后，打开 decode.v 文件，将第 6 行语句"input[1:0]　din ;"修改为"input[2:0]　din ;"。保存修改后的 decode.v 文件；重新编译 decode.v 文件；执行菜单 Simulate ⇨Restart 命令复位；执行菜单 Simulate⇨Run⇨Run-ALL 命令，重新仿真。得到如图 4.19 的仿真波形。

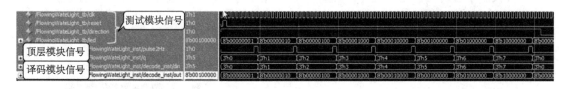

图 4.19　最后的仿真结果

分析图 4.19 所示的仿真波形，仿真结果符合设计要求，至此，功能仿真结束。关闭 ModelSim 软件，我们将在实验 2 继续完成流水灯实验。

9. 仿真注意事项

(1)设计代码修改后，一定要先保存，再重新进行编译。

(2)重新仿真前，必须先执行菜单 Simulate ⇨Restart 命令进行复位，再执行菜单 Simulate⇨Run⇨Run-ALL 命令进行重新仿真。

最后说明一下，ModelSim 软件功能非常强大，上面介绍只是入门知识。读者在此基础上，多实践操作，以便更灵活地使用仿真手段。

五、思考题

(1)什么是仿真？常用的仿真软件有哪些？

(2)功能仿真与时序仿真有什么区别？两者的目的是什么？

(3)功能仿真需要哪些文件？

(4)ModelSim 中的各个窗口的作用是什么？除了波形窗口，其他窗口对程序的调试有什么帮助？

(5)如何在 ModelSim 中查看被仿真文件的非端口信号？

实验 2　Vivado 软件的使用

一、Vivado 软件简介

　　Vivado 软件是 FPGA 厂商 Xilinx 公司的集开发工具套件，包括高度集成的设计环境和新一代从系统到 IC 级的开发工具，这些均建立在共享的可扩展数据模型和通用调试环境基础上。这也是一个基于 AMBA AXI4 互联规范、IP-XACT IP 封装元数据、工具命令语言(TCL)、Synopsys 系统约束(SDC)以及其他有助于根据客户需求量身定制设计流程并符合业界标准的开放式环境。Xilinx 构建的的 Vivado 工具把各类可编程技术结合在一起，能够扩展多达 1 亿个等效 ASIC 门的设计。Vivado 软件主要特点有以下几方面。

　　(1)完整的设计工具。设计全部流程完成在一个工具中，综合时就可考虑整个设计网表，在设计的各个阶段都需要检查各种约束文件，设计的整体性得到保证。

　　(2)更优的 PC 资源使用方式。开发软件是多个工具组合在一起，各工具交接时，产生临时文件来保存上一步的执行结果。Vivado 软件的设计思想是，直接保存在内存中，这避免了反复读写硬盘的麻烦。这一效果，对于越大的设计，体现得更明显。

　　(3)更好的时序收敛。Vivado 软件在时序设计、布线延时、资源等多方面时进行综合考虑，具有更好的时序收敛。

　　(4)Vivado 软件全面支持 Tcl 脚本。

　　(5)支持 System Verilog。

二、实验内容

　　在实验 1 的基础上，继续介绍流水灯实验的综合、实现和下载配置过程。

三、实验设备

　　(1)装有 Vivado、ModelSim SE 软件的计算机。

　　(2)Nexys Video 开发板或 Basys 3 开发板。

四、实验步骤

　　Vivado 设计分为 Project Mode 和 Non-project Mode 两种模式，一般简单设计中，常用的是 Project Mode。在本实验中，我们将以一个简单的实验案例，一步一步地完成 Vivado 的整个设计流程。

1. 建立 Vivado 工程文件

　　(1)启动 Xilinx Vivado 系统软件，可通过桌面 Vivado 2017.1 快捷方式或开始菜单中 Xilinx Design Tools Vivado 2017.1 下的 Vivado 2017.1 打开软件，开启后，软件如图 4.20 所示。

图 4.20　Vivado 起动界面

(2) 单击上述界面中 Create Project 图标，弹出新建工程向导，如图 4.21 所示，单击 Next，进入填写工程名界面，如图 4.22 所示。

图 4.21　Vivado 新建工程向导之一

(3) 在图 4.22 中，输入 Vivado 工程名称：FlowingWaterLight；选择工程存储路径：E:/SystemDesignLab/lab1_2_FlowingWaterLight/vivado；不要勾选 Create project subdirectory 选项。设置完成后，单击 Next，进入工程类型选择界面。

注意：工程名称和存储路径中不能出现中文与空格，建议工程名称以字母、数字、下划线来组成。

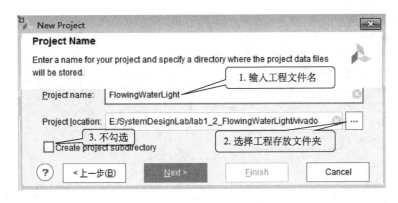

图 4.22　Vivado 新建工程向导之二

(4) 在图 4.23 中，选择 RTL Project 一项，并勾选 Do not specify sources at this time，勾选该选项目的是跳过在新建工程的过程中添加设计源文件。单击 Next，进入 FPGA 目标器件选择界面。

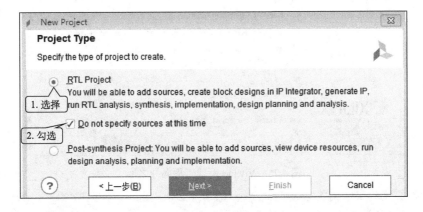

图 4.23　Vivado 新建工程向导之三

(5) FPGA 目标器件与使用的 FPGA 开发平台有关，本教程将用到两种型号的 FPGA 开发板：Nexys Video 和 Basys 3；FPGA 目标器件分别为 Artix-7 xc7a200tfbg484-1 和 Artix-7 xc7a35tcpg236-1。教程将以 Nexys Video 开发板为主介绍开发过程。

图 4.24 为 Nexys Video 开发板的 FPGA 目标器件选择的示意图，依次选 Family 为 Artix-7，封装形式 (Package) 为 fbg484，速度等级 (Speed grade) 为–1。并在 part 列表中选择 xc7a200tfbg484-1，单击 Next，进入信息确认界面。

注意：若使用 Basys 3 开发板，则需选择 Artix-7 xc7a35tcpg236-1 器件：Family 为 Artix-7，封装形式 (Package) 为 cpg236，速度等级 (Speed grade) 为–1。

(6) 在图 4.25 中，确认相关信息与设计所用的 FPGA 器件信息是否一致，一致请单击 Finish，完成空白工程的创建，如图 4.26 所示。

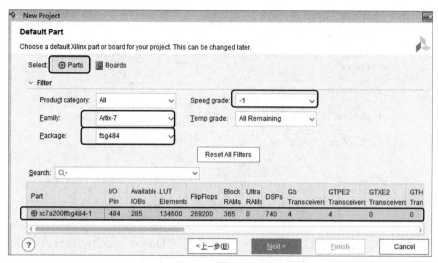

图 4.24　Vivado 新建工程向导之四

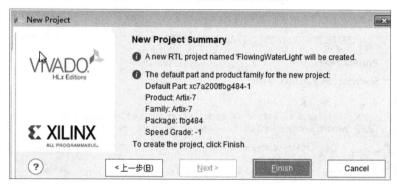

图 4.25　Vivado 新建工程向导之五

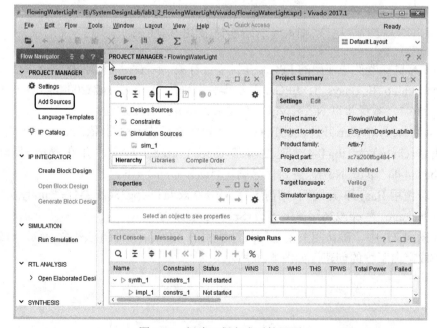

图 4.26　新建工程完成后的界面

2. 加入设计文件

(1) 在图 4.26 所示工程界面，在 Flow Navigator 窗口中，单击 PROJECT MANAGER⇨Settings⇨Add Sources 命令，打开设计文件导入添加对话框，如图 4.27 所示。选择第二项 Add or Create Design Sources，用来添加或新建 Verilog 或 VHDL 源文件，单击 Next，进入图 4.28 所示界面。

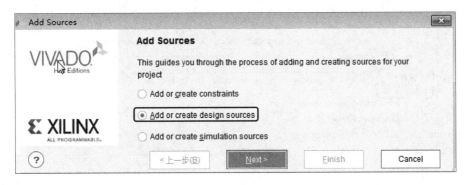

图 4.27　设计文件导入添加对话框

(2) 在图 4.28 界面，通过单击 Add Files 按钮，根据添加文件导航选择需加入的设计文件。本例需要加入 FlowingWaterLight.v、counter_n.v、counter_up_down.v 和 decode.v 共 4 个文件。这些文件均存在文件夹 E:\SystemDesignLab\lab1_2_FlowingWaterLight\src 下。注意，每次可选择多个文件。

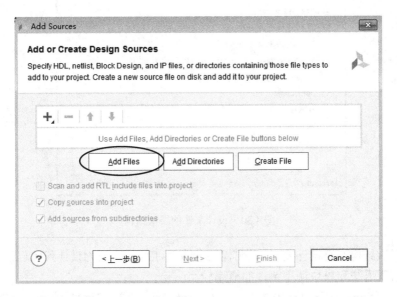

图 4.28　导入设计文件对话框之一

(3) 选择添加文件后的界面如图 4.29 所示，单击 Finish 按钮，即可完成文件的导入。因为有两个开发软件 ModelSim 和 Vivado 都可能修改设计文件，必须将代码保留在 src 文件夹里，所以图 4.29 界面中的 Copy sources into project 这一选项千万不要勾选。

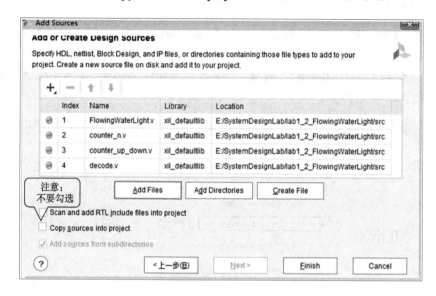

图 4.29　导入设计文件对话框之二

导入文件后，Sources 窗口列出设计文件层次结构，如图 4.30 所示。

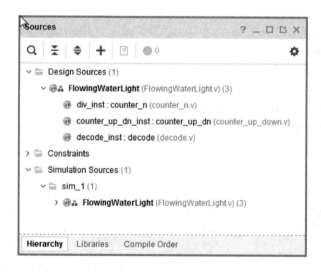

图 4.30　设计文件的层次结构

若文件层次结构不符设计要求，说明代码有错误，应改正。因为设计代码已经过 ModelSim 仿真，所以出现语法和模块调用错误的概率较小。

小提示：在 Sources 窗口双击文件，可在 Text Editor 窗口查看和编辑设计文件。若有语法错误，相应语句会有红色波浪下划线标示。

3. 电路代码综合

在 Flow Navigator 窗口下，单击 SYNTHESIS ⇨ Run Synthesis 命令，Vivado 将对工程进行综合。综合完成之后，在弹出的如图 4.31 所示的窗口中选择 Open Synthesized Design 选项并单击 OK 按钮，打开综合结果。

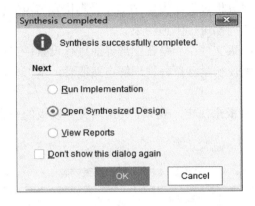

图 4.31　综合完成后界面

对初学者来说，综合结果中的原理图较为重要。可在图 4.32 的 Layout 下列表框选择 Debug 选项打开综合后的原理图。

小提示：在原理图，单击模块左上角的"+"可展开该模块的底层设计，同样，单击"-"收起底层设计。

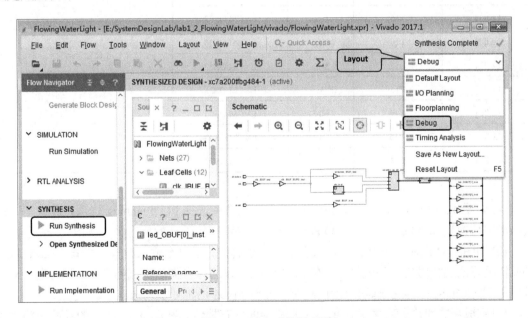

图 4.32　综合后的原理图

原理图有助于查看模块之间的连接，也可检查 HDL 语言描述的电路是否符合设计要求，因此，原理图是查找设计错误的好帮手。

4. 约束

约束可以分为时钟约束、I/O 约束以及时序例外约束三大类，约束目的是：提高设计的工作频率；获得正确的时序分析报告；指定 FPGA 引脚位置与电气标准。由于篇幅限制，本例只对引脚分配和主时钟的周期进行附加约束。

有两种方法可以添加约束文件：一是在图形界面进行设置；二是直接新建 XDC 约束文件，手动输入约束命令。为使初学者更好地理解电路概念，本书采用第一种方法。

1）引脚约束

引脚分配由 FPGA 开发板来决定，表 4.1 列出两种开发板的引脚分配方法，可根据自己手上的开发板来选择。

表 4.1　FPGA 引脚约束内容

I/O 名称	引脚编号 (Nexys Video)	引脚编号 (Basys 3)	电气标准	说明
clk	R4	W5	LVCM OS33	系统 100MHz 主时钟信号
reset	B22	U18	LVCM OS33	中间按键（BTNC）
direction	E22	V17	LVCM OS33	逻辑开关 SW0
Led[0]	T14	U16	LVCM OS33	
Led[1]	T15	E19	LVCM OS33	
Led[2]	T16	U19	LVCM OS33	
Led[3]	U16	V19	LVCM OS33	LED 指示灯
Led[4]	V15	W18	LVCM OS33	
Led[5]	W16	U15	LVCM OS33	
Led[6]	W15	U14	LVCM OS33	
Led[7]	Y13	V14	LVCM OS33	

（1）如图 4.33 所示，在工程界面中 Layout 列表框中选择 I/O Planning 选项，并在下方的选项卡中切换到 I/O Ports 页面，I/O Ports 窗口下将罗列出设计的所有输入/输出引脚。

（2）如图 4.34 所示，在 I/O Ports 页面，展开引脚。对于每个输入或输出引脚，在 Package Pins 栏填写或选择对应引脚编号；并在 I/O Std 栏下拉选择引脚的电气标准，引脚的电气标准常采用 LVCMOS33。当引脚约束没问题时，相应 Fixed 栏将处于勾选状态。

（3）完成所有引脚约束之后，单击工具栏中的保存按钮，在图 4.35 所示的界面中输入约束文件的文件名：FlowingWaterLight；选择存储路径，一般存储在源文件夹 src 中。然后，单击 OK 完成引脚约束过程。

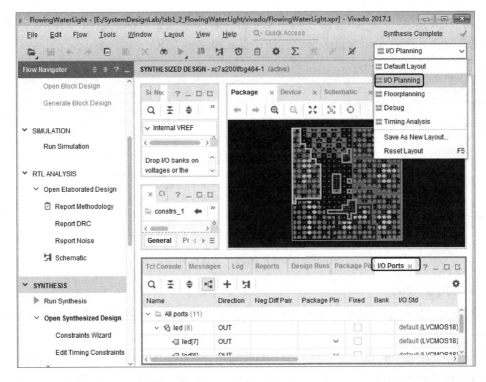

图 4.33　引脚约束之一

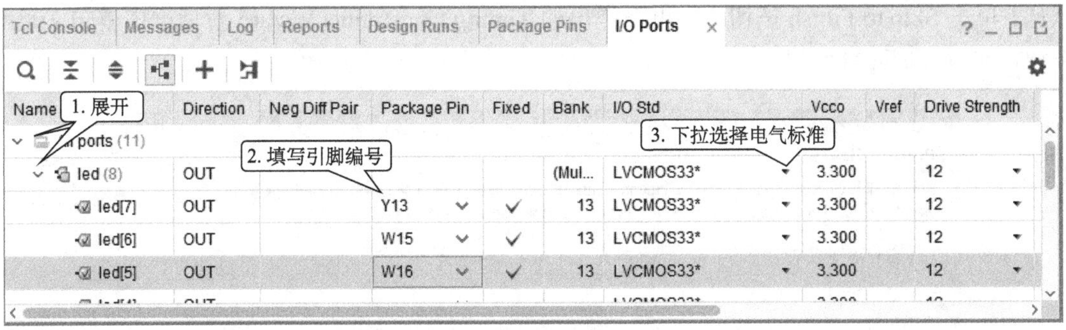

图 4.34　引脚约束之二

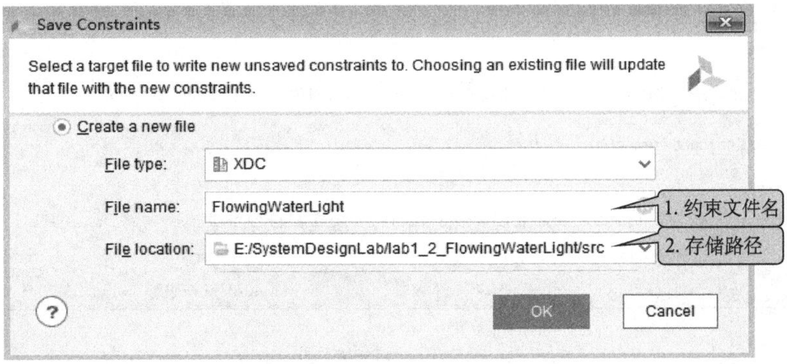

图 4.35　填写约束文件名

完成引脚约束后，在 Sources 窗口下 Constraints 中会找到 XDC 文件，如图 4.36 所示，双击 XDC 文件，可在 Text Editor 窗口打开、查看和编辑 XDC 文件内容。

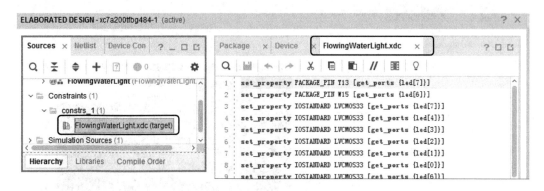

图 4.36　约束文件及其内容

2）时钟约束

本例仅对主时钟的周期和占空比进行附加约束，开发板输入主时钟频率为 100MHz。方法如下。

在 Flow Navigator 窗口下，单击 SYNTHESIS ⇨Open Synthesis Design ⇨ Constraints ⇨Constraints Wizard 命令，在弹出的 Timing Constraints Wizard 对话框中单击 Next 按钮，然后在图 4.37 所示的界面中填写时钟频率（100MHz），由于占空比为 50%，因此其他参数采用默认。单击 Skip to Finish 按钮后，再在弹出的 Timing Constraints Wizard 对话框中单击 Finish 按钮，即可完成时钟约束。

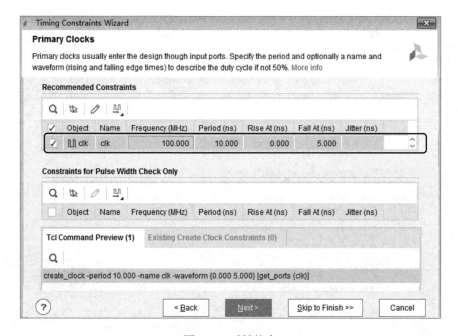

图 4.37　时钟约束

完成时钟约束后，约束文件 FlowingWaterLight.XDC 的最末添加了一行时钟约束语句：

```
create_clock -period 10.000 -name clk -waveform {0.000 5.000} [get_ports clk]
```

小提醒：如果进行时钟约束时，没有关闭约束文件 FlowingWaterLight.XDC，此时需要 Reload 约束文件才能看到添加的时钟约束语句。

5. 工程实现

设计实现是指将综合输出的网表适配到 FPGA 上，方法如下。

在 Flow Navigator 窗口下，单击 IMPLEMENTATION⇨ Run Implementaion 命令，在弹出的 Launch Runs 窗口，直接单击 OK 按钮进行实现工作。由于进行约束后没有重新综合，因此 Vivado 会依次完成综合、实现两个过程。

实现完成后，在如图 4.38 所示的界面中，可选择第二选项 Generate Bitstream，然后单击 OK 按钮，直接进行编程比特流生成工作。也可单击 Cancel 按钮取消。

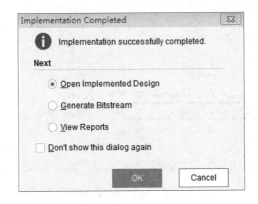

图 4.38　设计实现完成界面

6. 生成 FPGA 编程比特流

FPGA 编程比特流的生成可从设计实现完成后的界面直接进入。也可在 Flow Navigator 窗口下，单击 PROGRAM AND DEBUG⇨Generate Bitstream 命令，然后在弹出的 Launch Runs 窗口，直接单击 OK 按钮的进入。

完成后，在弹出的界面也可单击 Cancel 按钮。

7. 编程下载

(1) 用 USB 线将开发板与计算机的 USB 接口连接。

(2) 用 3.3V 的 DC 电源适配器给 Nexys Video 开发板供电。Basys3 开发板由 USB 供电，所以若使用 Basys3 开发板，则不需外加电源供电。

(3) 打开开发板电源。

(4) 在 Flow Navigator 窗口下，单击 PROGRAM AND DEBUG⇨Open Hardware Manger 命令。在图 4.39 所示的 HARDWARE MANGER 对话框中，单击 OpenTarget 后，再单击 Auto

Connect 命令。Vivado 会自动查找 JTAG chain 上的设备。连接完成，FPGA 芯片会出现在 Hardware 窗口里，如图 4.40 所示。

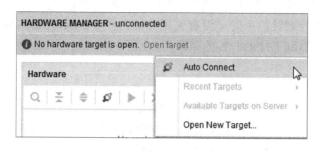

图 4.39　配置对话框之一

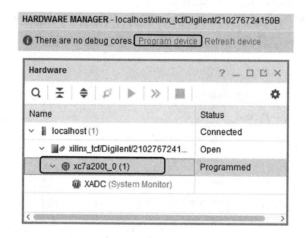

图 4.40　配置对话框之二

(5)单击图 4.40 界面中的 Program device，然后在弹出如图 4.41 所示 Program Device 窗口中单击 Program 即可完成下载编程。

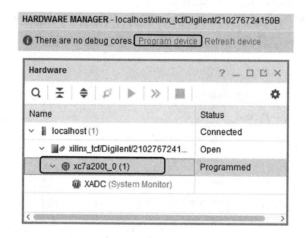

图 4.41　下载

8. 在实验板验证实验结果

根据 I/O 引脚约束内容，在开发实验板上拨动相应的开关、按键，观看流水灯是否符合设计要求，验证设计是否成功。

至此，整个流水灯实验完成任务。

五、思考题

(1) Vivado 的开发流程主要有哪几个步骤？各个步骤主要作用是什么？

(2) 附加约束的主要目的是什么？时序约束的主要种类有哪些？

(3) Vivado 集成开发工具自带仿真器，为什么仍通常要求使用第三方仿真软件 ModelSim？

实验 3　IP 内核的使用与仿真

一、概述

1. IP 内核的基本概念

IP (Intellectual Property) 内核模块是一种预先设计好的甚至已经过验证的具有某种确定功能的集成电路、器件或部件。IP 内核模块将一些在数字系统中常用但比较复杂的功能电路设计成可修改参数的模块，使其他用户可以直接调用这些模块，这样就大大减轻了用户的工作量，避免重复劳动。随着 CPLD/FPGA 的规模越来越大，设计越来越复杂，使用 IP 核是一个发展趋势。

IP 内核模块有行为 (behavior)、结构 (structure) 和物理 (physical) 三级不同程度的设计，对应的 IP 内核模块也分为三大种类：软 IP 内核 (soft IP core)、固 IP 内核 (firm IP core) 和硬 IP 内核 (hard IP core)。

软 IP 内核又称为虚拟器件，通常以某种 HDL 文本形式提交给用户，它已经过行为级设计优化和功能验证，但其中不含有任何具体的物理信息。据此，用户可以综合出正确的门电路级网表，并可以进行后续结构设计，具有很大的灵活性。软 IP 内核可以很容易地借助 EDA 综合工具与其他外部逻辑电路结合成一体，根据各种不同的半导体工艺，设计成具有不同性能的器件。但是，如果后续设计不当，有可能导致整个结果失败。商品化的软 IP 内核一般电路结构总门数都在 5000 门以上。

硬 IP 内核是基于某种半导体工艺的物理设计，有固定的拓扑布局和具体工艺，并已经过工艺验证，具有可保证的性能。其提供给用户的形式是电路物理结构掩模版图和全套工艺文件，是可以拿来就用的全套技术。

固 IP 内核的设计深度则是介于软 IP 内核和硬 IP 内核之间，除了完成软 IP 内核所有的设计，还完成了门电路级综合和时序仿真等设计环节。一般以门电路级网表形式提交给用户使用。

常用的 IP 内核模块包括各种不同的 CPU (32/64 位 CISC/RISC 结构的 CPU 或 8/16 位微控制器/单片机，如 8051 等)、32/64 位 DSP (如 320C30)、DRAM、SRAM、EEPROM、Flash

Memory、A/D 转换器、D/A 转换器、MPEG/JPEG 编解码器、USB 接口、PCI 标准接口、网络单元和模拟器件模块等。丰富的 IP 内核模块库为快速设计专用集成电路和单片系统及尽快占领市场提供了基本保证。

2. DCM 内核的组成和功能介绍

数字时钟管理 DCM（Data Clock Management）由 4 部分组成，如图 4.42 所示。其中，最低层采用数字延迟型锁相环（Delay Locked Loop，DLL）模块，其次分别是数字频率合成器（Digital Frequency Synthesizer，DFS）和数字移相器（Digital Phase Shifter，DPS）。不同芯片模块的 DCM 输入频率范围是不同的。

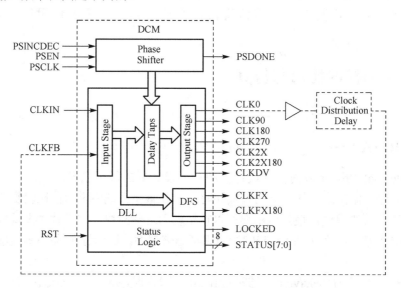

图 4.42　DCM 功能块和相应的信号

1）DLL 模块

DLL 主要由一个可变延时线和控制逻辑组成。延时线对时钟输入端 CLKIN 产生一个延时，时钟分布网线将该时钟分配到器件内的各个寄存器和时钟反馈端 CLKFB；控制逻辑在反馈时钟到达时采样输入时钟以调整二者之间的偏差，实现输入和输出的零延时，如图 4.43 所示。具体工作原理是：控制逻辑在比较输入时钟和反馈时钟的偏差后，调整延时线参数，直到输入时钟和反馈时钟的上升沿同步，使环路进入"锁定"状态，只要输入时钟不发生变化，输入时钟和反馈时钟就保持同步。DLL 可以用来实现一些完善和简化系统级设计的电路，如提供零传播延时、低时钟相位差和高级时钟区域控制电路等。DLL 引脚说明如下。

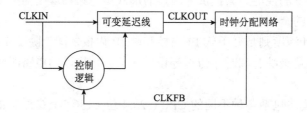

图 4.43　DLL 模型简单示意图

　　CLKIN：DLL 输入时钟信号，通常来自 IBUFG 或 BUFG。

　　CLKFB：DLL 时钟反馈信号，该反馈信号必须源自 CLK0 或 CLK2X，并通过 IBUFG 或 BUFG 相连。

　　RST：DLL 复位信号，高电平有效。该信号控制 DLL 的初始化，通常接地。

　　CLK0、CLK90、CLK180、CLK270：四个同频时钟输出。其中，CLK0 与 CLKIN 无相位偏移，CLK90 与 CLKIN 有 90°相位偏移，CLK180 与 CLKIN 有 180°相位偏移，CLK270 与 CLKIN 有 270°相位偏移。

　　CLKDV：时钟分频输出，是 CLKIN 的分频时钟信号。DLL 支持的分频系数为 1.5、2、2.5、3、4、5、8 和 16。

　　CLK2X、CLK2X180：CLKIN 的 2 倍频时钟信号输出。

　　LOCKED：锁定指示。当 DLL 完成锁存之后，LOCKED 有效(高电平)。

　　在 FPGA 设计中，消除时钟的传输延迟、实现高扇出最简单的方法就是利用 DLL，把 CLK0 与 CLKFB 相连即可。利用一个 DLL 还可以实现 2 倍频输出，如图 4.44 所示。

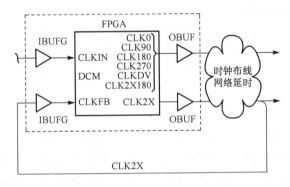

图 4.44　Xilinx DLL 2 倍频典型模型示意图

　　2) 数字频率合成器(DFS)

　　DFS 可以为系统产生丰富的频率合成时钟信号，能提供输入时钟频率分数倍或整数倍的时钟输出频率方案，输出信号为 CLKFX 和 CLKFX180，输出频率范围为 1.5~320MHz(不同芯片的输出频率范围是不同的)。这些频率基于用户自定义的两个整数比值，一个是乘因子 M，另外一个是除因子 D，输入频率和输出频率之间的关系为

$$F_{\text{CLKFX}} = F_{\text{CLKIN}} \times \frac{M}{D} \tag{4.1}$$

　　3) 数字移相器(DPS)

　　通过 DPS，DCM 具有移动时钟信号相位的能力，因此能够调整 I/O 信号的建立和保持时间，能支持对其输出时钟进行 0°、90°、180°、270°的相移粗调和相移细调。其中，相移细调对相位的控制可以达到输入时钟周期的 1%的精度(或者 50ps)，并且具有补偿电压和温度漂移的动态相位调节能力。对 DCM 输出时钟的相位调整需要通过属性控制 PHASE_SHIFT 来设置。PHASE_SHIFT 的设置范围为–255~+255。例如，输入时钟为 200MHz，需要将输出时钟调整+0.9ns，则 PHASE_SHIFT =(0.9ns/5ns)×256 = 46。如果 PHASE_SHIFT 值是一个负数，表示时钟输出应该相对于 CLKIN 向后进行相位移动；如果 PHASE_SHIFT

是一个正数，则表示时钟输出应该相对于 CLKIN 向前进行相位移动。

移相用法的原理图与倍频用法的原理图很类似，只需把 CLK2X 输出端的输出缓存移到 CLK90、CLK180 或 CLK270 端即可。利用原时钟和移相时钟与计数器相配合也可以产生相应的倍频。

DCM 主要功能有以下几方面。

(1)分频倍频：DCM 可以将输入时钟进行倍频或分频，从而得到新的输出时钟。

(2)消除时钟抖动：DCM 可以消除时钟抖动，所谓时钟抖动就是由于传输延迟，引起时钟到达不同地点的时间差。

(3)相移：DCM 可以实现对输入时钟的相移输出，这个相移一般是时钟周期的一个分数。

(4)全局时钟：DCM 和 FPGA 内部的全局时钟分配网络紧密结合，因此性能优异。

(5)电平转换：通过 DCM，可以输出不同电平标准的时钟。

二、实验设备

(1)装有 Vivado、ModelSim SE 软件的计算机。

(2)Nexys Video Artix-7 FPGA 多媒体音视频智能互联开发系统。

(3)具有 HDMI 接口显示器一台，也可用"HDMI-VGA 转换器+VGA 显示器"替代。

三、实验要求

本实验将在显示器上显示一幅 128 像素×128 像素的彩色轴对称图片，即图片上下、左右均对称。系统原理框图如图 4.45 所示。图中的输入 clk 为 100 MHz，时钟管理模块 DCM 产生 25MHz 的像素时钟 pixel_clk 和 250MHz 的 HDMI 位时钟 tmds_clk。PictureROM 中存放一幅 64 像素×64 像素的彩色图片(轴对称图片的 1/4)，图片格式为 24bits 位图，因此 ROM 容量为 $2^{12}×24bits$。

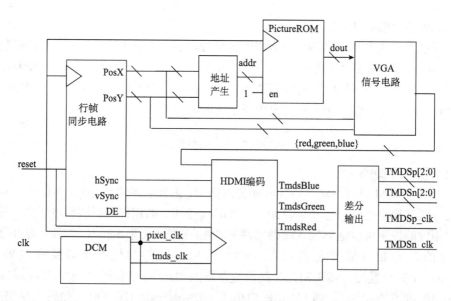

图 4.45　系统原理框图

本实验要求用 Xilinx 内核生成器系统生成一个 DCM 模块和一个 $2^{12}\times24bits$ 的 ROM 模块，并将 DCM 内核和 ROM 内核应用到设计中。

四、实验步骤

1. 建立 Vivado 工程

(1) 从网站中下载 lab3_IPCore 文件夹至硬盘里，存放在 e:\SystemDesignLab 文件下。lab3_IPCore 共五个子文件夹，其中 src、sim 和 vivado 三个文件夹分别存放源代码、ModelSim 工程和 Vivado 工程；fig 文件夹存放了一张一幅 64 像素×64 像素的彩色图片；而 tool 文件夹有一个小应用软件 coe3.0.exe，该软件可将位图生成 ROM 初始化 coe 文件。

(2) 新建 Vivado 工程，工程名为 IPCore，工程存放在 e:\SystemDesign\Lab\Vivado 文件夹，添加下列文件。

①设计文件:顶层设计模块 IPCore.v、行帧同步电路模块 syncGenarator.v、HDMI 编码模块 TMDSencode.edf 和 TMDSencode.v。

注意，HDMI 编码模块以 BlackBox 方式提供，即提供综合网表文件 TMDSencode.edf 和端口文件 TMDSencode.v。某种意义上，HDMI 编码模块是作者以软核方式提供给读者。

②用户约束文件 IPCore.xdc。

上述文件均存放在 src 子文件夹，添加设计文件后的 Vivado 工程的 Sources 窗口如图 4.46 所示。从文件结构中可看出，工程还缺少 DCM_PLL 和 PictureROM 两个模块，这两个模块将由 IP 内核生成，下面将分别介绍这两个模块的生成和应用。

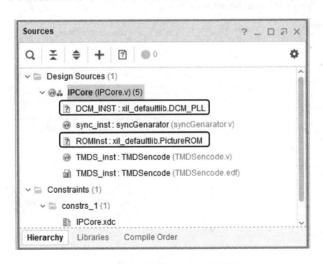

图 4.46　IP 核的 ISE 工程界面

2. ROM 内核的生成和应用

(1) 准备工作，双击运行 e:\SystemDesignLab\tool 文件夹中的 coe3.0.exe 程序，界面如图 4.47 所示。在图 4.47 中单击"打开 bmp 文件"按钮，在弹出的界面，选择 e:\System DesignLab\fig\fig.bmp 文件，并单击"打开"按钮。最后，单击图 4.47 中"生成 coe 文件"

按钮，即可在存放图片 fig 文件夹里生成 ROM 初始化文件 fig.coe。

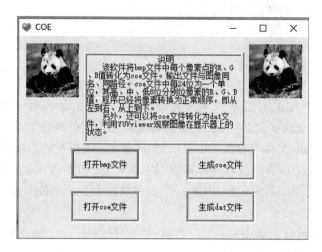

图 4.47 ROM 初始化 coe 文件的生成

(2)在图 4.48 所示的 Vivado 工程界面中，在 Flow Navigator 窗口下，单击 PROJECT MANAGER⇨ IP Catalog 命令；然后在 Text Editor 窗口的 IP Catalog 选项卡中，找到并依次展开 Memories & Storage Elements、RAMs & ROMs；双击 RAMs & ROMs 下面的 Distributed Memory Genertor 选项，将会弹出如图 4.49 所示的存储器 IP 内核产生向导。

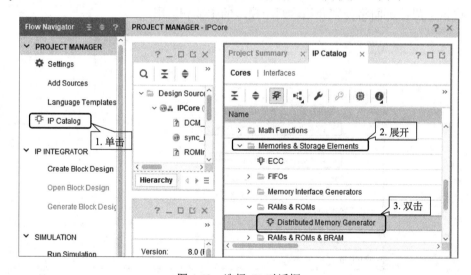

图 4.48 选择 IP 对话框

(3)在图 4.49 中配置 IP 内核存储器的模块名、容量和类型等参数。本例具体参数如下。

①模块名(Component Name)：PictureROM。注意，一旦生成了 IP 核，就算打开 IP 核进行修改，也不能再更改这个 IP 核的模块名了，所以取名需谨慎。

②存储器容量：字数(Depth)为 4096，存储器位数(Width)为 24 位。

③存储器类型选 ROM。

配置完毕后，单击 Port config 选项卡进入存储器的端口特性配置界面，如图 4.50 所示。

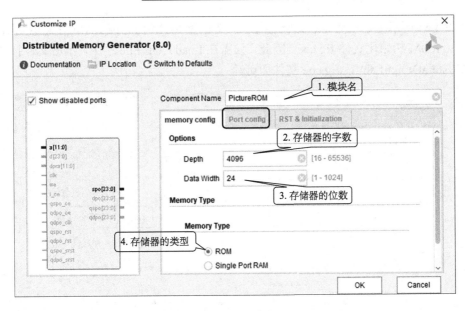

图 4.49　存储器配置界面之一

（4）图 4.50 所示配置界面主要用于配置引脚特性，本例输入引脚采用默认配置。而输出引脚采用寄存器输出方式，并有输出使能控制。即在 Output Option 栏中选择 Registered，并勾选 Single Port Output CE 复选框。

配置完毕后，单击 RST & Initialization 选项卡进入存储器的初始化配置界面，如图 4.51 所示。

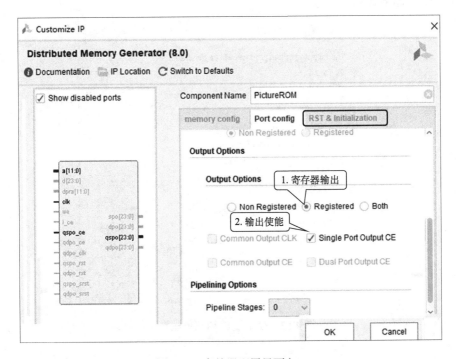

图 4.50　存储器配置界面之二

　　(5)图 4.51 所示对话框用来初始化存储器，即配置 ROM 内容或 RAM 存储器初值。本例为 ROM， ROM 初始化文件 fig.coe。因此，只需在 Load COE File 栏中，单击文件打开按钮，选取 e:\SystemDesignLab\fig\fig.coe 文件即可。

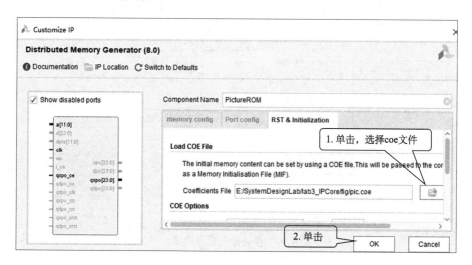

图 4.51　存储器配置界面之三

　　至此，存储器配置完毕。单击 OK 按钮，在可能弹出的界面中单击 OK 按钮进入存储器 IP 内核生成的最后一个界面，如图 4.52 所示。在此对话框中，选择综合方式 Out of context per IP，单击底部的 Generate 按钮，Vivado 将生成 ROM 内核，并将 PictureROM.xci 文件自动加到 ISE 工程中，如图 4.53 所示。

图 4.52　存储器 IP 内核生成界面

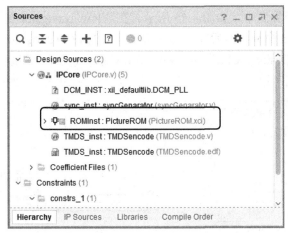

图 4.53 存储器 IP 内核生成后 Sources 窗口

存储器 IP 内核生成后，除了用于综合和实现的 xci 文件后，还产生了用于不同的应用的大量文件。如图 4.54 所示，单击 IP Sources 选项卡，Sources 窗口中罗列出 IP 内核的各种应用文件。例如，用于仿真的 Verilog HDL 文件 PictureROM_sim_netlist.v 和 ROM 数据交换文件 PictureROM.mif 等。这些文件均存放在 E:\SystemDesignLab\lab3_IPCore\Vivado\ IPCore.srcs \sources_1\ip\PictureROM 文件夹里。

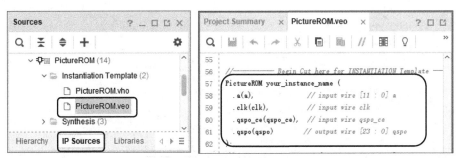

图 4.54 存储器 IP 内核文件结构

另外，如图 4.54 所示，上面文件夹中还有一个实例调用模板文件 PictureROM.veo，双击，可在 Text Editor 窗口查看实例调用模版，便于使用者调用该 IP 内核模块。根据此模板和工程设计需求，本实验在顶层文件 IPCore.v 中添加了如下的 IP 内核模块实例。

```
//PictureROM实例
PictureROM   ROMInst(
    .a(addr),
    .clk(pixel_clk),
    .qspo({Picture_red,Picture_blue,Picture_green}),
    .qspo_ce(1'b1));
```

3. DCM 内核的生成和应用

本实验输入时钟频率为 100MHz，要求 DCM 模块产生两种时钟：25MHz 像素时钟和 250MHz 的 HDMI 位发送时钟。因此，需用 DCM 锁相频率合成技术实现。具体步骤如下。

（1）在 Vivado 工程界面中，如图 4.55 所示，在 Flow Navigator 窗口下，单击 PROJECT MANAGER⇨IP Catalog 命令。然后在 Text Editor 窗口的 IP Catalog 选项卡中，找到并依次展开 FPGA Features and Design、Clocking，并且双击 Clocking Wizard 选项，将会弹出如图 4.56 所示的 DCM 内核生成向导。

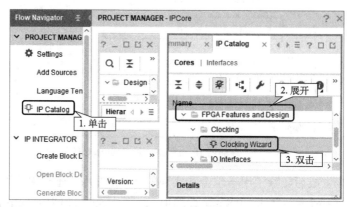

图 4.55　选择 IP 对话框

（2）在图 4.56 所示界面中，首先填写模块名：DCM_PLL，然后根据设计要求在 Clocking Options 选项卡中进行如下设置。

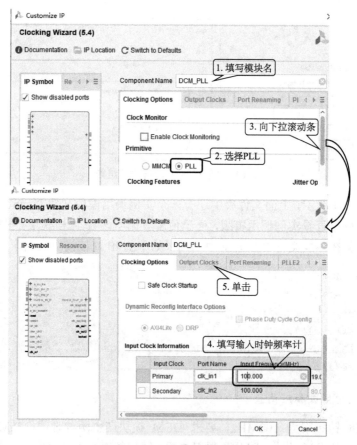

图 4.56　DCM 配置参数配置之一

①时钟资源：PLL。

②输入 DCM 的时钟频率：100MHz。

③其他参数的采用默认配置。

设置完毕后，单击 Output Clocks 选项卡，进入 Output Clocks 页面，如图 4.57 所示。

(3) 在图 4.57 所示 Output Clocks 选项卡中，根据设计要求对输出时钟进行如下设置。

①DCM 的输出时钟频率：clk_out1：25MHz；clk_out2：250MHz。

②勾选复位输入 reset，选择 Activ High，使复位输入高电平有效。

③其他参数的采用默认配置。

至此，DCM 配置完毕。单击 OK 按钮，在弹出对话框中，选择综合方式 Out of context per IP，单击底部的 Generate 按钮，Vivado 自动生成 DCM 内核，并将 DCM_PLL.xci 文件自动加到 Vivado 工程中。

另外，也会生成用于仿真的文件 DCM_PLL_sim_netlist.v，存放在 E:\SystemDesignLab\lab3_IPCore\Vivado\ IPCore.srcs \sources_1\ip\DCM_PLL 文件夹里。

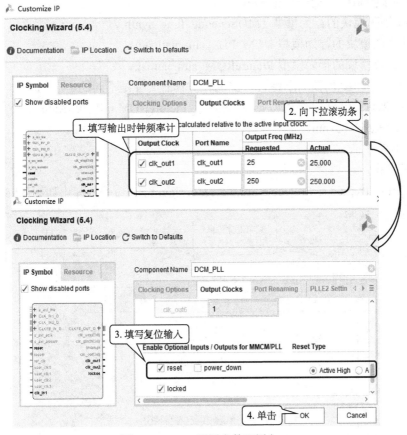

图 4.57　DCM 配置参数配置之二

4. IP 内核的仿真

用 ModelSim 软件独立仿真 Vivado 生成的 IP 核，需要用到 Xilinx 仿真库，仿真库的生成和 ModelSim 仿真环境的建立详见附录 D。

　　实验工程涉及视频仿真，仿真测试文件的编写思路为读取一帧图像的红、绿和蓝三基色数据，并以 RGB24 格式存储于 rgb.rgb24 文件中，最后用 RGB 播放器进行播放验证。测试文件已在第 3 章已作介绍，对于初学者来说，该测试文件可能较难理解，所以读者可在完成实验 12 后再来进一步理解该测试文件。

　　由于涉及 DCM 仿真，一般要求仿真精度达到 1ps，否则可能造成延时型锁相环失锁现象。下面详细介绍仿真过程。

　　(1)仿真环境的建立，该步骤见附录 D 介绍。注意，如果你在此之前已进行仿真环境的建立，这一步可略过。

　　(2)新建一个 ModelSim 工程，工程名 IPCoreSim，工程存放在 e:\SystemDesignLab \lab3\sim 文件夹。

　　(3)给工程添加下列仿真需要的文件。

　　①测试文件 IPCore_tb.v。

　　②顶层模块 IPcore.v。

　　③行帧同步控制模块 syncGenarator.v。

　　④HDMI 编码模块的行为模型 TMDSencode_func_synth.v。

　　⑤DCM 内核模块的行为模型 DCM_PLL_sim_netlist.v。

　　⑥ROM 内核模块的行为模型 PictureROM_sim_netlist.v。

　　在此强调一下，IP 内核用于综合、实现和仿真的文件是不同的。

　　(4)复制 ROM 内核模块的数据交换文件 PictureROM.mif 至 ModelSim 工程文件夹 e:\SystemDesignLab\lab3\sim。

　　(5)编译所有文件。

　　(6)仿真配置。

　　①菜单 Project⇨Add to Project⇨ Simulate Configuration 命令，弹出如图 4.58 所示的对话

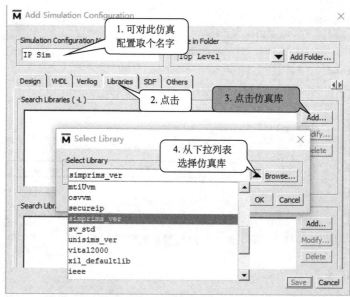

图 4.58　仿真配置之一

框。在此对话框中，首先对此仿真配置取名，名称自拟；其次单击 Libraries 选项卡，再单击 Add 按钮，在 Search Libraries 栏中添加已经编译好的仿真库，本实验需添加 simprims_ver 和 unisim_ver 二个仿真库。

②如图 4.59 所示，单击 Design 选项卡，再单击 Optimization Options 按钮，在弹出的对话框中选择 Apply full visibility to all modules 选项，最后单击 OK 按钮。

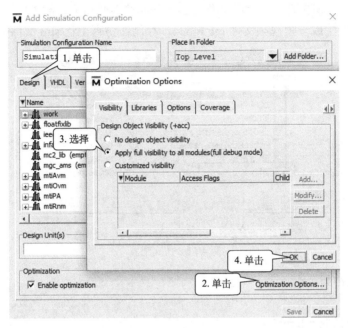

图 4.59　仿真配置之二

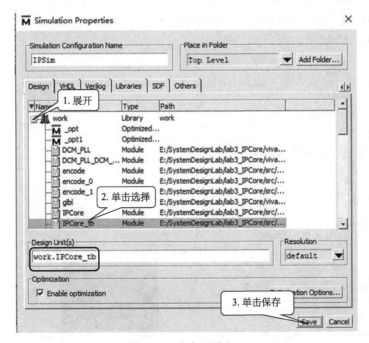

图 4.60　仿真配置之三

③如图 4.60 所示，单击 Design 选项卡，展开 work，单击选中要仿真的文件 IPCore_tb，此时在 Design Unit(s)栏中会自动加入"work.IPCore_tb"。最后单击 Save 按钮完成仿真配置。仿真配置完成后，在工作区增加了一个仿真配置选项 IPSim，如图 4.61 所示。

（7）完成仿真。

双击图 4.61 中仿真配置文件 IPSim，即可启动仿真，然后，添加波形，执行仿真(run all)。由于仿真精度高，且需仿真一帧完整图像，因此仿真需较长时间，约 10 分钟。仿真结束，除了生成波形，还将生成一帧视频文件 rgb.rgb24，存储在仿真工程 sim 文件夹里。

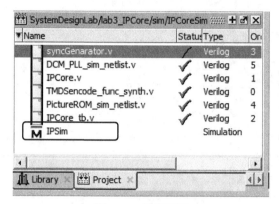

图 4.61　仿真配置

（8）查看仿真结果。

① 查看波形。

② 用播放器播放 rgb.rgb24。

运行 RawPlayer，执行菜单"文件⇨打开…"，在图 4.62 对话框中选择或填写下列信息：文件类型-rgb24，视频格式-640×480。然后选择并打开 rgb.rgb24。将会在屏幕中间看到一幅彩色图片，如图 4.63 所示。

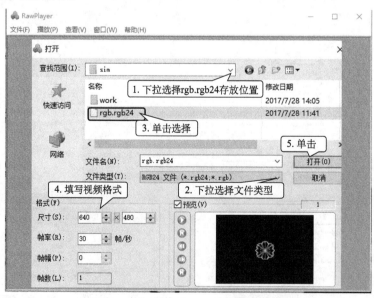

图 4.62　用 RawPlayer 软件打开视频方法

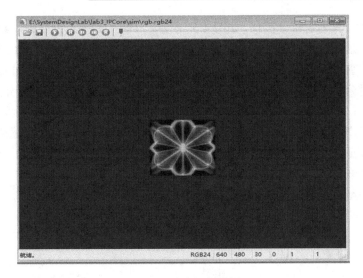

图 4.63　仿真视频结果

5. 下载工程至开发板

仿真正确后，回到 Vivado 软件，对工程综合、实现、生成编程代码，最后下载至 Nexys
Video Artix-7 FPGA 多媒体音视频智能互联开发系统。接入带 HDMI 接口的显示器，或通过
HDMI-VGA 转换器接入 VGA 显示器。显示器中间会显示一幅 128 像素×128 像素彩色图片。

至此，实验操作完成。

五、思考题

(1) 什么是 IP 内核？IP 内核模块分哪几类？为什么要使用 IP 内核模块？

(2) Xilinx DCM 内核主要由哪几个部分组成？各部分作用是什么？

(3) 对具有 IP 内核的系统进行仿真，为什么在进行仿真前需要对厂家的仿真库进行预编译？

(4) 如何在 ModelSim 中指定 Xilinx 的仿真库？

实验 4　ILA 的逻辑分析仪实验

一、概述

在 FPGA 开发中，当我们写完代码，进行仿真，验证设计没有问题后，下载到 FPGA 芯片上，一般都能按照我们的设计意愿执行相应功能。但这也并非绝对的，有时候你会遇到一些突发情况，如时序问题或者仿真时没有考虑到某种情况，但实际中它确实存在，这就会造成功能上的错误了。也有些时候你的设计似乎没法进行仿真或者仿真做起来很困难，如设计一个 SDRAM 或者 DDR 控制器，需要相应地写一个 SDRAM 或者 DDR 之类的模型进行仿真，这时候就很为难了。所以在很多时候，一个 FPGA 工程师应该学会使用逻辑分析仪进行分析调试。

传统的测试工具为逻辑分析仪，如图 4.64 所示，只能从 FPGA 外部去观察信号，而 FPGA 综合出来的电路都在芯片内部，因此，整个调试过程可观性非常差，故障的复现、定位、验证非常困难，严重影响开发进度。所以 FPGA 厂家就发明了内置的逻辑分析仪，在 Vivado 中称为集成逻辑分析仪(Integrated Logic Analyzer，ILA)。其基本原理相当于在 FPGA 内部插入集成逻辑分析仪的 IP 核，利用 FPGA 中尚未使用的逻辑资源和 RAM 资源，搭建一个逻辑分析仪，ILA 内核伸出许多 probe 去探测信号线，如图 4.65 所示。然后，根据用户设定的触发条件，采集需要的内部信号并保存到 RAM，通过 JTAG 口传送到计算机，最后在计算机屏幕上显示出时序波形。

ILA 使 FPGA 不再是黑匣子，可以观察 FPGA 内部信号，对 FPGA 的内部调试非常方便，因此得到了广泛应用。

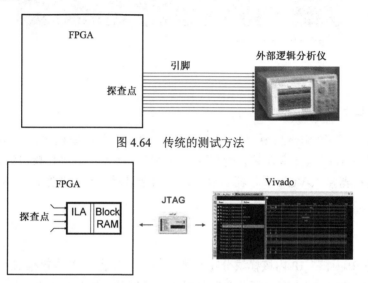

图 4.64　传统的测试方法

图 4.65　ILA 的应用框图

二、实验要求

本实验的工程范例为流水灯电路，与实验 1 相同，原理框图如图 4.2 所示，要求用 ILA 分析 FPGA 内部的分频器的状态信号 div_q [25:0]和可逆计数器状态 q [3:0]。

三、实验设备

(1) 装有 Vivado、ModelSim SE 软件的计算机。
(2) Nexys Video 开发板或 Basys3 开发板。

四、实验步骤

1. 下载文件

从网站中下载 lab4_ILA 文件夹至硬盘里，存放在 e:\SystemDesignLab 文件下。子文件夹 src 有顶层 FlowingWaterLight.v、任意进制计数器/分频器 counter_ n.v、任意位数可逆计数器

counter_up_down.v、译码器模块 decode.v 和约束文件 FlowingWaterLight.xdc。

2. 新建 Vivado 工程

新建一个 Vivado 工程，工程存储路径：E:/SystemDesignLab/lab4_ILA/vivado，工程名称可取：TestILA，添加文件夹 src 的 4 个设计文件和 1 个约束文件。

3. 标记探测信号

在代码中，对需用 ILA 探测的信号，在其定义前加前缀(*MARK_DEBUG="TRUE"*)，不管是 reg 型还是 wire 型，接口信号或者内部变量，都可以添加。

标记后的顶层文件(FlowingWaterLight.v)如下。

```
module FlowingWaterLight(clk,reset,direction,led);
  parameter sim=0;
  input clk,reset,direction;
  output[7:0] led;
  // ------------------ 分频计数器实例------------------//
  wire pulse2Hz;
  (*MARK_DEBUG="TRUE"*)wire[25:0] div_q;
  counter_n #(.n(sim?10:5000_0000),.counter_bits(sim?4:26))
  div_inst(.clk(clk), .en(1), .r(0), .q(div_q),.co(pulse2Hz));
  //------------------ 可逆计数器实例 ------------------//
  (*MARK_DEBUG="TRUE"*)wire[2:0] q;
  counter_up_dn #(.counter_bits(3))counter_up_dn_inst(
    .clk(clk),.en(pulse2Hz),.u_d(direction),.r(reset),.q(q));
  // ------------------ 3线-8线器实例 ------------------//
  decode  decode_inst(.din(q),.out(led));
endmodule
```

4. 创建 ILA 内核

(1)在 Vivado 工程界面中，如图 4.66 所示，在 Flow Navigator 窗口下，单击 PROJECT

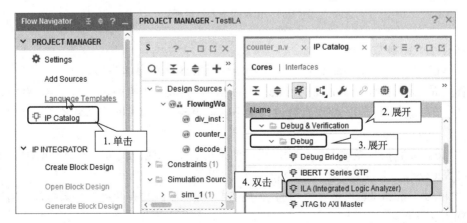

图 4.66　ILA

MANAGER⇨IP Catalog 选项。然后在 Text Editor 窗口的 IP Catalog 选项卡中，找到并依次展开 Debug & Verification、Debug，并且双击 ILA 选项，将会弹出如图 4.67 所示的 ILA 内核生成向导。

（2）ILA 参数配置。接下来就要配置 ILA 内核，单击图 4.67 的左上角"Documentation"就可以链接到 IP 核的帮助文档 data_sheet，如果对 IP 核的使用不是很懂可以单击此处获取 IP 核的详细信息。

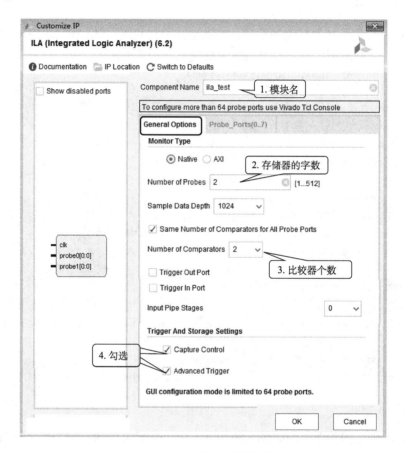

图 4.67　ILA 的基本参数配置

下面详细介绍参数配置。

如图 4.67 所示，在 General Options 选项中配置 ILA 内核基本参数。

①图中最上面的"Component Name"可以给 IP 核取一个模块名：ila_test。注意，一旦生成了 IP 核，就算打开 IP 核进行修改，也不能再更改这个 IP 核的模块名了，所以取名需谨慎。

②"Monitor Type"是输入信号的格式，如果是 AXI 总线，就可以选择"AXI"，如果不是就选"Native"。

③"Number of Probes"是要探测的信号的通道数，本例共有两组信号需探测，所以就在方框里输入 2 即可。

④"Sample Data Depth"是采集深度，深度越大意味着能看到的信息量越多。但是采集

的数据都是要存储在芯片内的 RAM 里，所以深度选择越大占用的资源就越多，用户要根据自己芯片的情况选择采集深度。本例选采集深度为 1024。

⑤勾选 "Same Number of Comparators for All Probe Ports" 后，会自动选择比较器个数。

⑥ "Trigger Out Port" 和 "Trigger In Port" 是用于触发，可以不选，在后面调试时可以灵活使用。

⑦ "Trigger And Storage Setting" 是数据捕获的设置，一般直接勾上即可。

ILA 内核基本参数配置完毕后，单击 Probe_Ports 选项卡，在 Probe_Ports 这个页面，配置输入端口，如图 4.68 所示。因在 "Number of Probes" 中用设置了 2 个探测通道，这里就会出现了 2 个通道。因为需探测的信号 bit_q 和 q 分别为 26 位与 3 位信号，所以 PROBE0、PROBE1 通道的数据宽度分别填写 26 和 3 即可。

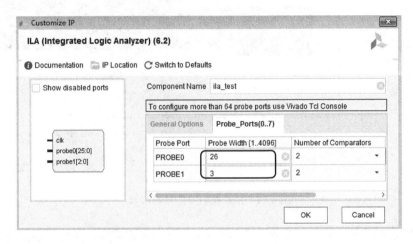

图 4.68　ILA 的探测端口配置

(3) ILA 参数配置完毕后，单击图 4.68 界面的 OK 按钮，在可能弹出的界面中单击 OK 按钮进入 ILA 内核生成的最后一个对话框，在此对话框中，选择综合方式 Out of context per IP 后，单击底部的 Generate 按钮，即可完成 ILA 内核生成创建。

5. 嵌入 ILA 内核

将刚才生成的 ILA 内核嵌入工程设计中，打开顶层文件(FlowingWaterLight.v)，在 endmodule 前加入下面的 ILA 内核实例调用。

```
ila_test ila_inst(
 .clk(clk),
 .probe0(div_q),
 .probe1(q));
```

6. 编程下载

对工程进行综合、实现、生成 FPGA 编程比特流，然后下载到 FPGA 开发板。下载完成后，Vivado 界面发生变化，将会出现一个逻辑分析仪界面。

7. ILA 内核的触发条件和采集模式配置

(1)执行菜单 Window⇨Debug Probes 命令,界面会多出一个 Debug Probes 窗口,如图 4.69 所示。将用于触发条件的信号"拖入"右侧的 Trigger Setup 窗口,本例 div_q 和 q 两组信号都用于触发条件,故将 div_q 和 q 两组信号都拖入到 Trigger Setup 窗口。

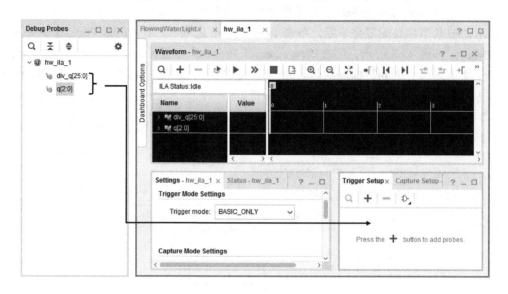

图 4.69　ILA 的触发信号的加入

(2)如图 4.70 所示,在 ILA 设置窗口里,单击 Settings 选项卡,并选择触发模式:BASIC ONLY。然后,在 Trigger Setup 窗口设置触发条件:div_q= =49999999 和 q= =5。

图 4.70　ILA 内核配置界面

本例触发条件设置目的是分析 5×10^7 分频器进位输出前后的状态转换情况。注意:设置触发条件时,应注意编码方式(Radix)的选择。因为这里 49999999 和 5 为无符号数,所以 Radix

应选择为[U](unsigned)。

(3)在 Capture Model Settings 栏中选择采集模式(BASIC)、采集深度(1024)和填写触发位置(3)。

采集深度表示需要采集多少数据;而触发位置即满足触发条件的采集数据在波形显示的坐标位置,也可理解为在波形显示时,显示保留满足触发条件前的采集数据个数。

8.采集数据

单击工具栏的开始采集运行图标"▶",开始采集数据,采集结束后,可在 Waveform 窗口中观察采集到的信号波形,图 4.71 所示为信号波形的开始的一小部分(一共有 1024 个数据)。

注意:波形中信号的编码方式应为无符号数。

读者可更改采集深度、触发位置和触发条件等参数,重新采集数据,以加深对这些参数的理解。

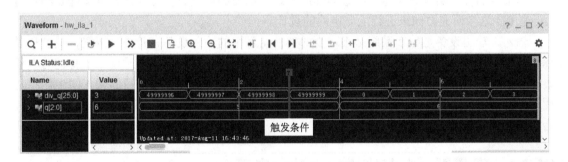

图 4.71　逻辑分析结果

至此,ILA 的逻辑分析步骤全部完成。

五、思考题

(1)什么是 ILA 内核?使用 ILA 的目的是什么?

(2)ILA 内核的数据、时钟和触发信号的作用分别是什么?

## 第 5 章

数字系统设计的基础实验

本章前 3 个小系统实验，重点介绍系统层次结构的设计；介绍模块调用的方法；介绍参数定义和参数传递的方法等。另外，通过这 3 个实验，让读者掌握数据选择器、全加器、比较器、移位器、触发器、计数器/分频器和定时器等基本模块的设计。

加法器、乘法器等运算电路是数字系统中的基本逻辑单元。在图像、语音、加密等数字信号处理领域中，加法器、乘法器扮演着重要的角色，并在很大程度上左右着系统的性能。如何以最少的资源实现运算电路的最高速度是运算电路的主要研究方向，本章实验 8 和实验 9 正是围绕这个研究方向来进行运算电路的设计。

输入、输出设备是数字系统必不可少的部件。常用的输入设备有开关、按钮、键盘和鼠标等；常用的输出设备有 LED 指示灯、数码显示、显示器等。实验 10 通过一个有趣的学号滚动显示介绍数码显示器动态功能的实现。而实验 11 主要介绍开关或按钮的输入同步化和防颤动处理，初步理解"自顶而下"的设计方法，掌握利用算法流程图进行控制器设计的方法，为后面的综合性实验积累知识。

实验 5　常用组合电路模块的设计和应用

一、实验目的

(1) 掌握用 Verilog HDL 描述数据选择器、加法器和比较器等电路模块。

(2) 了解"自顶而下"的数字设计方法，掌握系统层次结构的设计。

(3) 掌握模块调用的方法，掌握参数定义和参数传递的方法。

(4) 掌握 ModelSim 功能仿真的工作流程，进一步了解 Vivado 的工作流程。

(5) 认识到文件管理的重要性。

二、实验任务

(1) 设计两数之差的绝对值电路：电路输入 aIn、bIn 为 4 位无符号二进制数，电路输出 out 为两数之差的绝对值，即 out=|aIn–bIn|。要求用多层次结构设计电路，即调用数据选择器、加法器和比较器等基本模块来设计电路。

(2) 设计模式比较器 (Mode-Dependent Comparator) 电路：电路的输入为两个 8 位无符号二进制数 a、b 和一个模式控制信号 m；电路的输出为 8 位无符号二进制数 y。当 m=0 时，y=MAX(a,b)；而当 m=1 时，则 y=MIN(a,b)。要求用多层次结构设计电路，即调用数据选择器和比较器等基本模块来设计电路。

三、实验原理

1. 电路的总体设计

(1) 两数之差的绝对值电路的总体设计。两个无符号数之差的绝对值电路可由式(5.1)计算。另外，减法可由补码加法完成，因此式(5.1)可转为式(5.2)实现。

$$out = Max(aIn,bIn) - Min(aIn,bIn) \tag{5.1}$$

$$out = Max(aIn,bIn) + (\sim Min(aIn,bIn) + 1) \tag{5.2}$$

根据式(5.2)可画出两数之差的绝对值电路的顶层设计，如图 5.1 所示。图中，主要由三部分组成：数值比较器(comp)实现比较输入两数的大小；比较结果 agb 控制两个数据选择器，数据选择器分别选出输入两数的最大值 Max 和最小值 Min；最后由全加器组成的四位加法器实现 Max 与(–Min)的补码加法。

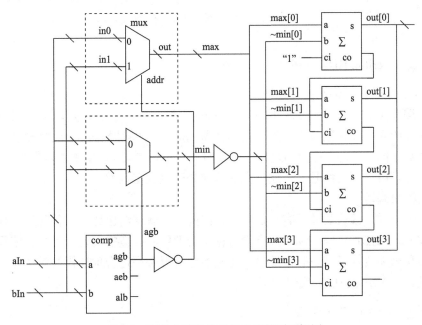

图 5.1　两数之差的绝对值电路的原理框图

(2) 模式比较器电路的顶层设计。根据实验要求可画出模式比较器电路的顶层设计，如图 5.2 所示，其中的组合电路产生数据选择的地址信号，其功能如表 5.1 所示，从功能表中可看出，addr 产生电路就是一个同或门。

表 5.1　产生 addr 组合电路的功能表

m	agb	addr	备注
0	0	1	当 m=0，且 a≤b 时，y 取大值 b
0	1	0	当 m=0，且 a>b 时，y 取大值 a
1	0	0	当 m=1，且 a≤b 时，y 取小值 a
1	1	1	当 m=1，且 a>b 时，y 取小值 b

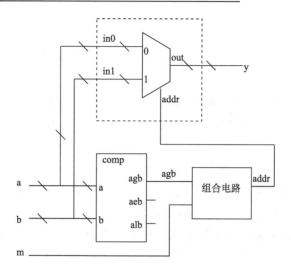

图 5.2   模式比较器的原理框图

2. 模块的 Verilog HDL 描述

1) Verilog HDL 代码编写的注意事项

读者在编写 Verilog HDL 代码时，应有良好的编程习惯，要注意模块的可读性和通用性。例如，本实验的两个设计任务均用到数据选择器(mux)和比较器(comp)两种模块，所不同的只是数据位数不同。因此，在编写这两个模块时，应设置参数 n，用来表示数据位数。这样，在不同的设计调用这两模块时，可通过参数传递来改变数据位数。

2) 顶层模块编写

对初学者来说，模块的调用有一定难度，因此，作者将给出这个实验的设计任务一的顶层设计的 Verilog HDL 代码。读者重点学习模块的调用、参数的传递；另外在编写比较器、数据选择器和全加器等子模块时，端口描述及参数设置必须符合顶层模块对子模块的要求。

顶层设计的 Verilog HDL 代码如下。

```
module abs_dif(aIn,bIn,out);
  input [3:0]  aIn, bIn;
  output[3:0]  out;
  // 比较器实例，在此实例描述中，注意空脚的连接方法
  wire agb;
  comp #(.n(4))comp_inst(.a(aIn),  .b(bIn),  .agb(agb),  .aeb(),  .alb());
  //数据选择器实例，注意addr 信号的连接及参数的传递，注意实例名。
  wire[3:0] max,min;
  mux_2to1 #(.n(4))mux1(.out(max), .in0(aIn), .in1(bIn), .addr(~agb));
  mux_2to1 #(.n(4))mux2(.out(min), .in0(aIn), .in1(bIn), .addr(agb));
  //全加器实例，注意信号组可拆开使用以及端口接常数的方法
  wire[2:0] c;
  full_adder  adder0(.a(max[0]),.b(~min[0]), .s(out[0]), .
  ci(1'b1),.co(c[0]));
```

```
full_adder  adder1(.a(max[1]),.b(~min[1]), .s(out[1]),
  .ci(c[0]),.co(c[1]));
full_adder  adder2(.a(max[2]),.b(~min[2]), .s(out[2]),
  .ci(c[1]),.co(c[2]));
full_adder  adder3(.a(max[3]),.b(~min[3]), .s(out[3]), .ci(c[2]),.co());
endmodule
```

对于设计任务二的顶层模块编写，读者在完成任务一实验后，完全理解任务一的顶层模块编写情况下，自己模仿编写。

3) 各功能模块的设计

(1) 数据选择器的设计。2 选 1 数据选择器功能表如表 5.2 所示，表中，参数 n 表示数据位数。在 Verlilog HDL 语言，用运算符 "?" 或 "if…else…" 语句描述比较方便。

表 5.2　数据选择器的功能表

addr	out[n−1:0]
0	in0[n−1:0]
1	in1[n−1:0]

为了适应顶层设计要求，数据选择器的端口描述如下。

```
module  mux_2to1(out, in0,in1, addr);
parameter  n=1; //参数表示输入、输出数据的位数
output[n-1:0]  out;
input [n-1:0]  in0,in1;
input  addr;
```

(2) 数据比较器的设计。n 位数据比较器功能表如表 5.3 所示，其中参数 n 表示数据位数。Verlilog HDL 语言用运算符 ">"、"==" 和 "<" 描述比较合适。

表 5.3　数据比较器的功能表

	agb	aeb	alb
a[n−1:0]>b[n−1:0]	1	0	0
a[n−1:0]=b[n−1:0]	0	1	0
a[n−1:0]<b[n−1:0]	0	0	1

根据顶层设计要求，比较器的端口描述如下。

```
module comp(a,b,agb,aeb,alb);
    parameter n=1;//参数表示比较器的位数
    input [n-1:0]  a, b;
    output agb;   // a大于b
    output aeb;   // a等于b
    output alb;   // a小于b
```

(3)一位全加器的设计。一位全加器有三个输入：两个加数 a、b 和低位的进位 ci。全加器两个输出端：本位和 s 及进位 co。一位全加器的真值表如表 5.4 所示。逻辑表达由如式 5.3 给出。

表 5.4 一位全加器的真值表

a	b	ci	s	co
0	0	0	0	0
0	0	1	1	0
0	1	0	1	0
0	1	1	0	1
1	0	0	1	0
1	0	1	0	1
1	1	0	0	1
1	1	1	1	1

$$\begin{cases} S_i = A_i \oplus B_i \oplus C_{i-1} \\ C_i = A_i B_i + B_i C_{i-1} + A_i C_{i-1} \end{cases} \tag{5.3}$$

Verlilog HDL 语言从真值表出发，全加器可采用 case 语句描述。若从表达式出发，全加器可采用 assign 语句赋值，也可采用门级结构描述。根据顶层设计要求，全加器的端口描述如下：

```
module  full_adder(a, b, s, ci, co);
    input  a, b, ci;
    output  s, co;
```

四、提供的代码

本实验提供各实验任务的测试代码。

(1)comp_tb.v：四位比较器测试代码。

(2)mux_2to1_tb.v：数据选择器的测试代码。

(3)full_adder_tb.v：一位全加器的测试代码。

(4)abs_dif_tb.v：两数之差的绝对值电路的测试代码。

(5)ModeComparator_tb.v：模式比较器的测试代码，使用时，如果有必要，可修改 testbench 相应的端口名、变量名及模块的实例名以适应读者自己的设计。

五、预习内容

(1)查阅相关资料，了解数据选择器、比较器和加法器等电路的原理与应用场合。

(2)复习仿真的相关知识，理解 ModelSim 功能仿真及 Vivado 的工作流程。

六、实验设备

(1)装有 Vivado、ModelSim SE 软件的计算机。

（2）Nexys Video 开发板或 Basys3 开发板。

七、实验内容

1. 任务一　两数之差的绝对值电路的设计

（1）编写一位全加器的 Verilog HDL 代码，并用 ModelSim 软件进行功能仿真。
（2）编写 n 位二选一数据选择器的 Verilog HDL 代码，并用 ModelSim 软件进行功能仿真。
（3）编写 n 位比较器的 Verilog HDL 代码，并用 ModelSim 软件进行功能仿真。
（4）对两数之差的绝对值电路进行功能仿真。
（5）建立 Vivado 工程文件，对工程进行综合、引脚约束、实现，并下载到开发实验板中对设计进行验证，注意：

①本实验在 Nexys Video 开发板和 Basys3 开发板两种开发板均可实现。因此，根据开发板选择 FPGA 芯片和管脚约束。
②本设计为组合电路，所以无需进行时序约束。
③本设计的引脚约束内容如表 5.5 所示。

表 5.5　引脚约束内容

I/O 名称	I/O	引脚编号 （Nexys Video）	引脚编号 （Basys3）	接口类型	说明
aIn[0]	Input	E22	V17	LVCMOS33	逻辑开关 SW3～SW0
aIn[1]		F21	V16	LVCMOS33	
aIn[2]		G21	W16	LVCMOS33	
aIn[3]		G22	W17	LVCMOS33	
bIn[0]	Input	H17	W15	LVCMOS33	逻辑开关 SW7～SW4
bIn[1]		J16	V15	LVCMOS33	
bIn[2]		K13	W14	LVCMOS33	
bIn[3]		M17	W13	LVCMOS33	
out[0]	Output	T14	U16	LVCMOS33	LED 指示灯： LED3～LED0
out[1]		T15	E19	LVCMOS33	
out[2]		T16	U19	LVCMOS33	
out[3]		U16	V19	LVCMOS33	

2. 任务二　模式比较器

编写模式比较器的 Verilog HDL 代码，并用 ModelSim 软件进行功能仿真。

八、实验报告要求

（1）写出设计原理、列出 Verilog HDL 代码并对设计作适当说明。
（2）记录 ModelSim 仿真波形，并对仿真波形作适当解释，分析是否符合预期功能。
（3）记录实验结果，分析设计是否正确。

(4)记录实验中碰到的问题和解决方法。

九、思考题

(1)求两数之差的绝对值电路，若输入为有符号数(补码)，该怎样设计？请画出原理框图并作简要说明。

(2)能否用加法器实现比较器，若能，请画出原理框图。

(3)调用模块时怎样进行参数传递？若模块有多个参数，模块实例的格式如何？

实验 6　浮点数加法器的设计

一、实验目的

(1)掌握用 Verilog HDL 描述数据选择器、加法器、比较器和移位器等电路模块。

(2)了解"自顶而下"的数字设计方法，掌握电路层次结构的设计。

(3)掌握模块调用的方法，掌握参数定义和参数传递的方法。

(4)掌握 ModelSim 功能仿真的工作流程，进一步了解 Vivado 的工作流程。

(5)认识到文件管理的重要性。

二、浮点数的基本概念

8 位 μ-律浮点数 f 由两个数 M 和 E 来表示：$f = M \times 2^E$，其中 M 为 5 位尾数，即 $M = m_4m_3m_2m_1m_0$；E 为 3 位阶码(也称为指数)，$E = e_2e_1e_0$。E 处于高 3 位，M 处于低 5 位，即浮点数 f 用 $e_2e_1e_0m_4m_3m_2m_1m_0$ 来表示。本实验假设 M、E 均为无符号数，所以 f 可近似表示 $0 \sim 3968(31 \times 2^7)$ 范围的数字。

浮点数表示数字的最大误差为 2^E。规格化的浮点数要求阶码 E 尽可能小，目的就是减小误差。例如，十进制数 40 可表示为($E = 2$，$M = 10$)和($E = 1$，$M = 20$)，显然后者为规格化的浮点数。

三、实验任务

用 Verilog HDL 设计并实现 8 位 μ-律浮点数的加法。本实验有两个假设：

(1)尾数 M 和阶数 E 均为无符号数；

(2)两个输入加数 aIn、bIn 均为规格化浮点数。

四、实验原理

1. 浮点数加法运算规则

设有两个浮点数 a 和 b，分别为 $a = 2^{Ea} \times Ma$、$b = 2^{Eb} \times Mb$，则

$$\begin{cases} a + b = (Ma \times 2^{Ea-Eb} + Mb) \times 2^{Eb}, & Ea < Eb \\ a + b = (Ma + Mb \times 2^{Eb-Ea}) \times 2^{Ea}, & Ea > Eb \end{cases} \tag{5.4}$$

其中，Ea、Eb 分别为 a、b 的阶码；Ma、Mb 分别为 a、b 的尾数。

完成浮点加法运算的操作过程大体分为三步：① 比较阶码大小并完成对阶；② 尾数进行相加；③ 结果规格化并进行舍入处理。

1）对阶

两浮点数进行加法，首先要看两数的阶码是否相同，即小数点位置是否对齐。若两数阶码相同，就可以直接进行尾数的相加运算。反之，若两数阶码不同，则必须先使两数的阶码相同，这个过程称为对阶。

若 Ea≠Eb，则要通过尾数的移位来改变 Ea 或 Eb，使之相等。由于浮点表示的数大多是规格化浮点数，因此尾数左移会引起最高有效位的丢失，造成很大误差；而尾数右移虽引起最低有效位的丢失，但造成的误差较小。因此，在对阶时，对阶操作总是使小阶向大阶看齐，即小阶的尾数向右移位，每右移一位，其阶码加 1，直到两数的阶码相等，右移的位数等于阶差ΔE。

2）尾数求和

对阶完毕后就可对尾数求和。

3）规格化

由于本实验假设 M、E 均为无符号数，且两个输入加数均为规格化浮点数，因此规格化非常简单：当尾数求和的结果产生进位，即尾数之和大于 M 表示范围时，需要向右规格化，即尾数右移 1 位，阶码加 1；没有产生进位则不需要规格化。

4）舍入

在对阶或向右规格化时，尾数要向右移位，这样，被右移的尾数的低位部分会被丢掉，从而造成一定误差，因此要进行舍入处理。

常用的舍入方法有两种：一种是"0 舍 1 入"法，即如果右移时被丢掉数位的最高位为 0 则舍去，为 1 则将尾数的末位加 1；另一种是"只舍不入"法，只要数位被移掉即可。本实验采用"只舍不入"法。

5）溢出处理

浮点数加法的溢出表现为其阶码的溢出：若阶码正常，则运算正常结束；若阶码溢出，则要进行相应的溢出处理，设置溢出标志。

2. 浮点数加法的原理框图

根据浮点数加法运算规则可得图 5.3 所示的原理框图，由对阶、尾数求和、规格化三部分组成。阶码逻辑（Exp Logic）对两个加数的阶码进行比较，并输出比较结果 agb（ae>be 时为 1，否则为 0）、大的阶码 ge，并且求出两数的阶差 de。数据选择逻辑（MUX）选出小阶码的尾数（lm）并送入移位器（Shift）完成对阶，右移位数由阶差 de 决定。同时 MUX 选出的大阶码的尾数（gm）直接送入尾数求和加法器。当尾数求和产生进位，即 co=1 时，尾数规格化中的移位器右移一位，否则不需移位，也可理解为移 0 位。规格化中移位器结果的低 5 位为和的尾数。另外，还需要对和的阶码进行规格化，方法很简单：只需将大的阶码 ge 与尾数加法器的进位 co 相加即可。

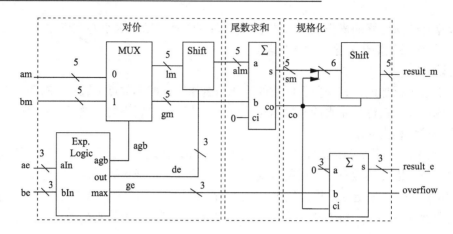

图 5.3　浮点数加法原理框图

读者可能已经注意到,图 5.3 中的 Exp Logic 功能模块为实验 5 介绍的求两数差之绝对值电路,两者差别只是位数不同。为了更好地达到实验目的,对这部分电路略作改动,如图 5.4 所示,即在这里采用 3 位加法器。

max_min 的逻辑功能:当 agb=1,即 aIn 为大阶码时,则 gm、lm 输出分别为 am、bm;反之 agb=0,即 aIn 为小阶码时,则 gm、lm 输出分别 bm、am。可用两个 2 选 1 数据选择器实现。

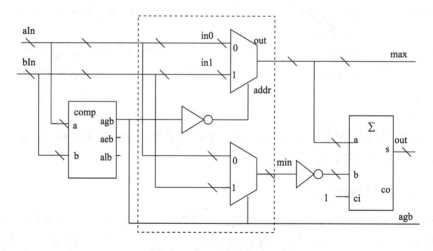

图 5.4　阶码逻辑原理框图

3. 模块编写注意事项

(1)从上面原理框图可看出,浮点数加法用两种数据选择器(mux2to1),两种数据选择器均为 2 选 1,只是数据位数不同。因此,在数据选择器编写模块时,应设置参数 n,用来表示数据位数。这样,调用数据选择器模块时,可通过参数传递来改变数据位数。

(2)同样,浮点数加法用两种加法器:3 位加法器与 5 位加法器,因此在编写这加法器模块时,应设置参数 n,用来表示数据位数。

(3)原理框图中，数据选择逻辑只调用了两个数据选择器，所以没必要单独设计成模块。

4. 顶层模块编写

对初学者来说，模块的调用有一定难度，因此，作者将给出这个实验的顶层设计的 Verilog HDL 代码。读者重点学习模块的调用、参数的传递；另外在编写比较器、数据选择器和全加器等子模块时，端口描述及参数设置必须符合顶层模块对子模块的要求。顶层设计的 Verilog HDL 代码如下。

```verilog
module FloatAdder(aIn,bIn,result,overflow);
    input[7:0] aIn,bIn;
    output[7:0] result;
    output  overflow;
    //中间变量
    wire[2:0] ae=aIn[7:5];
    wire[2:0] be=bIn[7:5];
    wire[4:0] am=aIn[4:0];
    wire[4:0] bm=bIn[4:0];
    wire[4:0] lm,gm,alm,sm,result_m;
    wire[2:0] ge,de,result_e;
    wire agb,mco;
  ////////////////////////////////----对阶---- ////////////////////////////
    //MUX功能模块
    mux_2to1#(.n(5))mux_lm(.out(gm), .in0(aIn), .in1(bIn), .addr(~agb));
    mux_2to1#(.n(5))mux_gm(.out(lm), .in0(aIn), .in1(bIn), .addr(agb));
    //阶码逻辑
    ExpLogic ExpLogic_inst( .aIn(ae), .bIn(be), .out(de),.max(ge),.agb(agb));
    //移位
    assign alm=lm>>de ;
  ////////////////////////////-----尾数求和-----////////////////////////////
  fulladder_n #(.n(5))adder_sm( .a(alm),.b(gm),.s(sm),.ci(0),   .co(mco));
  ////////////////////////////-----规格化 -----////////////////////////////
    //阶码规格化
  fulladder_n #(.n(3))adder_result(
  .a(0),
  .b(ge),
  .s(result_e),
  .ci(mco),
  .co(overflow));
  //尾数规格化，移位
    assign result_m={mco,sm}>>mco ;
    //输出合成
  assign result={result_e,result_m};
endmodule
```

移位器比较简单，可直接写在顶层设计中。

5. 各功能模块编写

数据选择器、数据比较器的设计已在实验 5 中介绍，不再赘述。而 n 位加法器可由 n 个一位加法器串行级联而成，代码设计可参考第 2 章的例 2-11。

五、提供的文件

sim 文件夹中，提供实验所用到各种模块的测试文件。

六、预习内容

查阅浮点数的相关知识，了解浮点数基本概念和运算规则。

七、实验设备

（1）装有 Vivado、ModelSim SE 软件的计算机。
（2）Basys3 开发板。

八、实验内容

（1）设计 n 位二选一数据选择器的 Verilog HDL 代码及其测试代码，并用 ModelSim 软件进行功能仿真。

（2）设计 n 位比较器的 Verilog HDL 代码，并用 ModelSim 软件进行功能仿真。

（3）设计 n 位加法器的 Verilog HDL 代码，并用 ModelSim 软件进行功能仿真。

（4）设计子模块阶码逻辑（Exp Logic）的顶层文件，并用 ModelSim 软件进行功能仿真。

（5）编写浮点数加法的顶层文件并用 ModelSim 仿真，根据表 5.6 验证设计结果。

表 5.6　浮点数加法验证表

aIn	100_10101	111_10000	111_11110	010_10101	101_11001	001_11110
bIn	001_10011	001_10000	110_11000	100_11011	101_11100	011_11101
result	100_10111	111_10000	000_10101	101_10000	110_11010	100_10010
overflow	0	0	1	0	0	0

（6）建立 Vivado 工程文件，对工程进行综合、引脚约束、实现，并下载到 Basys3 开发实验板中，根据表 5.6 对设计进行验证，注意：

①本设计为组合电路，所以无需进行时序约束。

②本设计的引脚约束内容参考附录 A，分别将输入信号 aIn[7:0]和 bIn[7:0]约束至逻辑开关 SW15～SW0，而将输出信号 overflow 和 result[7:0]约束至 LED8～LED0 指示灯。

九、实验报告要求

（1）写出设计原理、列出 Verilog HDL 代码并对设计作适当说明。

（2）记录 ModelSim 仿真波形，并对仿真波形作适当解释，分析是否符合预期功能。

（3）记录实验结果，分析设计是否正确。

(4)记录实验中碰到的问题和解决方法。

十、思考题

如果实验的两个假设条件不存在,即尾数 M 和阶数 E 均为有符号补码,图 5.4 浮点数加法原理框图应作如何改动?

实验 7 常用时序电路模块的设计和应用

一、实验目的

(1)掌握用 Verilog HDL 描述触发器、计数器/分频器和定时器的等电路模块。
(2)掌握模块调用的方法,掌握参数定义和参数传递的方法。
(3)进一步理解电路层次结构的设计。
(4)初步了解具有大分频比的分频器模块的电路仿真。

二、实验任务

设计一个 12s 定时器电路,设计要求:

(1)设置两个 LED 指示灯 LED1 和 LED0,LED1 用于表示控制输出,而 LED0 表示定时结束时的报警指示灯。

(2)电路还有一个“复位” 按钮 reset,复位后,LED1 和 LED0 处于熄灭状态,定时器处于初始状态。

(3)设置一个“启动” 按钮开关 start。当按下开关 start,LED1 指示灯点亮, LED0 指示灯熄灭,定时开始。当 12s 定时时间结束时,LED1 指示灯熄灭,LED0 指示灯以每秒 5 次速度闪烁。

由于按钮为异步输入,因此准确定时 12s 很困难,所以,本实验的定时时间允许在 11~12s。

(4)开发板输入时钟频率为 100MHz。

三、实验原理

1. 定时器电路的原理框图

由于本实验主要用来学习时序基本模块的 Verilog 代码设计,因此,设计时尽量多采用时序电路的基本单元。基于此目的,可画出如图 5.5 所示的定时器组成框图。

分频器 I 对系统时钟 clk 进行 10^7 分频,产生频率为 10Hz 的脉冲 pulse10Hz,该脉冲用于报警闪烁电路;分频器 II 再对 pulse10Hz 信号进行 10 分频,产生为 1Hz 的脉冲 pulse1Hz 用作定时计数器的基准。

复位 reset 按下,定时计数器、触发器 ff1 清零,TimeEn 低电平使 LED1 熄灭,同时保证定时器处于 0 状态。另外,reset 将触发器 ff2 置 1,clr 高电平将触发器 ff2 清零并熄灭 LED0。这样,电路处于复位状态。

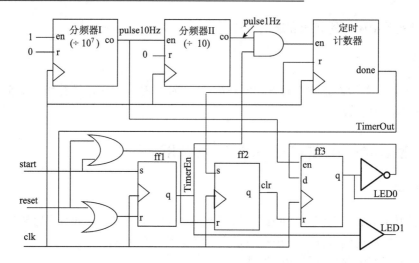

图 5.5 12s 定时器的顶层设计

启动 start 按下，触发器 ff1 置 1 点亮 LED1，同时启动定时计数器计时。定时结束标志 TimerOut 将触发器 ff1、ff2 清零，TimeEn 低电平熄灭 LED1，而 clr 低电平使闪烁电路 ff3 工作。

下面给出电路顶层的 Verilog HDL 代码，注意，设置常数 sim 的目的是便于仿真，由于电路具有大分频比的分频器模块，实时仿真基本不可能，也没必要。当 sim=1 时，将分频器 I 的分频比设为 2，这样大大减少了仿真时间，另外，默认 sim=0 不影响电路综合和实现。

```
module TimerTop(clk, reset, start, LED1, LED0);
    input clk, reset, start;
    output LED1, LED0;
    parameter sim=1'b0;
    //中间变量
    wire pulse10Hz,pulse1Hz;
    wire TimerEn,TimerOut;
    wire clr;
    //输出
    assign LED1=TimerEn ;
    //分频器实例
    counter_n #(.n(sim?2:10**7),.counter_bits(sim?1:24))DivI(
            .clk(clk), .r(0),.en(1'b1), .co(pulse10Hz),.q());
    counter_n #(.n(10),.counter_bits(4))DivII(
            .clk(clk), .r(0), .en(pulse10Hz), .co(pulse1Hz),.q());
    //定时计数器实例
    timer #(.n(12),.counter_bits(4))TimerInst(
    .clk(clk), . r(reset || start), .en(pulse1Hz && TimerEn), .done(TimerOut));
    //RS触发器实例
    rsff  ff1(.clk(clk),.r(reset || TimerOut), .s(start), .q(TimerEn));
    rsff  ff2(.clk(clk),.r(TimerOut), .s(reset || start), .q(clr));
    //D触发器实例
```

```
        dffre #(.n(1))ff3(.d(~LED0),.en(pulse10Hz),.r(clr),.clk(clk),.q(LED0));
endmodule
```

2. 触发器设计

时钟 RS 触发器较为简单，这里主要介绍 D 触发器。由于后面的实验经常会用到 D 触发器或 D 型寄存器，因此，这里要求引入常数 n 用来表示 D 型寄存器的位数，当 n 取 1 时为 D 触发器。符合图 5.5 所示的 D 触发器的功能表如表 5.7 所示。

表 5.7　带同步清零和使能的 D 触发器的功能表

r	en	clk	q*	功能
1	×		q*=0	同步清零
0	1	↑	q*=d	置数
	0		q*=q	状态保持

3. 计数器/分频器的设计要求

分频器实质上就是计数器，n 分频为模 n 计数器，计数器的进位信号为分频器输出。考虑分频器的通用性，因此设计引入计数器位数 counter_bits 和分频比 n 两个常数。表 5.8 为分频器的功能表。

注意表 5.8 中的模运算(mod)只是表示功能，并不是运算符。

表 5.8　分频器的功能表

r	en	clk	q*	功能
1	×		q* =0	
0	0	↑	q* =q	状态保持
0	1		q*=(q+1)mod n	模 n 计数
输出进位：co=en&&(q==n-1)				

同步计数器/分频器的设计和应用有几点值得注意。

(1)同步计数器/分频器为 Mealy 型电路，进位输出 co 为组合输出，一般用 assign 语句赋值，不能放在 always @(posedge clk) 内赋值。

(2)co 的宽度为一个 clk 时钟周期，且进位输出 co 与 en 有关。因此，使用时应保证输入脉冲 en 宽度为一个 clk 时钟周期。

(3)计数器/分频器可理解为对输入脉冲 en 进行计数，若对 clk 进行计数，只需将 en 接高电平。

4. 定时计数器的设计要求

定时计数器，经常简称定时器，与普通计数器的相比，定时器需一个启动信号，大多情况下，启动信号用来清零定时计数器。但也有部分定时器必须采用减法计数器，这样，启动信号就作为定时计数器预置数控制信号。

考虑定时计数器的通用性,因此设计引入计数器位数counter_bits和定时时间n两个常数。表5.9为符合设计要求的定时器功能表。

表5.9　定时器的功能表

r (start)	en	clk	q*	功能
1	×		q*=0	状态清零
0	1	↑	q*=(q+1)	计数
0	0		q*=q	状态保持
定时结束标志:done=en &&(q==n–1)				

定时器的设计和应用有两点值得注意。

定时基准有时钟clk和输入en两种情况,当用时钟clk作为定时基准时,en始终高电平,n值由式(5.5)求得。

$$n = \frac{T_0}{T_{clk}} \tag{5.5}$$

式中,T_0为定时时间;T_{clk}为时钟clk周期。

若用输入en作为定时基准时,要求输入脉冲en的宽度为一个时钟clk周,n值由式(5.6)求得。

$$n = \frac{T_0}{T_{en}} \tag{5.6}$$

式中,T_0为定时时间;T_{en}为脉冲en周期。

从表5.9可看出,当定时时间结束时,即计数器计时到$n-1$时,只需给出结束标志即可,没必要关心后续状态,也就是说,定时结束后,计数器状态不必清零。

注意,大部分定时器具有这种特性,可能极少应用场合需定时时间结束后,状态需自动清零。

四、提供的代码

本实验提供各实验任务的测试代码。

(1) rs_tb:　RS触发器模块的测试代码。

(2) dffre_tb.v:　D触发器模块的测试代码。

(3) counter_n_tb.v:　分频器模块测试代码。

(4) timer_tb.v:　定时计数器模块的测试代码。

(5) TimerTop_tb.v:　顶层模块的测试代码。

五、预习内容

(1) 查阅相关资料,了解计数器、分频器和定时器等电路的原理,理解三者差别。

(2) 复习仿真的相关知识,理解ModelSim功能仿真及Vivado的工作流程。

六、实验设备

(1) 装有 Vivado、ModelSim SE 软件的计算机。

(2) Nexys Video 开发板或 Basys3 开发板。

七、实验内容

(1) 编写一位时钟 RS 触发器的 Verilog HDL 代码，并用 ModelSim 软件进行功能仿真。

(2) 编写 n 位 D 型寄存器的 Verilog HDL 代码，并用 ModelSim 软件进行功能仿真。注意，n 为参数，表示寄存器的位数。

(3) 编写分频器的 Verilog HDL 代码，并用 ModelSim 软件进行功能仿真。注意，该模块需两个参数 counter_bits 和 n，counter_bits 为计数器的位数，而 n 为分频比。

(4) 编写定时器的 Verilog HDL 代码，并用 ModelSim 软件进行功能仿真。注意，该模块需两个参数 counter_bits 和 n，counter_bits 为计数器的位数，而 n 为定时时间。

(5) 对 12s 定时电路的顶层模块行功能仿真。

(6) 建立 Vivado 工程，对工程进行综合、时序约束和引脚约束、实现，并下载到开发实验板中对设计进行验证，本设计的引脚约束内容如表 5.10 所示。

注意：本实验在 Nexys Video 开发板和 Basys3 开发板两种开发板均可实现。因此，根据开发板选择 FPGA 芯片和管脚约束。

表 5.10　引脚约束内容

I/O 名称	I/O	引脚编号(Nexys Video)	引脚编号(Basys3)	接口类型	说明
clk		R4	W5	LVCMOS33	主时钟 100MHz
reset	Input	B22	U18	LVCMOS33	开发板上的中间按钮
start		D14	T17	LVCMOS33	开发板上的右边按钮
LED1	T14	T15	E19	LVCMOS33	开发板上的 LED1 指示灯
LED0		T14	U16	LVCMOS33	开发板上的 LED0 指示灯

八、实验报告要求

(1) 写出设计原理、列出 Verilog HDL 代码并对设计作适当说明。

(2) 记录 ModelSim 仿真波形，并对仿真波形作适当解释，分析是否符合预期功能。

(3) 记录实验结果，分析设计是否正确。

(4) 记录实验中碰到的问题和解决方法。

九、思考题

(1) 简述计数器、分频器和定时计数器主要区别？

(2) 在计数器/分频器，若 $n=2^k$，k 为大于等于 2 的整数，怎样简化设计？

实验 8　快速加法器的设计

一、实验目的

(1)掌握快速加法器的设计方法。

(2)熟悉流水线技术。

(3)掌握时序仿真的工作流程。

二、实验任务

(1)采用"进位选择加法"技术设计 32 位加法器，并对设计进行功能仿真和时序仿真。

(2)采用四级流水线技术设计 32 位加法器，并对设计进行功能仿真和时序仿真。

三、实验原理

1. 四位先行进位加法器的设计

两个加数分别为 $A_3A_2A_1A_0$ 和 $B_3B_2B_1B_0$，C_{-1} 为最低位进位。设两个辅助变量分别为 $G_3G_2G_1G_0$ 和 $P_3P_2P_1P_0$：$G_i = A_i \& B_i$、$P_i = A_i + B_i$。

一位全加器的逻辑表达式可转化为

$$\begin{cases} S_i = P_i\overline{G_i} \oplus C_{i-1} \\ C_i = G_i + P_iC_{i-1} \end{cases} \tag{5.7}$$

利用上述关系，一个四位加法器的进位计算就变转化为

$$\begin{cases} C_0 = G_0 + P_0C_{-1} \\ C_1 = G_1 + P_1C_0 = G_1 + P_1G_0 + P_1P_0C_{-1} \\ C_2 = G_2 + P_2C_1 = G_2 + P_2G_1 + P_2P_1G_0 + P_2P_1P_0C_{-1} \\ C_3 = G_3 + P_3C_2 = G_3 + P_3G_2 + P_3P_2G_1 + P_3P_2P_1G_0 + P_3P_2P_1P_0C_{-1} \end{cases} \tag{5.8}$$

由式(5.8)可以看出，每一个进位的计算都直接依赖于整个加法器的最初输入，而不需要等待相邻低位的进位传递。理论上，每一个进位的计算都只需要三个门延迟时间，即产生 $G[i]$、$P[i]$ 的与门和或门，输入为 $G[i]$、$P[i]$、C_{-1} 的与门，以及最终的或门。同样道理，理论上最终结果 sum 的得到只需要四个门延迟时间。

实际上，当加数位数较大时，输入需要驱动的门数较多，其 VLSI 实现的输出时延增加很多，考虑到互连线的延时情况将会更加糟糕。因此，通常在芯片实现时先设计位数较少的超前进位加法器结构，而后以此为基本结构来构造位数较大的加法器。

2. 进位选择加法器结构

实际上，由超前进位加法器级联构成的多位加法器只是提高了进位传递的速度，其计算过程与行波进位加法器同样需要等待进位传递的完成。

借鉴并行计算的思想，人们提出了进位选择加法器结构，或者称为有条件的加法器结构 (conditional sum adder)，其算法的实质是增加硬件面积换取速度性能的提高。二进制加法的

特点是进位或者为逻辑 1，或者为逻辑 0，二者必居其一。将进位链较长的加法器分为 M 块分别进行加法计算，对除去最低位计算块外的 $M-1$ 块加法结构复制两份，其进位输入分别预定为逻辑 1 和逻辑 0。于是，M 块加法器可以同时并行进行各自的加法运算，然后根据各自相邻低位加法运算结果产生的进位输出，选择正确的加法结果输出。图 5.6 所示为 12 位进位选择加法器的逻辑结构图。12 位加法器划分为 3 块，最低一块（4 位）由 4 位超前进位加法器直接构成，后两块分别假设前一块的进位为 0 或 1 将两种结果都计算出来，再根据前级进位选择正确的和与进位。如果每一块加法结构内部都采用速度较快的超前进位加法器结构，那么进位选择加法器的计算时延为

$$t_{CSA} = t_{carry} + (M-2)t_{MUX} + t_{sum} \tag{5.9}$$

其中，t_{sum}、t_{carry} 分别为加法器的和与加法器的进位时延；t_{MUX} 为数据选择器的时延。

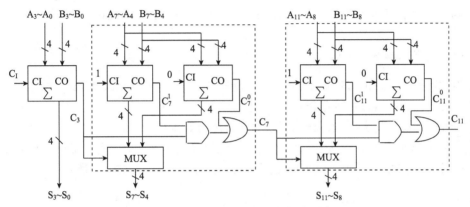

图 5.6　12 位进位选择加法器原理图

3．流水线加法的设计

在数字系统中，如果完成某些复杂逻辑功能需要较长的时延，就会使系统很难运行在较高的工作频率上。流水线设计（pipeline design）是经常用于提高系统运行速度的一种有效方法，即在长时延的逻辑功能块中插入触发器，将复杂的逻辑操作分步进行，减少每个部分的操作，从而提高系统的运行速度。

图 5.7 所示为采用 4 级流水线技术的 32 位加法器的原理框图，采用了 5 级锁存、4 级 8 位加法，整个加法只受 8 位加法器工作速度的限制，从而提高了整个加法器的工作速度。

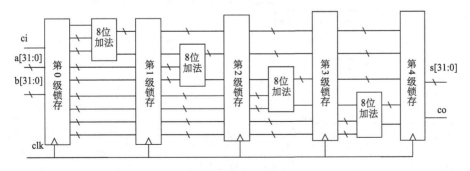

图 5.7　采用 4 级流水线技术的 32 位加法器的原理框图

四、实验设备

装有 Vivado、ModelSim SE 软件的计算机。

五、提供的代码

(1) 4 位加法器测试代码 adder_4bits_tb.v。
(2) 32 位进位选择加法器测试代码 adder_32bits_tb.v。
(3) 32 位流水线加法器测试代码 pipeline_adder_tb.v。

六、实验内容

1. 编写 4 位先行进位加法器的 Verilog HDL 代码，并用 ModelSim 软件进行功能仿真

2. 32 位进位选择加法器的设计

(1) 编写用 32 位进位选择加法器的 Verilog HDL 代码，并用 ModelSim 软件进行功能。
(2) 对 32 位加法器进行时序仿真。

时序仿真需设置仿真环境，详见附录 D。时序仿真步骤如下。

① 建立 Vivado 工程，除了加入设计文件，还需加入仿真测试文件 adder_32bits_tb.v，同时设置测试文件 adder_32bits_tb.v 的属性为 Simulation only，如图 5.8 所示。

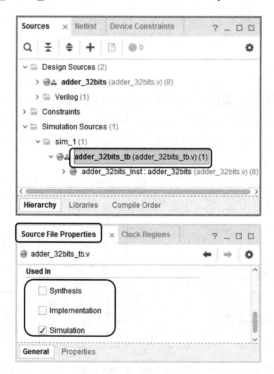

图 5.8　设置文件属性

②对 32 位进位选择加法器进行综合、实现，注意本例不需约束。

③在工程界面的 Flow Navigator 窗口中，右击 SIMULATION 在弹出的快捷菜单中选择 Simulation Setting…命令，然后在图 5.9 所示的对话框中，选择仿真器：ModelSim Simulator；选择仿真测试文件；并指定仿真库存储路径(仿真库存储路径与你的计算机有关，本例作者存在 D:\modeltech64_10.4\xilinx_lib 文件下)；最后，单击 OK 按钮。

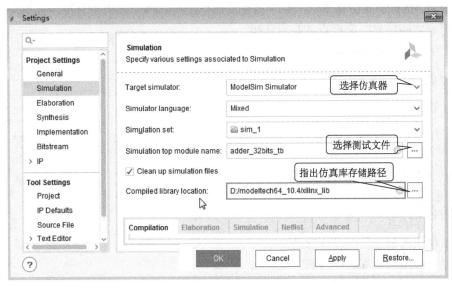

图 5.9 仿真设置

④在工程界面的 Flow Navigator 窗口中，单击 SIMULATION⇨Run Simulation 选项，在随后弹出的快捷菜单中选择 Run Post-Implementation Timing Simulation 命令，启动时序仿真，如图 5.10 所示。Vivado 软件会自动启动 ModelSim 软件并进行仿真。仿真结果如图 5.11 所示，从波形图可看出信号的时延。

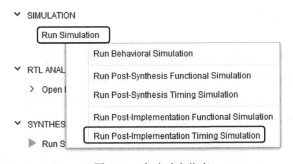

图 5.10 启动时序仿真

图 5.11 时序仿真结果

3. 编写采用 4 级流水线技术的 32 位加法器的 Verilog HDL 代码，并对设计进行时序仿真

七、实验报告要求

(1) 写出设计原理、列出 Verilog HDL 代码并对设计作适当说明。

(2) 记录 ModelSim 仿真波形，并对仿真波形作适当解释，分析是否符合预期功能。

(3) 记录实验结果，分析设计是否正确。

(4) 记录实验中碰到的问题和解决方法。

八、思考题

(1) 为什么要进行时序仿真？

(2) 采用流水线技术有什么优缺点？

实验 9　快速乘法器的设计

一、实验目的

(1) 掌握快速乘法器的设计方法。

(2) 进一步熟悉掌握时序仿真方法。

二、相关知识—补码的算术运算

1. 补码加法

(1) 补码加法运算法则如下。

① 参加运算操作的两个加数都用补码表示，运算结果为补码。

② 数据的符号位与数据一样参与加法运算。

③ 加法的进位应该丢弃。

(2) 溢出判断。

在运算过程中，会存在运算结果超出了数的表示范围，这种现象称为溢出。若运算结果为正，则当绝对值超过表示范围时，称为正溢；若运算结果为负，则当绝对值超过表示范围时，称为负溢。判断溢出常用的方法之一是采用双符号位进行运算。

若 $A_{n-1} A_{n-2} \cdots A_0$ 为数据 A 的 n 位补码，其中 A_{n-1} 为符号位，那么只需在符号位前加一位符号位就可将数据 A 变换为 $n+1$ 位补码，即 $A_{n-1} A_{n-1} A_{n-2} \cdots A_0$ 就是数据 A 的 $n+1$ 位补码。

若两个加数 A、B 为 n 位补码，一般采用双符号位加法，所得的和为 $n+1$ 位补码。如果系统中容许 $n+1$ 位和，那么就没有溢出问题；若系统中只允许 n 位和，那么就需要给出溢出标志。可根据最高两位符号位判断是否溢出，方法如下。

① 运算结果的两个符号位相同时，表示没有溢出。

② 运算结果的两个符号位相异时，表示溢出。最高两位符号位为 01 表示正溢，最高两位符号位为 10 表示负溢。

③ 运算结果不论溢出与否，第一符号位总是表示结果的正负符号。

2. 补码的符号扩展

要将 n 位二进制补码 $A_{n-1}A_{n-1}A_{n-2}\cdots A_0$ 扩展成为 $(n+k)$ 位补二进制码而保持其值不变。方法很简单，在补码前加 k 位符号即可。

三、设计任务

用 Verilog HDL 设计 16 位 Booth 补码乘法器，要求：

(1)输入被乘数 a、乘数 b 均为 16 位二进制补码，要求输出乘积 p 也用 32 位二进制补码表示。

(2)本设计主要考虑工作速度，不必考虑芯片资源的耗用。

(3)并对设计进行功能仿真和时序仿真。

四、实验原理

1. 乘法器基本实现方法

乘法器的"移位加"算法是模拟笔算的一种比较简单的算法。A 与 B 相乘过程如第 2 章图 2.12 所示，二进制数乘法的实质就是部分积的移位和相加。

最基本最直观的乘法器结构如图 5.12 所示，由简单的全加器(FA)和与门构成。研究图 5.12 所示电路的时延，最坏的情况为图中粗线所示的关键路径，所以乘法器的速度主要取决于此关键路径。

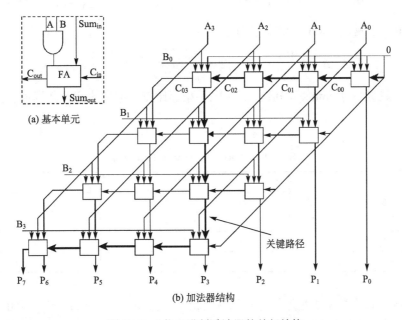

图 5.12　4 位二进制乘法器的并行结构

分析乘法器的运算过程可以分解为部分积的产生和部分积的相加两个步骤。部分积的产生非常简单，实现速度较快；而部分积相加的过程是多个二进制数相加的加法问题，实现速度通常较慢。以 0.18μm CMOS 工艺标准单元实现的 8 位 ×8 位乘法器为例，部分积的产生过程只占 5%的时延，而 8 个部分积的逐步累加过程占据 95%的时延。由此可以看出，解决乘法器速度问题需要分别从以下两个方面入手：减少部分积的个数；提高部分积相加运算的速度，也即提高加法器的运算速度。

2. Booth 算法

从上述分析可以知道，乘法运算的时延主要消耗在部分积累加的过程，因此为了提高乘法运算速度，首先考虑采用 Booth 算法以减少部分积的数目。Booth 算法有两方面的优势，其一是 Booth 算法针对的是二进制补码表示的符号数之间的乘法运算，即可以同时处理二进制正数/负数的相乘；其二是 Booth 算法乘法器可以减少乘法运算部分积的个数，提高乘法运算的速度。

下面讨论一个 M 位 $\times N$ 位乘法器基本单元的设计。设乘数 A 为 M 位有符号数补码，相应各 bit 的值为 $a_i(i=0,1,\cdots,M-2,M-1)$，用位串可表示为

$$A = a_{M-1}a_{M-2}\cdots a_2a_1a_0 \tag{5.10}$$

设被乘数 B 为 N bit 有符号数补码，相应各位的值为 $b_i(i=0,1,\cdots,N-2,N-1)$，用位串可表示为

$$B = b_{N-1}b_{N-2}\cdots b_2b_1b_0 \tag{5.11}$$

符号数 A 可表示为

$$A = a_{M-1}a_{M-2}\cdots a_2a_1a_0 = -a_{M-1}2^{M-1} + \sum_{i=0}^{M-2}(a_i \times 2^i) = \sum_{i=0}^{M-1}\left[(a_{i-1}-a_i)\times 2^i\right] \tag{5.12}$$

式中，$a_{-1}=0$。于是，$A\times B$ 可以表示为

$$A \times B = B\sum_{i=0}^{M-1}(a_{i-1}-a_i)2^i = \sum_{i=0}^{M-1}(d_i \times B \times 2^i) = \sum_{i=0}^{M-1}(P_i \times 2^i) \tag{5.13}$$

式中，d_i 为乘数 A 的 Booth 编码值，由 A 中各相邻比特的图案决定，其真值表如表 5.11 所示。

表 5.11　Booth 编码（radix-2）真值表

a_i	a_{i-1}	d_i
0	0	0
0	1	1
1	0	−1
1	1	0

基本 Booth 算法中需要相加的部分积数为 M，数目比较多。MacSoley 提出了一种改进算法，将需要相加的部分积数减少了一半，大大提高了乘法速度。改进 Booth 算法对乘数 A 中相邻 3 个比特进行编码，符号数 A 可表示为

$$A = a_{M-1}a_{M-2}\cdots a_2a_1a_0 = \sum_{i=0}^{M/2-1}\left[(a_{2i-1} + a_{2i} - 2a_{2i+1})\times 2^{2i}\right]$$

$$= \sum_{i=0}^{M/2-1}(d_i \times 2^{2i}) \tag{5.14}$$

式中，$a_{-1}=0$。于是，$A\times B$ 可以表示为

$$A\times B = \sum_{i=0}^{M/2-1}(d_i \times B \times 2^{2i}) = \sum_{i=0}^{M/2-1}(P_i \times 2^{2i}) \tag{5.15}$$

改进 Booth 算法根据用 2 的补码表示的乘数比特图案给出编码值 d_i，其真值表如表 5.12 所示。

表 5.12　改进 Booth 编码真值表

a_{2i+1}	a_{2i}	a_{2i-1}	d_i
0	0	0	0
0	0	1	1
0	1	0	1
0	1	1	2
1	0	0	−2
1	0	1	−1
1	1	0	−1
1	1	1	0

3. 16 位二进制补码乘法器

图 5.13 以列式表示改进 Booth 算法的 16 位乘法器的 8 个部分积产生方法。应用改进 Booth 算法的乘法器运算过程包括 Booth 编码、部分积产生、部分积相加这三个过程。因部分积产生采用了改进 Booth 算法，令产生的部分积个数减少到原来的一半，因此其后的部分积相加过程变得更为简单，速度更快。

对于部分积还需作三点说明。

(1) 由于编码值 d_i 达到 ±2，因此部分积有 18 位。

(2) $-B$ 算法是指将符号数 B 的各位取反(包括符号位)，然后加 1；$\pm2B$ 是指将 $\pm B$ 扩展一位，再左移一位，末位添 0。

(3) 部分积符号扩展问题。

由上面分析，各部分积的符号位所处的位置不同。由于 2 的补码运算的特殊性，Booth 乘法器中每个部分积都需要进行符号扩展，要求将需相加的部分积符号扩展到统一的最高位，才能够保证计算结果的正确性。例如，前两个部分积

```
                                        b_0
                                        b_1
                                   d_1  b_2
                                        b_3
                                   d_2  b_4
                                        b_5
                                   d_3  b_6
                                        b_7
                                   d_4  b_8
                                        b_9
                                   d_5  b_10
                                        b_11
                                   d_6  b_12
                                        b_13
                                   d_7  b_14
                                        b_15
                                     ×
P0_0                                                                     P_0
P0_1                                                                     P_1
P0_2   P1_0                                                              P_2
P0_3   P1_1                                                              P_3
P0_4   P1_2   P2_0                                                       P_4
P0_5   P1_3   P2_1                                                       P_5
P0_6   P1_4   P2_2   P3_0                                                P_6
P0_7   P1_5   P2_3   P3_1                                                P_7
P0_8   P1_6   P2_4   P3_2   P4_0                                         P_8
P0_9   P1_7   P2_5   P3_3   P4_1                                         P_9
P0_10  P1_8   P2_6   P3_4   P4_2   P5_0                                  P_10
P0_11  P1_9   P2_7   P3_5   P4_3   P5_1                                  P_11
P0_12  P1_10  P2_8   P3_6   P4_4   P5_2   P6_0                           P_12
P0_13  P1_11  P2_9   P3_7   P4_5   P5_3   P6_1                           P_13
P0_14  P1_12  P2_10  P3_8   P4_6   P5_4   P6_2   P7_0                    P_14
P0_15  P1_13  P2_11  P3_9   P4_7   P5_5   P6_3   P7_1                    P_15
P0_16  P1_14  P2_12  P3_10  P4_8   P5_6   P6_4   P7_2                    P_16
P0_17  P1_15  P2_13  P3_11  P4_9   P5_7   P6_5   P7_3                    P_17
       P1_16  P2_14  P3_12  P4_10  P5_8   P6_6   P7_4                    P_18
       P1_17  P2_15  P3_13  P4_11  P5_9   P6_7   P7_5                    P_19
              P2_16  P3_14  P4_12  P5_10  P6_8   P7_6                    P_20
              P2_17  P3_15  P4_13  P5_11  P6_9   P7_7                    P_21
                     P3_16  P4_14  P5_12  P6_10  P7_8                    P_22
                     P3_17  P4_15  P5_13  P6_11  P7_9                    P_23
                            P4_16  P5_14  P6_12  P7_10                   P_24
                            P4_17  P5_15  P6_13  P7_11                   P_25
                                   P5_16  P6_14  P7_12                   P_26
                                   P5_17  P6_15  P7_13                   P_27
                                          P6_16  P7_14                   P_28
                                          P6_17  P7_15                   P_29
                                                 P7_16                   P_30
                                                 P7_17                   P_31
                                     +
```

图 5.13　改进 Booth 算法的计算实例

P_0、P_1 相加，因为 P_1 有 20 位，所以应将部分积 P_0 扩展到 20 位(P_0、P_1 两个部分积采用 20 位相加不会溢出)。

4. Wallace 树加法

在采用改进 Booth 算法将部分积数目减少为原来的一半之后，乘法运算的主要问题就是处理多个多位二进制操作数相加的问题了。最直观的算法是将多个操作数(乘法运算中称为部分积)逐一累加，每一次的加法运算都需要等待耗时严重的进位传递的完成，总共需要完成 $n-1$ 次进位传递，计算时延巨大。考虑利用全加器 3-2 压缩(3 级加强运算转换为 2 级加强运算)的特性，将每一次全加器加法计算得到的一串进位保留作为下一次全加器加法运算的输入，依此类推，仅有最后一次多位加法运算需要完成全部的进位传递过程，因而节省了大量的计算时延。这种结构如图 5.14 所示，称为进位保留加法结构(Carry-Save Adder，CSA)。

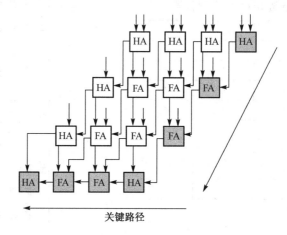

图 5.14   CSA 加法器的原理图

CSA 加法器的计算时延大部分在多个操作数的累加运算上，如 8 个数相加，需要完成 7 次加法运算。CSA 结构的优点是结构简单规范、容易扩展；缺点是延时大、速度慢，这是因为 CSA 结构中的关键路径首先要穿越所有的全加器(或者半加器)，然后再穿过最后用于计算进位传递的快速加法器。

Wallace 在 1964 年提出采用树形结构减少多个数累加次数的方法，称为 Wallace 树结构加法器。如图 5.15(b)、(c)所示，Wallace 树充分利用全加器 3-2 压缩的特性，随时将可利用的所有输入和中间结果及时并行计算，因而可以将 N 个部分积的累加次数从 $N-1$ 次减少到 $\log_2 N$ 次，大大节省了计算时延。图 5.16 所示为 CSA 结构与 Wallace 树结构的对照。全加器或者半加器都可以构成 Wallace 树结构，其结构的关键特征在于利用不规则的树形结构对所有准备好输入数据的运算及时并行处理。

Wallace 树结构一般用于设计高速乘法器，其显著优点是速度快，尤其对处理多个数相加的情况具有相当的优越性；缺点是其逻辑结构形式不规整，在 VLSI 设计中对布局布线的影响较大。另外，把 Wallace 树结构乘法器改成乘法器/累加器结构很方便，只需要将累加输入值作为一个特殊的部分积输入 Wallace 树加法器就行了。

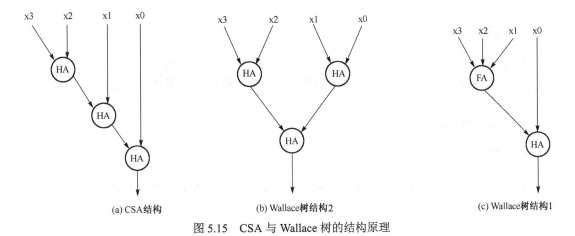

(a) CSA结构　　　　　　　　　(b) Wallace树结构2　　　　　　　　　(c) Wallace树结构1

图 5.15　CSA 与 Wallace 树的结构原理

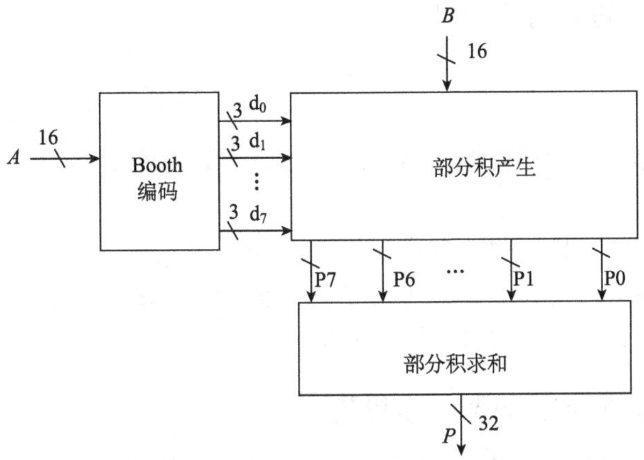

图 5.16　Booth 乘法器计算步骤

5. 16 位二进制乘法器结构框图

如图 5.16 所示，改进 Booth 乘法器的结构和运算过程可以分解为三步，。即 Booth 编码过程、部分积的产生和部分积的相加。

注意，采用 Wallace 树对 8 个部分积进行三级并行相加。另外，若采用并行加法可提高乘法速度。

五、提供的文件

src 文件夹中，提供 booth_multiplier 模块的测试文件 booth_multiplier_tb.v。

六、实验设备

装有 Vivado、ModelSim SE 软件的计算机。

七、实验内容

(1) 编写 Booth 编码乘法器的 Verilog HDL 代码并用 ModelSim 仿真，验证设计结果。

(2) 对 Booth 编码乘法器进行时序仿真。

八、实验报告要求

(1)写出设计原理、列出 Verilog HDL 代码并对设计作适当说明。

(2)记录 ModelSim 仿真波形，并对仿真波形作适当解释，分析是否符合预期功能。

(3)记录实验结果，分析设计是否正确。

(4)记录实验中碰到的问题和解决方法。

九、思考题

(1)对于二进制补码 A，怎样求相反数 $-A$？补码加法中，怎样判断运算结果是否溢出？

(2)Wallace 树有什么优点？

实验 10　学号滚动显示实验

一、实验目的

(1)掌握用译码器、显示译码器、数据选择器、计数器/分频器等功能模块 Verilog HDL 描述的。

(2)掌握数码管的动态显示驱动方式。

(3)进一步掌握参数定义和参数传递的方法，进一步理解电路层次结构的设计。

(4)掌握具有大分频比的分频器模块的电路仿真。

二、相关知识-LED 数码管动态显示原理

数码管显示一般分静态显示和动态显示两种驱动方式。静态驱动方式的主要特点是，每个数码管都有相互独立的数据线，并且所有的数码管被同时点亮；这种驱动方式的缺点是占用 I/O 口线比较多。动态驱动方式则是所有数码管共用一组数据线(a～g)，数码管轮流被点亮。图 5.17

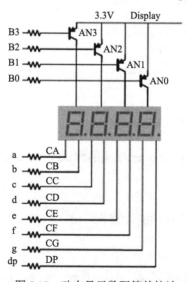

图 5.17　动态显示数码管的接法

为 Basys3 开发板的动态显示数码管的接法,四位 LED 数码显示器为共阳极数码管,由于 LED 数码管采用反相驱动,因此位选信号低电平有效。

驱动的时序要求如图 5.18 所示,B0~B3 轮流输出低电平,依次点亮四位 LED 数码管。同时,要求在相应数码管点亮时输出该位数据的七段笔画码。为了使所有数码管稳定不闪烁地显示,每个数码管必须每隔 5~16 ms 点亮一次(刷新频率 60~200 Hz)。

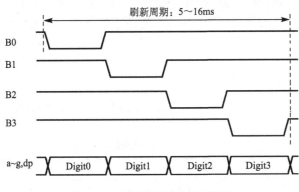

图 5.18 动态显示驱动的时序图

三、实验任务

设计滚动显示自己学号的电路,要求:

(1)在 Basys3 开发板的 LED 数码管(4 位)显示学号(10 位),向左滚动,0.5s 滚动一位。

(2)在一次学号显示完毕后,插入 3 个"空格",即相邻两次学号之间显示的三个数码管不亮。

四、实验原理

根据实验要求,可画出学号滚动显示电路的原理框图,如图 5.19 所示。由分频器、循环移位器和动态显示模块三部分组成。

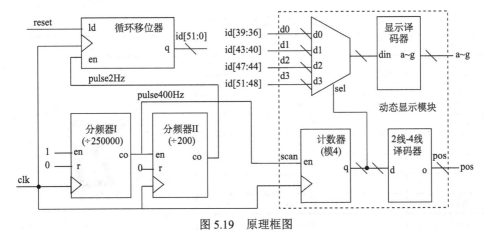

图 5.19 原理框图

1. 分频器

由于系统时钟为 100MHz，因此，先由一个分频比为 250000 分频器 I 产生用于动态显示模块的 pulse400Hz 脉冲；再经分频器 II 对 pulse400Hz 进行 200 分频，产生 2Hz 脉冲信号 pulse2Hz，该脉冲信号控制滚动速度。

注意，对于含有大分频比的分频器，仿真既困难且没必要。因此，分频器可用实验 1 提供的分频器，仿真时，通过传递参数 sim=1，使两个分频器的分频比设置 4 和 16。具体方法参考实验 1。

2. 循环移位器

循环移位器主要产生滚动显示数据，表 5.13 为其功能表，假设学号为 "9876543210"。

表 5.13 循环移位器的功能表

ld	en	clk	q*	功能
1	×		52'haaa9876543210	同步置数
0	1	↑	{ q[47:0], q[51:48]}	循环左移 4 位
	0		q	状态保持

表 5.13 中，同步置数的高三位用了三个 BCD 禁用码，即表示插入三个 "空格"。

3. 动态显示模块

图 5.19 中虚框为动态显示模块，四进制计数器状态 q 控制数据选择器依次选出当前显示的 BCD 码送入显示译码器；另外，计数器状态 q 同时表征数据显示在哪个数码管上，通过 2 线-4 线译码器输出位选信号 pos 控制对应的数码管点亮。注意，2 线-4 线译码器输出低电平有效。位选信号 pos[3:0] 从高到低对应图 5.18 的 B3、B2、B1 和 B0 信号。

七段译码器的功能表如表 5.14 所示，注意，输入禁用码时，数码管全灭。

表 5.14 显示译码器的功能表

din[3:0]	{a,b,c,d,e,f,g}	说明
0000	0000001	
0001	1001111	
0010	0010010	
0011	0000110	
0100	1001100	
0101	0100100	
0110	0100000	
0111	0001111	
1000	0000000	
1001	0000100	
禁用码	1111111	全灭

五、提供的代码

(1) display_tb.v：动态显示的测试代码。使用时，如果有必要，可修改 testbench 相应的端口名、变量名及模块的实例名以适应读者自己的设计。

(2) StudentID_tb.v：顶层模块的测试代码。

六、实验设备

(1) 装有 Vivado、ModelSim SE 软件的计算机。

(2) Basys3 开发板。

七、预习内容

查阅相关资料，了解 LED 数码显示的工作原理，理解 LED 数码管动态显示驱动方式。

八、实验内容

(1) 编写分频器的 Verilog HDL 代码及其测试代码，并用 ModelSim 软件进行功能仿真。注意，该模块需两个参数 counter_bits 和 n，counter_bits 为计数器的位数，而 n 为分频比。

(2) 编写循环移位寄存器的 Verilog HDL 代码及其测试代码。

(3) 编写动态显示模块的 Verilog HDL 代码，并用 ModelSim 软件进行功能仿真。

为了使扫描波形更加直观，在测试代码中增加了 num、num0～num3 等 5 个信号，这几个信号要求用 ASCII 编码显示，5 个信号含义如图 5.20 所示。

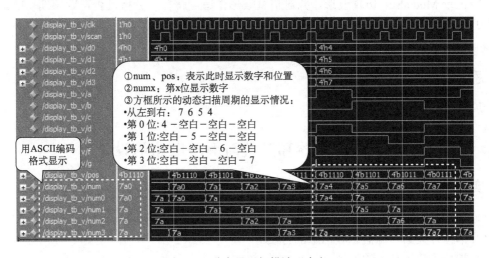

图 5.20　动态显示扫描波形含义

(4) 编写学号滚动显示电路的 top 代码，并用 ModelSim 软件进行功能仿真。

(5) 建立 Vivado 工程，对工程进行综合、时序约束和引脚约束、实现，并下载到 Basys3 开发实验板中对设计进行验证，本设计的引脚约束内容如表 5.15 所示。

表 5.15   引脚约束内容

引脚名称	I/O	引脚编号	接口类型	说明
clk	Input	W5	LVCMOS33	系统 100MHz 主时钟
reset	Input	U18	LVCMOS33	中间按钮
a	Output	W7	LVCMOS33	七段码
b	Output	W6	LVCMOS33	
c	Output	U8	LVCMOS33	
d	Output	V8	LVCMOS33	
e	Output	U5	LVCMOS33	
f	Output	V5	LVCMOS33	
g	Output	U7	LVCMOS33	
pos [0]	Output	U2	LVCMOS33	四个数码管的位选信号
pos [1]	Output	U4	LVCMOS33	
pos [2]	Output	V4	LVCMOS33	
pos[3]	Output	W4	LVCMOS33	
dp	Output	V7	LVCMOS33	可对 dp 置高电平来隐匿小数点

九、实验报告要求

(1)写出设计原理、列出 Verilog HDL 代码并对设计作适当说明。

(2)记录 ModelSim 仿真波形，并对仿真波形作适当解释，分析是否符合预期功能。

(3)记录实验结果，分析设计是否正确。

(4)记录实验中碰到的问题和解决方法。

十、思考题

动态显示有哪些优缺点？

实验 11　异步输入的同步器和开关防颤动电路的设计

一、实验目的

(1)掌握减少亚稳态的方法，了解亚稳态给系统带来的危害。

(2)掌握开关颤动的概念和消除的方法。

(3)初步了解控制器的设计。

二、概述

异步输入信号主要有两种，其一为开关(或按键)输入，其二为来自不同时钟域的由不同时钟同步的信号。异步输入信号对系统的影响有以下几点。

(1)异步输入不是总能满足(它们所馈送的触发器)建立和保持时间的要求。因此，异步输入常常会把错误的数据锁存到触发器，或者使触发器进入亚稳定的状态。在该状态下触发器的输出不能识别为 1 或 0，如果没有正确地处理，亚稳态会导致严重的系统可靠性问题。

(2) 异步输入信号的宽度是不确定的，因此系统可能采样不到宽度小于一个时钟周期的异步输入，也可能对大于一个时钟周期的异步输入进行多次采样。

(3) 如果是开关(或按键)输入，当弹簧开关被按下或释放时，机械触点将立刻振动几毫秒，产生一个不稳定的开关信号。

针对异步输入信号的特点，可采取以下措施解决：

(1) 输入增加同步器，减少触发器进入亚稳定状态的概率；

(2) 采用脉冲宽度变换电路，将异步输入信号的宽度变换成一个时钟周期；

(3) 如果是开关(或按键)输入，在同步器与脉冲宽度变换电路之间插入一个开关防颤动电路。

三、实验任务

(1) 设计一个按键处理模块，要求每按一次按键，按键处理模块输出一个正脉冲信号，脉冲的宽度为一个 clk 时钟周期。

(2) 按图 5.21 所示搭建一个按键处理模块测试电路，下载到开发板验证，即每按键一次，led 指示灯更改亮灭状态。

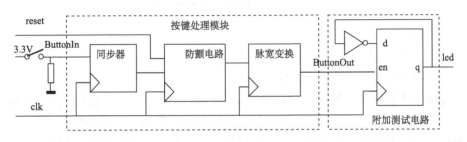

图 5.21　实验组成框图

四、实验原理

1. 同步器的设计

在异步设计中，完全避免亚稳态是不可能的。因此，设计的基本思路应该是：首先尽可能减少出现亚稳态的可能性，其次是尽可能减少亚稳态给系统带来危害的可能性。如图 5.22 所示，采用双锁存器法，即将输入异步信号用两个锁存器连续锁存两次，理论研究表明这种设计可以将出现亚稳态的概率降低到一个很小的程度，但这种方法同时带来了对输入信号的延时，在设计时需要加以注意。

随着技术发展，工作时钟的周期越来越小，有时两级锁存还不能够解决亚稳态问题，因此目前在高速数字电路中会采用 3 级甚至 4 级锁存器级联来减少出现亚稳态的概率。

当异步脉冲宽度小于时钟周期时，采用图 5.22(a) 所示电路可能无法采样到输入信号，这时应该采用图 5.22(b) 所示的电路。由于异步输入 asynch_in 到来时间的不确定性，第 2 级也有可能出现亚稳态，可由第 3 级锁存器避免亚稳态。另外，该电路的输出 synch_out 的宽度为两个时钟周期。

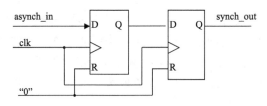

(a) 当异步脉冲宽度大于时钟周期时的电路

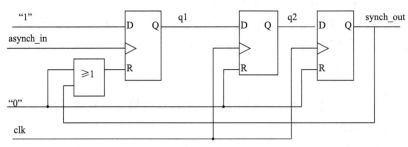

(b) 当异步脉冲宽度小于时钟周期时的电路

图 5.22 同步器的两种基本类型

2. 开关防颤动电路的设计

1) 开关的颤动及开关防颤动电路的功能

人们完成一次按键操作的指压力如图 5.23(b) 所示，按键开关从最初按下到接触稳定要经过数毫秒的颤动，按键松开时也有同样问题。因此，按键被按下或释放时，都有几毫秒的不稳定输出，从逻辑电平角度来看不稳定输出期间，其电平在"0""1"之间无规则摆动。因此，一次按键操作的输出如 5.27(c) 所示。按键操作时间 t_a 因人而异，一般开关 $t_a<100ms$。

开关防颤动电路的目的是：按一次按键，输出一个稳定脉冲，即将开关的输出作为开关防颤动电路的输入，而开关防颤动电路的输出为理想输出，如图 5.23(d) 所示。

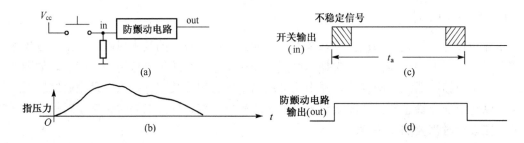

图 5.23 按键开关的颤动

2) 开关防颤动电路的设计

开关防颤动电路的关键是避免在颤动期采样。颤动期时间长短与开关类型及按键指压力有关，一般为 10ms 左右。据此可画出防颤动电路的原理框图，如图 5.24 所示。开发板输入时钟 clk 的频率为 100MHz，10^5 分频器将产生周期为 1ms 的脉冲信号 pulse1kHz，pulse1kHz 的宽度为一个时钟 clk 周期，即 10ns。脉冲信号 pulse1kHz 脉冲信号用作定时器的基准，10ms 定时器是用来定时颤动期，启动信号 timer_clr 由控制器提供，定时结束信号 timer_done 回馈给控制器。

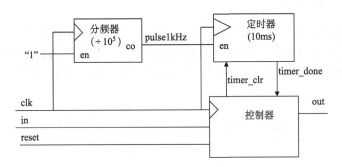

图 5.24　防颤动电路的原理框图

控制器是防颤动电路的核心，综合开关防颤动原理可画出控制器的算法流程图，如图 5.25 所示。一般情况电路在 LOW 状态下等待；当按键按下（检测到 in=1），电路转到 WAIT_HIGH 状态，启动 10ms 定时器；当 10ms 定时结束（timer_done=1），电路进入 HIGH 状态，采样开关输入，等待按键释放；当按键释放（检测到 in=0），电路转到 WAIT_LOW 状态，启动 10ms 定时器，消除按键释放颤动期；定时结束后回到 LOW 状态下等待下次按键操作。

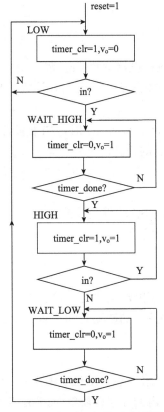

图 5.25　控制器的算法流程图

3. 脉宽变换电路的设计

从上面分析得知，开关或按键的输入信号宽度远远大于一个时钟周期，脉宽变换电路的作用是将输入信号宽度变换成一个时钟周期。由于输入已是同步的且宽度大于一个时钟的脉冲，因此脉宽变换电路的设计就变得非常简单，图 5.26 所示为其原理图。

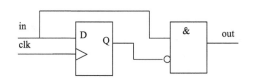

图 5.26   脉宽变换电路

五、提供的文件

按键处理模块测试代码 button_process_unit_tb.v，注意下列几点。

(1) 由于存在大分频比的分频器，因此，需在按键处理模块 (button_process_unit) 中设置参数 sim 来控制分频器的分频比。sim 默认值 0。并在调用防颤电路子模块应将常数 sim 传入，语句如下：

```
debouncer  #(.sim(sim))debouncer_inst(.clk(clk), .reset(reset), ……);
```

(2) 在防颤电路模块 (debouncer) 设置参数 sim，默认值 0。调用分频器时，当 sim=1 (仿真) 时，设置分频比为 32；而当 sim=0 (综合、实现) 时，设置分频比为 10^5。具体做法参考实验 1 的代码。

(3) 使用 button_process_unit_tb.v 调试代码时，如果有必要，可修改相应的端口名、变量名及模块的实例名以适应读者自己的设计。

六、实验设备

(1) 装有 Vivado 和、ModelSim SE 软件的计算机。

(2) Nexys Video 或 Basys3 开发板。

七、预习内容

(1) 查阅相关资料，了解亚稳态的产生机理与消除方法。

(2) 查阅相关资料，了解各种开关的颤动时间和防颤动的必要性。

八、实验内容

(1) 编写按键处理模块 (包括子模块) 的 Verilog HDL 代码，并用 ModelSim 仿真。

(2) 编写包括附加测试电路在内的顶层模块的 Verilog HDL 代码。

(3) 建立实验的工程文件，对工程进行综合、约束和实现。本实验的引脚约束如表 5.16 所示。

(4) 下载工程文件到实验板中。

(5) 按一下上边按键，观察指示灯变化，验证实验结果正确与否。

表 5.16　FPGA 引脚约束内容

引脚名称	I/O	引脚编号 (Nexys Video)	引脚编号 (Basys 3)	电气特性	说明
clk	Input	R4	W5	LVCMOS33	系统 100MHz 主时钟
reset	Input	B22	U18	LVCMOS33	开发板上的中间按键
ButtonIn	Input	F15	T18	LVCMOS33	开发板上的上边按键
led	Output	T14	U16	LVCMOS33	LED0 指示灯

九、实验报告要求和思考题

(1) 写出设计原理、列出 Verilog HDL 代码并对设计作适当说明。

(2) 记录 ModelSim 仿真波形，并对仿真波形作适当解释，分析是否符合预期功能。

(3) 记录实验结果，分析设计是否正确。

(4) 记录实验中碰到的问题和解决方法。

十、思考题

(1) 同步器中的锁存器级数与什么因素有关？

(2) 在本实验中，如果对 UP 开关信号不作脉宽变换处理，那么将会造成什么结果？

(3) 为什么对系统复位信号 reset 不需要进行防颤动处理？

第 *6* 章

数字系统综合设计实验

本章的实验强调设计性、综合性和系统性，强调"自顶而下"的数字系统设计方法，强调算法流程图设计控制器的方法。为了提高实验的积极性和主动性，本着"新颖性、实用性、创造性和趣味性"的原则来设置实验，实验项目可分为三大类。

实验 12 和实验 13 为规模较小的数字系统。数字秒表、数字相位测量实验可让学生在短时间内认识到课程的重要性。同时，容易成功的小系统实验让学生富有成就感，从而激发学习兴趣。

实验 14~实验 20 强调知识的综合应用，主要介绍 FPGA 在数字信号处理和通信领域中的应用，需要在掌握电子线路、数字信号处理、通信和数字系统等相关学科知识后才能完成该类实验项目。其中音频编解码芯片接口设计、音乐播放器和实时语音变声系统实验等三个实验比较系统地介绍语音信号采集、存储、处理和重放等数字信号处理的整个过程。

实验 21~实验 27 注重"寓教于乐"的教学方式，让学生带着浓厚兴趣并积极主动地参与实验，最终获取极大的成就感。这一类实验由 HDMI 显示接口设计、键盘接口设计、鼠标接口设计、文本输入并显示、动态显示、点灯游戏和推箱子游戏等七个实验组成。其中，后两个实验为课程综合设计类实验，留给学生自己创作空间较大，要求学生从团队组建和分工、目标设定、查阅资料、方案制定、软硬件设计、软件仿真和调试、软硬联合调试、FPGA 配置、系统性能测试、报告撰写及课题验收的整个完整的数字系统设计开发过程。

实验 12　数字式秒表

一、实验目的

(1)掌握计数器的功能和应用。

(2)理解开关防颤动的必要性。

(3)掌握简单控制器的设计方法。

二、实验任务

1. 基本要求

设计一个数字秒表电路。设计要求：

(1)计时范围 $0'0.0''\sim9'59.9''$，分辨率为 0.1s，用数码管显示计时值；

(2)秒表设有一个功能按键开关 ButtonIn。

当电路处于"初始"状态时，第一次按键，开始自动计时；再次按键，停止计时；第三次按键，计数器自动复位为 0′0.0″，即电路回到"初始"状态。

2. 个性化要求

设计的秒表具有"双计时"功能，即要记录甲、乙两物体同时出发，但不同时到达终点的时间，并假设甲先到终点，功能要求如下。

当电路处于"初始"状态时，第一次按键，开始自动计时；待甲到达终点时再按一下，此时将甲物体的计时值保存下来，但计时并未停止，内部电路仍在继续为乙物体累积计时；当乙物体到达终点时，第三次按键，停止计时，此时可记录并显示乙物体的计时值；第四次按键将保存下来的甲物体计时值显示出来；第五次按键，计数器自动复位为 0′0.0″，即秒表回到"初始"状态。

三、实验原理

根据设计的基本要求，可画出秒表电路的原理框图，如图 6.1 所示，秒表电路由分频模块、按键处理模块、控制器、计时模块和动态显示模块组成。

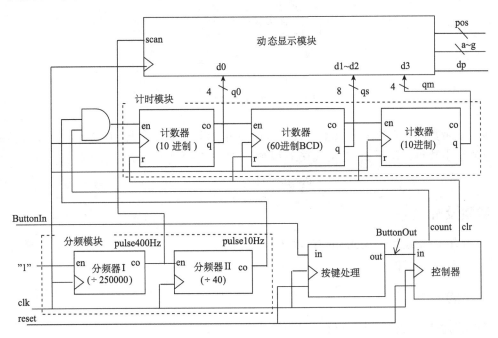

图 6.1　秒表电路的原理框图

分频模块产生其他模块所需的脉冲信号，其中输出的 pulse400Hz 信号是频率为 400Hz、宽度为一个 clk 周期的脉冲信号，该信号用于动态显示扫描模块。而 pulse10Hz 信号是频率为 10Hz、宽度为一个 clk 周期的脉冲信号，该信号为秒表的计时基准信号。

按键处理模块完成按键输入的同步器、开关防颤动和脉冲宽度变换等功能，即当按键一次，输出一个宽度为 clk 周期的脉冲信号 ButtonOut，该模块的设计方法参见实验 11。

计时模块可由 1 个十进制计数器（十分之一秒计时）、1 个六十进制 BCD 码秒计数器和 1 个十进制分计数器级联而成。

　　控制器是电路的核心，在按键控制下，输出 clr 和 count 两个信号分别控制计时模块的工作状态。控制器的算法流程如图 6.2 所示，RESET、TIMING、STOP 分别代表秒表的初始、计时和停止三个状态，相应地控制计数器模块清零、计数和保持三种功能。

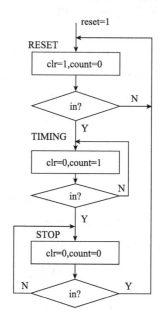

图 6.2　控制器的 ASM 图

　　显示采用数码管动态显示技术，设计原理参见实验 10。与实验 10 所不同，本实验应在第 2 位显示小数点，所示 dp 可由式(6.1)赋值。

$$dp=pos[1] \tag{6.1}$$

四、实验设备

　　(1)装有 Vivado 和 ModelSim SE 软件的计算机。
　　(2)Basys 3 开发板

五、提供的文件

　　(1)控制模块的测试代码 control_tb.v。
　　(2)计时模块的测试代码 timing_tb.v。
　　(3)顶层模块的测试代码 stopwatch_tb.v，由于顶层模块和按键处理模块均存在大分频比的分频器，使用时需注意下列事项。
　　①要求在顶层模块(stopwatch)中设置参数 sim 来控制分频器的分频比， sim 默认值 0。调用分频器时，当 sim=1(仿真)时，设置分频器Ⅰ分频比为 2、分频器Ⅱ分频比为 10；而当 sim=0(综合、实现)时，设置分频器Ⅰ分频比为 250000、分频器Ⅱ分频比为 40。同时，将参数 sim 传入按键处理模块，语句如下:

```
button_press_unit  #(.sim(sim))button_press_unit(   .clk(clk),……   );
```

②顶层模块仿真时的 num0、num0、num2、num3 和 num 的编码方式为 ASCII。

③如有必要，可修改测试代码的相应端口名、变量名及模块的实例名以适应读者自己的设计。

六、实验内容

(1)编写按键处理模块及其子模块的 Verilog HDL 代码并用 ModelSim 仿真，设计方法参考实验 11。

(2)编写动态显示模块及其子模块的 Verilog HDL 代码并用 ModelSim 仿真，设计方法参考实验 10。

(3)编写计时模块及其子模块的 Verilog HDL 代码并用 ModelSim 仿真。

(4)编写控制器模块的 Verilog HDL 代码并用 ModelSim 仿真。

(5)编写秒表系统的 top 文件用 ModelSim 仿真。

(6)建立秒表系统的 Vivado 工程文件，对工程进行综合、约束、实现并下载到实验开发板中。FPGA 引脚约束内容如表 6.1 所示。

(7)下载至 Basys 3 开发板，操作相应按键进行秒表的功能测试，验证设计是否符合要求。

表 6.1 FPGA 引脚约束内容

引脚名称	I/O	引脚编号	电气特性	说明
clk	Input	W5	LVCMOS33	系统 100MHz 主时钟
ButtonIn	Input	T18	LVCMOS33	上边按键
reset	Input	U18	LVCMOS33	中间按键
a	Output	W7	LVCMOS33	七段码
b	Output	W6	LVCMOS33	
c	Output	U8	LVCMOS33	
d	Output	V8	LVCMOS33	
e	Output	U5	LVCMOS33	
f	Output	V5	LVCMOS33	
g	Output	U7	LVCMOS33	
position[0]	Output	U2	LVCMOS33	4 个数码管的点亮控制端
position[1]	Output	U4	LVCMOS33	
position[2]	Output	V4	LVCMOS33	
position[3]	Output	W4	LVCMOS33	
dp	Output	V7	LVCMOS33	小数点

七、实验报告要求

(1)写出设计原理、列出 Verilog HDL 代码并对设计作适当说明。

(2)记录 ModelSim 仿真波形，并对仿真波形作适当解释，分析是否符合预期功能。

(3)记录实验结果，分析设计是否正确。

(4) 记录实验中碰到的问题和解决方法。

八、思考题

为什么分频器中的计数状态可以采用二进制编码，而计时模块中的计数状态必须采用 BCD 编码？

实验 13   低频数字式相位测量仪的设计

一、实验目的

(1) 掌握相位测量的基本原理。

(2) 掌握电子测量误差的分析方法。

(3) 掌握各种计数器、控制器和动态显示模块的设计。

二、设计要求

以 Basys3 开发板为核心，设计并制作一个低频相位测量仪，指标要求如下。

(1) 频率范围：20Hz～20kHz。

(2) 相位测量仪的输入阻抗≥100kΩ。

(3) 允许两路输入正弦信号，峰-峰值可分别在 1～5V 范围内变化。

(4) 相位测量绝对误差≤1°。

(5) 相位数字显示：相位读数为 0°～359.9°，分辨率为 0.1°。

三、相位测量的基本算法

1. 相位测量的基本概念

对于简单的正弦信号，其表达式可表示为

$$v = V_m \sin(\omega t + \varphi_0) \tag{6.2}$$

式中，V_m 是振荡幅度，称为振幅；$\omega t + \varphi_0$ 是振荡的幅角，称为瞬时相位。式(6.2)表明，相位是时间 t 的线性函数，而 φ_0 则是当 $t = 0$ 时的相位，称为初始相位。由于相位是一个变量，测量它某一瞬时的绝对值是困难的，而且也没有实际意义，因此所谓相位测量通常是比较两个频率相同的正弦信号，测量它们之间的相位差，即相对相位。例如，有两个正弦信号 v_1、v_2：

$$\begin{cases} v_1 = V_{m1} \sin(\omega t + \varphi_{01}) \\ v_2 = V_{m2} \sin(\omega t + \varphi_{02}) \end{cases} \tag{6.3}$$

它们之间的相位差为

$$\Delta\varphi = (\omega t + \varphi_{01}) - (\omega t + \varphi_{02}) = \varphi_{01} - \varphi_{02} \tag{6.4}$$

式中，$\Delta\varphi$ 若为正值，则表明 v_1 超前于 v_2；反之则相反。式(6.4)表明，$\Delta\varphi$ 已经是与时间无关的相对量值。

2. 相位测量的基本算法

图 6.3 所示为两个同频率振荡信号，v_1、v_2 初始相位与所对应的初始时间 t_1、t_2 的关系为

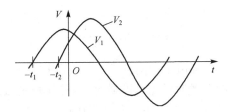

图 6.3　两个相同频率的相位

$$\begin{cases} \varphi_{01} = \omega t_1 \\ \varphi_{02} = \omega t_2 \end{cases} \tag{6.5}$$

将式 (6.5) 代入式 (6.4)，可得

$$\Delta \varphi = \omega(t_1 - t_2) \tag{6.6}$$

从式 (6.6) 可看出，两个相同频率振荡信号的相位差 $\Delta\varphi$ 与时间差 $t_1 - t_2$ 呈线性关系。由于 ω 为它们的共同角频率，因此只要测出时间间隔，就可以测出相位差。图 6.4(a) 为数字相位测量仪的原理框图。它的基本原理是先将相位转换成时间间隔，再用数字化方法测量时间间隔，其各主要工作点的示意波形如图 6.4(b) 所示。

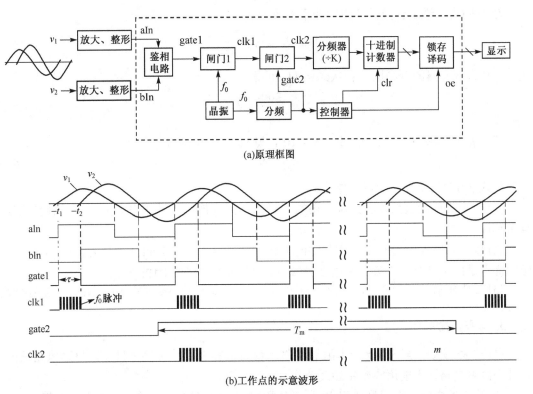

图 6.4　数字相位测量仪的工作原理

在图 6.4 中，具有相同角频率 ω 的正弦信号 v_1、v_2，分别加到相位测量仪的输入端，先进行放大、限幅并整形成方波，方波前后沿分别对应正弦信号的正负向过零点。用其中一个沿去触发鉴相双稳态电路，鉴相器输出相位矩形脉冲 gate1。矩形脉冲 gate1 的宽度 τ 与被测相位 $\Delta\varphi$ 成比例，即

$$\tau = t_1 - t_2 = \frac{\Delta\varphi}{\omega} \tag{6.7}$$

闸门 1 在矩形脉冲 gate1 为高电平期间打开，用 f_0 时钟脉冲对相位脉冲 gate1 进行刻度，即在 τ 时间内允许周期固定的高频时钟 f_0 脉冲通过。门控信号 gate2 的宽度固定为 T_m，当 gate2 为高电平时闸门 2 开启，这样闸门 1 输出的脉冲经闸门 2、K 分频器送到计数器。因为在固定 T_m 时间内计数的脉冲数目 N 正比于 τ，所以相位测量也就转换成数字化测量。

设 τ 时间内的脉冲个数为 N_1，晶振产生的时钟周期为 T_0，则有

$$N_1 = \frac{\tau}{T_0} = \tau f_0 \tag{6.8}$$

设固定 T_m 时间内共有 N_2 个脉冲通过闸门 2，则有

$$N_2 = \frac{T_m}{T_S} N_1 = T_m \frac{\omega}{2\pi}(\tau \cdot f_0) = \omega\tau \frac{T_m f_0}{2\pi} \tag{6.9}$$

式中，T_S 为被测信号的周期。由式 (6.7) 知，$\omega\tau = \Delta\varphi$，而 $2\pi = 360°$，代入式 (6.9) 可得

$$N_2 = \Delta\varphi \frac{T_m f_0}{360} \tag{6.10}$$

T_m 时间内十进制计数器计得脉冲个的数 N 为

$$N = \frac{N_2}{K} = \Delta\varphi \frac{T_m f_0}{360K} \tag{6.11}$$

式中，K 为分频器的分频比，且从式 (6.11) 可得

$$\Delta\varphi = \frac{360K}{T_m f_0} N \tag{6.12}$$

若取 $f_0 = 100\text{MHz}$，$T_m = 0.36\text{s}$，$K = 10^5$，则代入式 (6.12) 有

$$\Delta\varphi = N \tag{6.13}$$

从式 (6.13) 可明显看出以下结果。

(1) 被测相位能直接以度为单位用数字显示，且与被测信号频率无关，这样容易实现宽频带特性。

(2) 显示结果 N 是进行了 n 次测相的平均值，$n \gg 1$。对于 20kHz 的信号，$n = 360$。这样做的优点是由于进行了大量的等精度测量，取其平均值能平滑随机误差。

(3) 若要显示精度为 0.1°，则只需将 K 取为 10^4，这样有 $\Delta\varphi = N/10$，最后一位为小数。

3. 需要注意的问题

(1) 放大、整形电路不要产生附加相移，否则会影响测量误差。另外，整形电路只能采取过零检测电路，不能用施密特触发器作为整形电路。

(2) 鉴相器电路可采用异或门实现，但要求输入的两信号 aIn 和 bIn 的占空比都为 50%。

另外，异或门鉴相器无法判断相位超前或滞后，因此需增加超前/滞后判别电路。

四、实验原理

由于在 FPGA 上实现数字系统尽量采用同步电路，因此结合上面介绍的相位测量的算法，可画出相位测量在 FPGA 部分的原理框图，如图 6.5 所示。

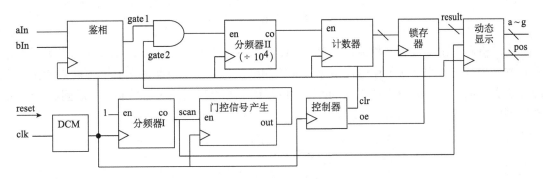

图 6.5　FPGA 实现数字相位仪的原理框图

1. 分频器

分频器 I 的作用是产生动态显示电路所需的 400Hz 扫描信号 scan，所以分频比为 250000。分频器 II 作为定标用，由于显示精度为 0.1°，因此分频比为 10000。这两个分频均可用实验 1 提供的分频器。

2. 测量门控信号产生电路

门控信号 gate2 脉冲宽度为 0.36s，低电平宽度不得少于 5 个 clk 周期。因此，可设计一个带计数使能 8 位二进制计数器(256 进制)。由 scan 信号作为计数器的计数使能输入，若计数器的状态为 q，则 gate2 可由下面语句实现。

```
assign  gate2=(q<144);
```

3. 控制器

控制器是测量电路的核心，其作用有：①每次测量开始前，产生计数器清 0 信号 clr；②每次测量结束后，产生锁存信号 oe，将输出结果锁存并送至显示电路。从控制器的作用可知，相位测量的控制器与第 1 章介绍的频率测量的控制器相同，读者可参考第 1 章。

4. 鉴相模块

鉴相模块可由图 6.6 所示的电路框图组成实现，由两个上升沿检测与 RS 触发器组成。aIn 信号的上升沿置位 gate1 信号，而 bIn 信号的上升沿清零 gate1 信号，从而完成鉴相作用。

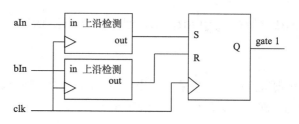

图 6.6　鉴相器电路

上沿检测可由有限状态机完成，其 ASM 图如图 6.7 所示。Low 表示输入信号处于低电平状态。此时若检测到输入信号高电平，即检测到信号上沿，电路进入 Rising 状态输出一个脉冲后进入输入信号高电平状态 High。在 High 状态若检测到输入信号低电平后回到 Low 状态等待检测下一个输入信号的上沿。

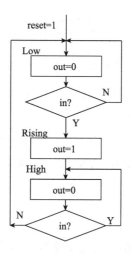

图 6.7　上升沿检测电路的 ASM 图

5. 计数器模块与显示模块

计数器模块由 4 个十进制计数器同步级联成 10000 进制同步 BCD 计数器即可。而显示模块已在实验 10 中作介绍，这里不再赘述。

五、提供的代码

PhaseMearsue_tb.v：顶层模块的测试代码。

六、实验设备

(1)装有 Vivado、ModelSim SE 软件的计算机。
(2)Basys3 开发板。
(3)相位测量的输入信号扩展板。

七、预习内容

查阅相关资料，了解相位测量的基本技术和应用场合。了解测量误差产生的原因和减少误差的方法。

八、实验内容

(1) 编写计数器、分频器、锁存器、鉴相器、控制器和动态显示等模块的 Verilog HDL 代码及其测试代码。

(2) 编写相位测量电路的 top 代码，并用 ModelSim 软件进行功能仿真。

测试代码中输入信号波形频率为 1kHz，相位差 45.0°，测试代码中调用了 top 模块中的 result 信号，因此在编写 top 代码应注意模块名，实例名、端口名及中间变量 result 等匹配。

(3) 建立 Vivado 工程，对工程进行综合、时序约束和引脚约束、实现。本设计的引脚约束内容如表 6.2 所示。

表 6.2　引脚约束内容

引脚名称	I/O	引脚编号	接口类型	说明
clk	Input	W5	LVCMOS33	系统 100MHz 主时钟
reset	Input	U18	LVCMOS33	中间按钮
aIn	Input	J1	LVCMOS33	IO 扩展接口（Pomd　JA）
bIn	Input	L2	LVCMOS33	
a	Output	W7	LVCMOS33	七段码
b	Output	W6	LVCMOS33	
c	Output	U8	LVCMOS33	
d	Output	V8	LVCMOS33	
e	Output	U5	LVCMOS33	
f	Output	V5	LVCMOS33	
g	Output	U7	LVCMOS33	
pos [0]	Output	U2	LVCMOS33	四个数码管的位选信号
pos [1]	Output	U4	LVCMOS33	
pos [2]	Output	V4	LVCMOS33	
pos[3]	Output	W4	LVCMOS33	
dp	Output	V7	LVCMOS33	本实验三位整数、一位小数

(4) 接入相位测量的信号输入扩展板，下载设计结果到 Basys3 开发实验板中。观察数码管显示的测量结果，验证实验设计。

(5) 如果有条件，设计并制作放大、整形电路，并将放大、整形电路接入系统，验证设计结果。

九、实验报告要求

(1)写出设计原理、列出 Verilog HDL 代码并对设计作适当说明。

(2)记录 ModelSim 仿真波形，并对仿真波形作适当解释，分析是否符合预期功能。

(3)记录实验结果，分析设计是否正确。

(4)记录实验中碰到的问题和解决方法。

十、思考题

(1)理论推导相位测量的相对误差与频率误差 Δf_0、测试时间误差 ΔT_m 和 ± 1 误差的关系。

(2)如果采用异或门实现鉴相功能，应怎样修改设计方案。

实验 14 全数字锁相环的设计

一、实验目的

(1)掌握全数字锁相环(DPLL)的工作原理和应用，了解同步带、捕捉带、锁定相位误差、相位抖动和锁定时间等参数的意义与测量方法。

(2)了解频率合成的基本概念。

(3)掌握各种计数器和控制器的设计。

二、实验任务

用 FPGA 实现全数字锁相环，并用锁相环实现二倍频的电路。该 DPLL 电路输入信号 f_{in} 参考信号频率为 15625Hz，占空比为 50%。要求输出与输入频率相同信号 f_{out} 和二倍频信号 f_{x2}。

三、实验原理

1. 全数字锁相环简介

锁相环(PLL)技术在众多领域得到了广泛的应用，如信号处理、调制解调、时钟同步、倍频、频率综合等都应用了锁相环技术。传统的锁相环多由模拟电路实现。所谓全数字锁相环路就是指环路部件全部数字化，因此全数字锁相环与传统的模拟电路实现的 PLL 相比具有很多优点，例如，精度高且不受温度和电压影响，环路带宽和中心频率编程可调，易于构建高阶锁相环等，并且应用在数字系统中时，不需要 A/D 及 D/A 转换。随着通信技术、集成电路技术的飞速发展和系统芯片(SoC)的深入研究，DPLL 必然会得到更为广泛的应用。

2. DPLL 的结构与工作原理

一阶 DPLL 的基本结构如图 6.8 所示，主要由鉴相器、K 变模可逆计数器、脉冲加减电路、H 分频器和 N 分频器五部分构成。鉴相器输出两输入信号 fin 和 fout 的相位误差，K 变模可逆计数器对相位误差序列计数，即滤波，并输出相应的进位脉冲或是借位脉冲，以此调整脉冲加减控制电路输出信号的相位(或频率)，从而实现相位控制和锁定。

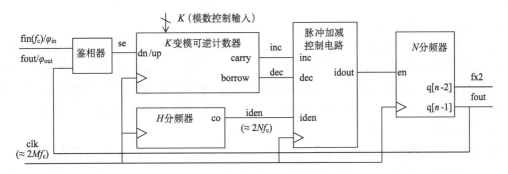

图 6.8　数字锁相环的基本结构图

图 6.8 的 f_c 是环路中心频率。N 分频器的分频比要求是 2 的整数幂，且满足 $M = HN$，开发板的时钟频率为 100MHz，即 M 为 3200。本设计 N 取 2^7，则 H 为 25。

1）鉴相器

常用的鉴相器有两种类型：异或门鉴相器（XOR）和边沿控制鉴相器（ECPD），本设计可采用异或门鉴相器。异或门鉴相器要求输入脉冲的占空比为 50%。鉴相器对基准输入信号 fin 和输出信号 fout 之间的相位差（$\varphi_e = \varphi_{in} - \varphi_{out}$）进行鉴相，并输出误差信号 se。误差信号 se 控制 K 变模可逆计数器的计数方向。当环路锁定时，输入信号 fin 和输出信号 fout 的相位差为 90°，误差输出信号 se 为一占空比为 50% 的方波。因此，异或门鉴相器的相位差极限为 ±90°，异或门鉴相器的工作波形如图 6.9 所示。

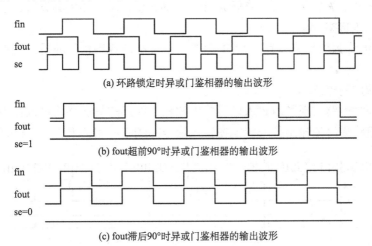

(a) 环路锁定时异或门鉴相器的输出波形

(b) fout 超前 90° 时异或门鉴相器的输出波形

(c) fout 滞后 90° 时异或门鉴相器的输出波形

图 6.9　异或门鉴相器在环路锁定和极限相位差下的波形

2）H 分频器和 N 分频器设计

这两个分频器对输出脉冲的宽度要求不同，H 分频器要求产生的 iden 脉冲宽度为一个时钟周期，因此，H 分频器只设计 25 进制计数器，进位输出即可为 iden 脉冲。而 N 分频器的分频比为 128 且要求输出脉冲宽度占空比为 50%。因此，N 分频器为 7 位二进制计数器，若计数器状态为 q[6:0]，则最高状态位 q[6] 即可为 fout 信号，而次高状态位 q[5] 即可为 fout 信号的二倍频信号。

3) K 变模可逆计数器

K 变模可逆计数器消除了鉴相器输出的相位差信号 se 中的高频成分，保证环路性能的稳定。K 变模可逆计数器根据相位误差信号 se 来进行加减计数。当 se 为低电平时，计数器进行加法计数，如果加法计数的结果达到预设的上限值，则输出一个进位脉冲信号 co 给脉冲加减电路；当 se 为高电平时，计数器进行减法计数，如果减至预设的下限值，则输出一个借位脉冲信号 bo 给脉冲加减电路。

可逆计数器的模值是 2 的 I 次幂，由输入 4 位二进制信号 K 预设，当 K 的取值在 0001～1111 时，相应的模值为 2^{K+2}。在锁相环路理想锁定的状态下，只要 $K \geqslant (\log_2 I) - 2$，鉴相器既没有超前脉冲也没有滞后脉冲输出，所以 K 变模计数器通常是没有输出的，这就大大减少了由噪声引起的对锁相环路的误控作用。也就是说，K 计数器作为滤波器，有效地滤除了噪声对环路的干扰作用。

K 变模可逆计数器设计应考虑下面两点。

(1) 设计中适当选取 K 值是很重要的。K 值取得大，对抑止噪声有利，这是因为 K 值大，计数器对少量的噪声干扰不可能计满，所以不会有进位或借位脉冲输出。但 K 值取得太大会使捕捉带变小，而且加大了环路进入锁定状态的时间。反之，K 值取得小，可以加速环路的入锁，但 K 计数器会频繁地产生进位或借位脉冲，从而导致了相位抖动，相应地对噪声的抑制能力也随之降低。

所以在智能型全数字锁相环中，为了平衡锁定时间与相位抖动之间的矛盾，理想的情况是当数字锁相环处于失步状态时，降低 K 计数器的设置，反之加大其设置。但实现的前提是检测锁相环的工作状态。

(2) 在计数值达到边界值 1 或 $2^{K+2} - 1$ 而输出借位脉冲或进位脉冲后，应将计数状态同步置回中间值 2^{K+1}。

4) 脉冲加减控制电路

脉冲加减控制电路实现了对输入信号频率和相位的跟踪与调整，可以称为数控振荡器。脉冲加减控制电路最终使输出信号锁定在输入信号的频率和相位上，工作波形如图 6.10 所示。

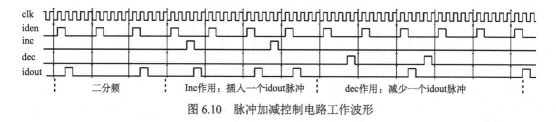

图 6.10　脉冲加减控制电路工作波形

脉冲加减控制电路完成环路频率和相位的调整。当没有进位/借位脉冲输入信号时，它对外部输入信号 iden 进行二分频；当 K 变模可逆计数器有进位脉冲信号 inc 时，表示输出信号 fout 相位滞后，则应让脉冲加减控制电路提早输出脉冲，使 fout 相位提前，同时也提高输出信号的频率；同理，当有借位脉冲信号 dec 时，表示输出信号 fout 相位超前，则应让脉冲加减控制电路推迟输出脉冲，使 fout 相位滞后，同时降低输出信号的频率。

脉冲加减控制电路是本设计的技术难点，但仔细分析图 6.10 可知，当没有 inc 或 dec 脉冲信号时，脉冲加减控制电路把 iden 进行二分频；脉冲信号 inc 作用相当插入一个 idout 脉冲，而脉冲信号 dec 作用相当于减少一个 idout 脉冲。因此用有限状态机实现脉冲加减控制电路较为合适。根据分析可画出脉冲加减电路的算法流程图,如图 6.11 所示。S0 和 S2 状态为二分频电路的两个状态,当没有 inc 或 dec 脉冲信号时,电路在 S0 和 S2 状态循环(S1 只是保证输出脉冲 idout 宽度为一个时钟周期而设置的),实现对 iden 信号二分频;而 inc 脉冲使电路提早进入下一个二分频状态,dec 脉冲使电路延迟进入下一个二分频状态。

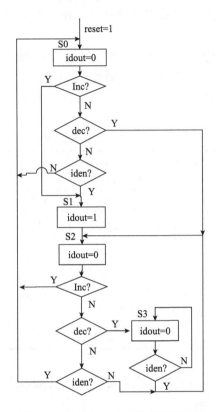

图 6.11　脉冲加减电路的算法流程图

四、提供的文件

(1) 脉冲加减控制电路的测试代码 dvco_tb.v。

(2) 全数字锁相环顶层文件的测试代码 dpll_tb.v。

五、实验设备

(1) 装有 Vivado、ModelSim SE 软件的计算机。

(2) Basys3 开发板或 Nexys Video 开发板。

(3) 数字信号发生器一台

(4) 双踪示波器一台。

六、预习内容

(1) 查阅相关资料,理解模拟锁相环的原理。

(2)查阅相关资料，了解 DPLL 工作原理，理解 DPLL 的捕捉带、同步带、锁定相位误差、相位抖动和锁定时间等指标的含义。

七、实验内容

(1)编写脉冲加减控制电路的 Verilog HDL 代码，并用 ModelSim 进行仿真分析。

(2)编写 DPLL 系统的顶层文件及其子模块的 Verilog HDL 代码，并用 ModelSim 进行仿真分析。

注意，提供的测试代码仅供参考。不断修改测试代码，改变输入信号的相位和频率，用 ModelSim 仿真分析并测试 DPLL 系统，求出捕捉带或同步带。

(3)对工程进行综合、约束、实现， FPGA 引脚约束内容如表 6.3 所示。

表 6.3　FPGA 引脚约束内容

引脚名称	I/O	引脚编号 (Nexys Video)	引脚编号 (Basys3)	电气特性	说明
clk	Input	R4	W5	LVCMOS33	系统 100MHz 主时钟
reset	Input	B22	U18	LVCMOS33	中间按键
fin	Input	AB22	J1	LVCMOS33	I/O 扩展接口(Pomd　JA)
fout	Output	AB21	L2	LVCMOS33	
K[0]	Input	E22	V17	LVCMOS33	SW0 开关
K[1]	Input	F21	V16	LVCMOS33	SW1 开关
K[2]	Input	G21	W16	LVCMOS33	SW2 开关
K[3]	Input	G22	W17	LVCMOS33	SW3 开关

(4)下载至实验开发板中，用双踪示波器观察 fin 和 fout 信号，改变 K 值，观察 DPLL 是否锁定，验证设计是否达到要求。

八、实验报告要求

(1)写出设计原理、列出 Verilog HDL 代码并对设计作适当说明。

(2)记录 ModelSim 仿真波形，并对仿真波形作适当解释，分析是否符合预期功能。

(3)记录实验结果，分析设计是否正确。

(4)记录实验中碰到的问题和解决方法。

九、思考题

(1)全数字锁相环与模拟锁相环各有什么特点？适用在哪些场合？

(2)通过实验分析，K、H 的取值对 DPLL 的捕捉带、同步带、锁定相位误差、相位抖动和锁定时间等指标有何影响？

(3)怎样用电路来判断 DPLL 是否锁定？

实验 15　直接数字频率合成技术(DDS)的设计与实现

一、实验目的

(1) 了解数字域产生正弦信号的产生方法。

(2) 掌握 DDS 技术，了解 DDS 技术的应用。

(3) 掌握用 Model Sim 观察波形的方法。

二、DDS 的基本原理

如何在数字域产生正弦信号？容易想到的办法是：用一个存储器(ROM/RAM)存储一张正弦表；然后将存于表中的正弦样品取出，经数模转换器 D/A，形成模拟量波形。那么又如何实时地改变输出信号的频率？下面两种方法可以改变输出信号的频率。

(1) 改变查表寻址的频率，从而改变输出波形的频率。

(2) 改变寻址的步长来改变输出信号的频率。直接数字频率合成技术(DDS)即采用这种方法，步长为对数字波形查表的相位增量，由于输出正弦频率与相位增量呈线性关系，因此 DDS 技术得到广泛应用。

DDS 的基本原理框图如图 6.12 所示，由相位累加器、正弦查询表(Sine ROM)、D/A 转换器和低通滤波器组成。

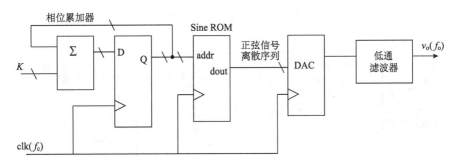

图 6.12　DDS 原理框图

在图 6.12 中，Sine ROM 中存放一个完整的正弦信号样品，正弦信号样品根据式(6.14) 的映射关系构成，即

$$S(i) = (2^{n-1} - 1) \times \sin\left(\frac{2\pi i}{2^m}\right), \quad i = 0, 1, 2, \cdots, 2^{m-1} \tag{6.14}$$

式中，m 为 Sine ROM 地址线位数；n 为 ROM 的数据线宽度；$S(i)$ 的数据形式为补码。

f_c 为取样时钟 clk 的频率，K 为相位增量(也称为频率控制字)，输出正弦信号的频率 f_o 由 f_c 和 K 共同决定，即

$$f_o = \frac{K \times f_c}{2^m} \tag{6.15}$$

由式(6.15)可看出，正弦信号的频率 f_o 与相位增量 K 呈正比关系。注意：m 为图 6.12 中相位累加器的位数。为了得到更准确的正弦信号频率，相位累加器位数会增加 p 位小数。也

就是说，相位累加器的位数是由 m 位整数和 p 位小数组成的。相位累加器的高 m 位整数部分作为 Sine ROM 的地址。

因为 DDS 遵循奈奎斯特(Nyquist)取样定律，即最高的输出频率是时钟频率的一半，即 $f_o \leqslant f_c/2$。实际中 DDS 的最高输出频率由允许输出的杂散电平决定，一般取值为 $f_o \leqslant 40\% \times f_c$，因此 K 的最大值一般为 $40\% \times 2^{m-1}$。

DDS 可以很容易实现正弦信号和余弦信号正交两路输出，只需用相位累加器的输出同时驱动固化有正弦信号波形的 Sine ROM 和余弦信号波形的 Cos ROM，并各自经数模转换器和低通滤波器输出即可。

另外，DDS 也容易实现调幅和调频，图 6.13 和图 6.14 所示为 DDS 实现调幅和调频的原理框图。

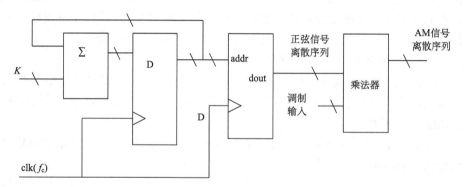

图 6.13　DDS 实现调幅原理框图

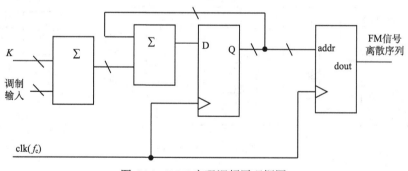

图 6.14　DDS 实现调频原理框图

三、实验任务

设计并仿真一个 DDS 正弦信号序列发生器，指标要求：

(1) 采样频率 $f_c = 48\text{kHz}$；

(2) 正弦信号频率范围为 20Hz～20kHz；

(3) 正弦信号序列宽度 16 位，包括一位符号。

四、实验原理

1. 系统的总体设计

根据 DDS 输出信号的最低频率要求，结合式(6.15)，m 取值需符合式(6.16)要求。

$$f_\text{o}(\min) = \frac{f_c}{2^m} \leqslant 20\text{Hz} \tag{6.16}$$

将 f_c=48kHz 代入式 (6.16)，可计算出 $m = 12$。但为了得到更准确的正弦信号频率，相位累加器位数会增加 10 位小数。所以相位累加器为 22 位累加器，高 12 位为 Sine ROM 的地址。

2. DDS 的优化设计

1) 优化构想

优化的目的是，在保持 DDS 原有优点的基础上，尽量减少硬件复杂性，降低芯片面积和功耗，提高芯片速度。

因为 $m = 12$，所以存储一个完整周期的正弦信号样品就需要 $2^{12} \times 16\text{bits}$ 的 ROM。但由于正弦波形的对称性，如图 6.15 所示，将正弦波形分为四个区域，只需要在 Sine ROM 中存储 1/4 的正弦信号样品 (0 区) 即可。这样，Sine ROM 容量可减少为 $2^{10} \times 16\text{bits}$，即 10 位地址，存储 1/4 的正弦信号样品，共 1024 个。

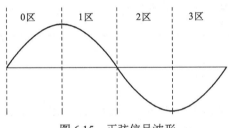

图 6.15　正弦信号波形

上述有一点需注意，1/4 周期的正弦信号样品未给出 90° 的样品值，因此在 ROM 地址为 1024 (即 90°) 时可取地址为 1023 的值 (实际上地址为 1023 时，正弦信号样品已达最大值)。

2) 优化后 DDS 的结构

因为必须利用 1/4 周期的 1024 个样品复制出一个完整正弦周期的 4096 个样品，所以对 DDS 结构要进行必要处理，优化后的 DDS 结构如图 6.16 所示。

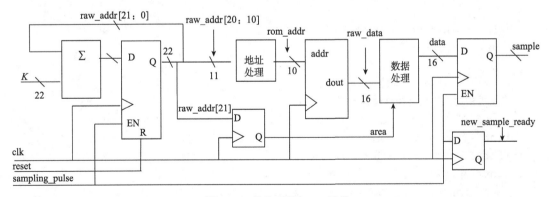

图 6.16　优化后的 DDS 结构

(1) 在很多应用场合，时钟信号与采样脉冲不是同一信号。图 6.16 中，sampling_pulse 为采样脉冲，一般情况下，采样脉冲的频率应低于时钟 clk 频率，而 sampling_pulse 宽度必须为一个时钟 clk 周期。

若采样脉冲与时钟信号为同一个信号，可让 sampling_pulse 接高电平即可。

(2)为了提高工作速度，采用了流水技术。

(3)相位累加得到 22 位原始地址 raw_addr[21:0]，整数部分 raw_addr[21:10]为完整周期正弦信号样品的地址，其中高两位地址 raw_addr[21:20]可区分正弦的四个区域。由于 sine_rom 只保存了 1/4 周期的 1024 个样品，因此 raw_addr[21:10]不能直接作为 sine_rom 地址，必须进行必要的处理，处理方法如表 6.4 所示。

表 6.4　sine_rom 的地址和数据处理方法

正弦区域	Sine ROM 地址	正弦样品 data	备注
0	raw_addr[19:10]	raw_data[15:0]	
1	当 raw_addr[20:10]=1024 时，rom_addr 取 1023，其他情况取~raw_addr[19:10]+1	raw_data[15:0]	地址镜像翻转
2	raw_addr[19:10]	~raw_data[15:0]+1	数据取反
3	当 raw_addr[20:10]=1024 时，rom_addr 取 1023，其他情况取~raw_addr[19:10]+1	~raw_data[15:0]+1	地址镜像翻转 数据取反

3. 正弦查照表 sine_rom 的设计

正弦查照表就是一个容量为 $2^{10} \times 16$bits 的 ROM，如果采用编辑方式设计代码，工作量很大，且易出错。一般可设计 C 或 MATLAB 程序生成，下面为生成 sine_rom.v 的 C 语言程序。

```c
#include<stdio.h>
#include<math.h>
void main()
{
 int  i ,data;
//打开sine_rom.v文件
FILE  *fp;
if((fp=fopen("sine_rom.v","w"))==NULL)
  { printf("error");
    exit(0);
  }
//在文件中写入模块名和端口列表等
fprintf(fp,"%s\n","module  sine_rom(");
fprintf(fp,"%s\n"," input           clk, ");
fprintf(fp,"%s\n"," input  wire[9:0] addr, ");
fprintf(fp,"%s\n"," output reg[15:0] dout); ");
fprintf(fp,"%s\n"," always @(posedge clk)");
fprintf(fp,"%s\n","   case(addr)");
//在文件中写入ROM内容，case语句块
for(i=0;i<1024;i++)
  {
    data=(int)(sin(2*3.1415926*i/4096)*32767+0.5);
```

```
    data &=0x0000ffff;
    fprintf(fp,"%s%d%s%d%s\n","    ",i,":dout= 16'd",data,";");
  }
fprintf(fp,"%s\n","    endcase ");
在文件中写入endmodule
fprintf(fp,"%s\n","endmodule");
//关闭文件
fclose(fp);
}
```

五、提供的文件

(1) dds 顶层模块的测试文件：dds_tb.v。

(2) 生成正弦表的 C 程序：SineROMGenerator.c。

六、实验设备

装有 ModelSim SE 软件的计算机。

七、预习内容

(1) 查阅相关资料，了解正弦信号的各种产生方法。

(2) 查阅相关资料，了解 DDS 工作原理及应用场合。

八、实验内容

(1) 用 C 语言生成正弦查找表 sine_rom.v 文件。

(2) 编写 DDS 顶层模块及其子模块的 Verilog HDL 代码，并用 ModelSim 仿真。因为子模块主要为加法器和 D 触发器，前面实验已设计仿真，在此不必再次仿真。

本实验 DDS 顶层模块的 sample 信号为正弦序列信号，用数字方式观察正弦序列信号不直观。下面介绍在 ModelSim 中观察 "模拟" 正弦信号波形，如图 6.17 所示，主要分三个步骤。

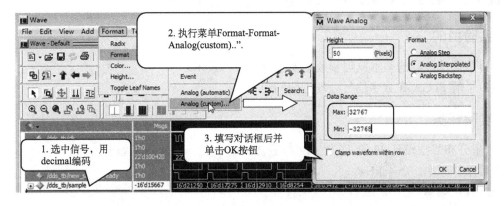

图 6.17 显示模拟波形的设置方式

①选中需观察的信号 sample，设置编码方式为十进制符号数(decimal)。

②执行菜单 Format⇨Format⇨Analog(custom)…命令，也可右击信号 sample 在弹出的快捷菜单中执行 Format⇨Analog(custom)…。

③在 Wave　Analog 对话框中，填写或选择波形高度 Height(50)，格式 Format(interpolated-内插滤波)和数据范围 Data　Range(最大值 32767，最小值−32768)等参数，单击 OK 按钮即可显示模拟波形，具体如图 6.18 所示。

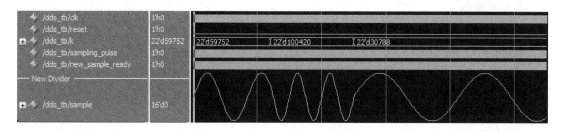

图 6.18　DDS 的输出结果

(3) 分析实验结果，验证正弦输出信号 sample 的频率与相位增量 k、取样脉冲 sampling_pulse 的频率是否符合式(6.15)。

九、实验报告要求

(1)写出设计原理、列出 Verilog HDL 代码并对设计作适当说明。

(2)记录 ModelSim 仿真波形，并对仿真波形作适当解释，分析是否符合预期功能。

(3)记录实验结果，分析设计是否正确。

(4)记录实验中碰到的问题和解决方法。

十、思考题

若要实现正弦信号和余弦信号正交两路输出，那么应怎样修改 Sine ROM？

实验 16　基于 FPGA 的 FIR 数字滤波器的设计

一、实验目的

(1)掌握滤波器的基本原理和数字滤波器的设计技术。

(2)了解 FPGA 在数字信号处理方面的应用。

二、实验任务

采用分布算法设计 32 阶 16 位 FIR 低通滤波器，设计参数指标如下。

(1)采样频率：f_s=48kHz。

(2)截止频率：f_c=10.5kHz。

(3)输入/输出数据格式：16 位二进制补码。

三、实验原理

目前 FIR 滤波器的实现方法有三种：单片通用数字滤波器集成电路、DSP 器件和可编程逻辑器件。单片通用数字滤波器使用方便，但由于字长和阶数的规格较少，不能完全满足实际需要。使用 DSP 器件实现虽然简单，但由于程序顺序执行，执行速度必然不快。FPGA 有着规整的内部逻辑阵列和丰富的连线资源，特别适合于数字信号处理任务，相对于串行运算为主导的通用 DSP 芯片来说，FPGA 的并行性和可扩展性更好。但长期以来，FPGA 一直被用于系统逻辑或时序控制，很少有信号处理方面的应用，主要是因为 FPGA 缺乏实现乘法运算的有效结构。不过现在这个问题已得到解决，FPGA 在数字信号处理方面有了长足的发展。

1. FIR 滤波器与分布式算法的基本原理

一个 N 阶 FIR 滤波器的输出可表示为

$$y = \sum_{i=0}^{N-1} h(i)x(N-1-i) \tag{6.17}$$

式中，$x(n)$ 是 N 个输入数据；$h(n)$ 是滤波器的冲击响应。当 N 为偶数时，根据线性相位 FIR 数字滤波器冲激响应的对称性，可将式 (6.17) 变换成式 (6.18) 所示的分布式算法，乘法运算量减小了一半。式 (6.18) 相应的电路结构如图 6.19 所示。

$$y = \sum_{n=0}^{N/2-1} [x(n) + x(N-1-n)]h(i) \tag{6.18}$$

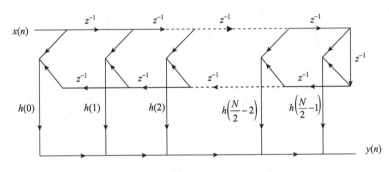

图 6.19　线性相位直接型结构

2. 并行方式设计原理

对于 16 阶 FIR 滤波器，利用式 (6.18) 可得一种比较直观的 Wallace 树加法算法，如图 6.20 所示，图中 sample 为取样脉冲。采用并行方式的好处是处理速度得到了提高，但它的代价是硬件规模更大了。

注意：为了提高系统的工作速度，Wallace 树加法器一般还可采用流水线技术。

3. 乘累加方式设计原理

因为本实验对 FIR 算法速度要求不高，所以采用"乘累加"工作方式以减少硬件规模，其原理框图如图 6.21 所示。

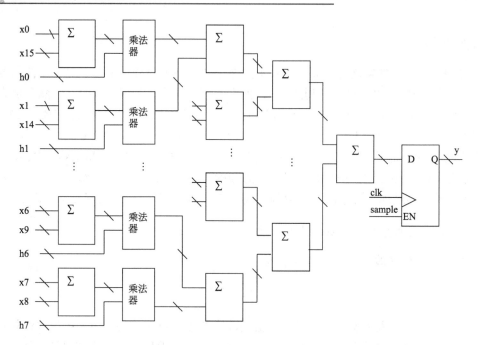

图 6.20　FIR 并行工作方式的原理框图

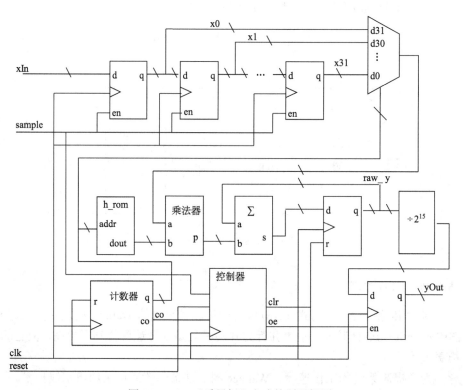

图 6.21　FIR "乘累加" 方式的原理框图

"乘累加" 方法要求取样脉冲 sample 的频率远低于时钟 clk 的频率，且 sample 宽度为一个 clk 周期。由于进行一次 16 位 booth 乘法运算需十多纳秒，因此时钟 clk 最高频率不应高于 50MHz。

　　控制器是电路的核心,控制 FIR 进行 32 次乘累加,图 6.22 为算法流程图。电路在 RESET 状态下清零计数器和累加器。当有新的取样数据进入,即 sample 为高电平时,进入 MAC 状态启动一次 FIR 运算,在 MAC 状态下进行 32 次乘累加,由 32 进制计数器统计累加次数。当计数器进位 co 输出高电平时,表示已完成一次 FIR 运算,电路进入 DATAOUT 状态输出滤波结果。

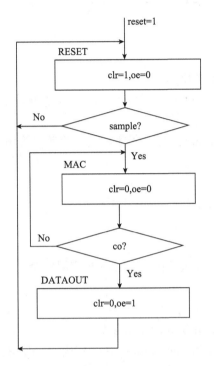

图 6.22　控制器的算法流程图

　　模块 h_rom 存放冲激响应系数 $h(n)$。由于 FIR 滤波器冲激响应系数是一系列的浮点数,但 FPGA 不支持浮点数的运算,因此浮点数需转换成定点数。设计可采用 Q 值量化法,将系数同时扩大 2^{15} 倍,然后转化为 16 位二进制数补码。

　　计数器为 5 位二进制计数器,计数器有两个作用:其一统计乘累加次数;其二将计数器状态当作 h_rom 和数据选择器 MUX 的地址信号,选出相应的输入数据和滤波器参数进入乘累加运算。

　　乘法器采用实验 9 介绍的 booth 乘法器。乘累加中的加法器为 32 位,由于存在舍入误差,累加结果可能有溢出情况,因此加法器必须有溢出处理能力,溢出判断参考实验 8。溢出处理如下:上溢出置加法器的和为最大值 0x7fffffff;下溢出置加法器的和为最小值 0x80000000。

　　由于滤波器系数扩大 2^{15} 倍,因此需将乘累加输出结果 raw_y 缩小 2^{15} 倍为 raw_y [31:15]。由于同时要求输出为 16 位补码。17 位数据 raw_y [31:15]还需进一步处理,处理方法如表 6.5 所示。

表 **6.5**　数据处理方法

raw_y [31:30]	数据输出	说明
2'b00	raw_y [30:15]	
2'b01	16'b7fff	raw_y [31:15]大于 32767
2'b10	16'b8000	raw_y [31:15]小于-32768
2'b11	raw_y [30:15]	

四、提供的文件

(1) fir 顶层模块的测试文件 fir_tb.v。

(2) 数据输入波形文件 fir_in.txt。其中 fir_in.txt 由两种频率的正弦信号混合而成，两种频率分别为 $f_s/16$ 和 $f_s/3$，其中 f_s 为采样率。

(3) 生成输入波形文件 fir_in.txt 的 C 程序，便于读者更改输入波形文件。

五、实验设备

装有 MATLAB、ModelSim SE 软件的计算机。

六、预习内容

查阅相关资料，了解数字滤波器的工作原理与应用场合。

七、实验内容

(1) 用 MATLAB 软件设计并生成滤波器参数 h。

(2) 编写 fir 模块(包括子模块)的 Verilog HDL 代码，并用 ModelSim 进行仿真。仿真时，请注意下面两点。

① 因测试文件需从 fir_in.txt 文件读取数据，所以需将文件 fir_in.txt 复制到 ModelSim 工程文件夹。

② 为了使滤波结果直观显示，需用模拟波形显示输入、输出信号，波形信号设置方法参考实验 15。本实验仿真结果如图 6.23 所示。

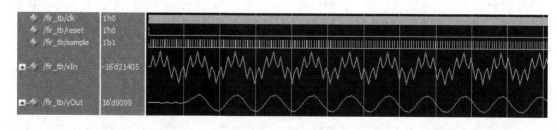

图 6.23　fir 仿真结果

八、实验报告要求

(1) 写出设计原理、列出 Verilog HDL 代码并对设计作适当说明。

(2)记录 ModelSim 仿真波形，并对仿真波形作适当解释，分析是否符合预期功能。

(3)记录实验结果，分析设计是否正确。

(4)记录实验中碰到的问题和解决方法。

九、思考题

(1)采用 FPGA 实现数字信号处理电路有什么特点？

(2)为了提高 FIR 的工作时钟频率，在图 6.20 的基础上，采用流水线技术实现 Wallace 树加法器。画出相应的原理框图。

(3)如果设计 32 阶高通滤波器，需对设计做哪些改进？

实验 17　数字下变频器(DDC)的设计

一、实验目的

(1)初步了解软件无线电的基本概念。

(2)掌握频谱搬移的概念。

(3)锻炼独立设计数字系统的能力。

二、相关知识

近来软件无线电已经成为通信领域一个新的发展方向，它的中心思想是：构造一个开放性、标准化、模块化的通用硬件平台，将各种功能，如工作频段、调制解调类型、数据格式、加密模式、通信协议等，交由应用软件来完成。软件无线电的设计思想之一是将 A/D 转换器尽可能地靠近天线，即把 A/D 从基带移到中频甚至射频，把接收到的模拟信号尽早数字化。数字信号处理器(DSP)的处理速度有限，往往难以对 A/D 采样得到的高速率数字信号直接进行各种类别的实时处理。为了解决这一矛盾，利用数字下变频(Digtal Down Converter，DDC)技术将采样得到的高速率信号变成低速率基带信号，以便进行下一步的信号处理。可以看出，数字下变频技术是软件无线电的核心技术之一，也是计算量最大的部分，一般通过 FPGA 或专用芯片等硬件实现。用 FPGA 来设计数字下变频器有许多好处：在硬件上具有很强的稳定性和极高的运算速度；在软件上具有可编程的特点，可以根据不同的系统要求采用不同的结构来完成相应的功能，灵活性很强，便于进行系统功能扩展和性能升级。

三、实验任务

基于 FPGA 设计数字下变频器，设计要求如下。

(1)输入模拟中频信号为 26MHz，带宽为 2MHz。测试时可用信码率小于 4MB/s 的 QPSK 信号作为模拟中频信号。

(2)对模拟中频信号采用带通采样方式，ADC 采样率为 20MS/s(million samples per second)，采样精度为 14 位，ADC 输出为 14 位二进制补码。

(3)经过 A/D 变换之后数字中频送到 DDC，要求 DDC 将其变换为数字正交基带 I、Q 信号，并实现 4 倍抽取滤波，即 DDC 输出的基带信号为 5MS/s 的 14 位二进制补码。

四、实验原理

1. 算法分析

数字下变频器(DDC)将数字化的中频信号变换至基带，得到正交的 I、Q 数据，以便进行基带信号处理。一般的 DDC 由数字振荡器(Numerically Controlled Oscillator，NCO)、数字混频器、低通滤波器和抽取滤波器组成，如图 6.24 所示。

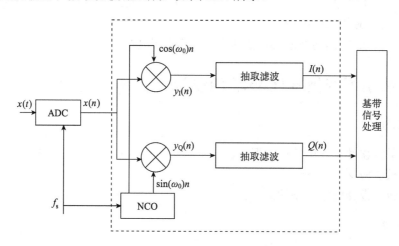

图 6.24　数字下变频原理框图

设输入模拟中频信号为

$$x(t) = a(t)\cos[\omega_c t + \varphi(t)] \tag{6.19}$$

式中，$a(t)$ 为信号瞬时幅度；ω_c 为信号载波角频率，则经 ADC 采样后的数字中频信号为

$$x(n) = a(n)\cos[\omega_c n T_s + \varphi(n T_s)] \tag{6.20}$$

式中，$T_s = 1/f_s$，f_s 为 ADC 采样频率。假设 NCO 的角频率为 ω_0，NCO 产生的正交本振信号为 $\cos(\omega_0 n T_s)$ 和 $\sin(\omega_0 n T_s)$，则乘法器输出为

$$y_I(n) = \frac{a(n)}{2}\{\cos[(\omega_c - \omega_0)n T_s + \varphi(n T_s)] + \cos[(\omega_c + \omega_0)n T_s + \varphi(n T_s)]\} \tag{6.21}$$

$$y_Q(n) = \frac{a(n)}{2}\{\sin[(\omega_c + \omega_0)n T_s + \varphi(n T_s)] - \sin[(\omega_c - \omega_0)n T_s + \varphi(n T_s)]\} \tag{6.22}$$

由式(6.21)和式(6.22)可知，在混频后用一个低通滤波器滤除和频部分、保留差频部分，即可将信号由中频变到基带。经过低通滤波后得到的基带信号为

$$I(n) = \frac{a(n)}{2}\cos[2\pi\Delta f \cdot n T_s + \varphi(n T_s)] \tag{6.23}$$

$$Q(n) = \frac{a(n)}{2}\sin[2\pi\Delta f \cdot n T_s + \varphi(n T_s)] \tag{6.24}$$

式中，$\Delta f = f_c - f_0$。整个过程将信号频率由中频变换到基带，实现下变频处理。

为了获得较高的信噪比及瞬时采样带宽，中频采样速率应尽可能选得高一些，但这将导致中频采样后的数据流速率仍然较高，后级的处理难度增大。由于实际的信号带宽较窄，为了降低数字基带处理的计算量，有必要对采样数据流进行降速处理，即抽取滤波。下面讨论有利于实时处理的多相滤波结构。

设抽取滤波器中的低通滤波器的冲击响应为 $h(n)$，则其 z 变换可表示为

$$H(z) = \sum_{n=-\infty}^{+\infty} h(n)z^{-n} = \sum_{k=0}^{D-1} z^{-n} \cdot E_k(z^D) \tag{6.25}$$

式中

$$E_k(z^D) = \sum_{n=-\infty}^{+\infty} h(nD+k)z^{-n} \tag{6.26}$$

$E_k(z^D)$ 称为多相分量，D 为抽取因子。式 (6.26) 就是数字滤波器的多相结构表达式，将其应用于抽取器后的结构如图 6.25 所示。

利用多相滤波结构，可以将数字下变频的先滤波再抽取的结构等效转换为先抽取再滤波的形式，如图 6.26 所示。这样，对滤波器的各个分相支路来说，滤波计算在抽取之后进行，原来在一个采样周期内必须完成的计算工作量，可以允许在 D 个采样周期内完成，且每组滤波器的阶数是低通滤波器阶数的 $1/D$，实现起来要容易得多。

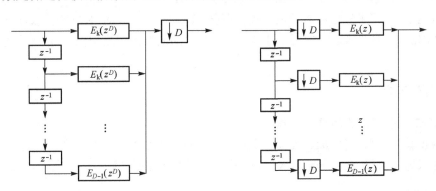

图 6.25　先滤波再抽取结构　　　　图 6.26　先抽取再滤波高效结构

2. DDC 的 FPGA 实现

1) NCO 的实现

NCO 的作用是产生本振信号，即产生正交正弦、余弦信号样本，采用 DDS 的方法实现。本实验要求 $\Delta f = 0$，所以要求 NCO 产生频率为 26MHz 的正弦、余弦样本，取样频率为 20MHz。

正弦样品可由图 6.16 所示的 DDS 结构实现。由于取样频率为 20MHz 小于信号频率，取样后的正弦脉冲样本如式 (6.27) 所示。

$$v_I(n) = \sin\left(2\pi f_0 \frac{n}{f_s}\right) = \sin\left[2\pi(0.6\text{MHz} + f_s)\frac{n}{f_s}\right] = \sin\left(2\pi \times 0.6\text{MHz} \times \frac{n}{f_s}\right) \tag{6.27}$$

由式 (6.27) 可出，26MHz 的正弦信号经取样后信号降频为 0.6MHz 信号的正弦信号。由式 (6.15) 可计算相位增量为 {12'h4cc, 10'h333}。

同样，余弦样品也可由图 6.16 所示的 DDS 结构实现，不过，地址处理和数据处理的方法要做相应变化。

2) 混频器的实现

数字混频器将原始采样信号与 NCO 产生的正、余弦波形分别相乘，最终得到两路互为

正交的信号。由于输入信号的采样率较高，因此要求混频器的处理速度大于等于信号采样率。本设计的采样率为 20MHz，实验 9 介绍的乘法器基本上可满足要求。

另外，也可采用 Xilinx 公司的乘法器 IP 核作数字混频器。

3) 抽取滤波模块的实现

因为经 DDS 后的信号是带宽为 2MHz 的零中频信号，只考虑正频率范围，故该滤波器的通带截止频率为 1MHz，设计采用 FIR 滤波器。FIR 的阶数越高，性能越好，但考虑资源占用情况，FIR 的阶数不宜过高，建议设计采用 32 阶 FIR。在 MATLAB 中设计一个通带截止频率为 2MHz 的 32 阶 FIR，将系数量化为 14 位二进制数值 $h(0) \sim h(31)$。

抽取滤波模块设计采用图 6.26 所示的多相滤波器结构。该设计按照 4∶1 的比例抽取信号，即 $D = 4$，因此把这个 32 阶的 FIR 滤波器"拆分"为 4 个 8 阶的滤波器，那么每个分支滤波器的冲击响应满足

$$h_k(n) = h(k + 4n) \tag{6.28}$$

式中，k 表示第 k 支路，$k = 0, 1, 2, 3$；$n = 0, 1, 2, \cdots, 7$。

注意，虽然采用了先抽取再滤波结构，降低 FIR 取样频率，但 8 阶的滤波器的取样频率仍达到 5MHz，对滤波器运算的要求还是很高，8 阶的滤波器应采用图 6.20 所示的并行工作方式。

五、提供的文件

(1) DDC 顶层模块的测试文件 ddc_tb.v。

(2) 数据输入波形文件 data_in.txt。其中 data_in.txt 为 QPSK 信号。

(3) 生成输入波形文件 data_in.txt 的 C 程序，便于读者更改输入波形文件。

六、实验设备

装有 ModelSim SE 和 Vivado 软件的计算机。

七、预习内容

(1) 查阅相关资料，了解软件数字无线电的基本概念；熟悉 DDC 的工作原理与应用场合。

(2) 查阅相关资料，掌握抽取器、FIR 滤波器的工作原理与实现方法。

八、实验内容

(1) 设计编写 DDC 模块(包括子模块)的 Verilog HDL 代码。

注意，设计时，在图 6.24 中，$x(n)$ 与混频器之间插入一级 D 型缓冲器，D 型缓冲器用取样脉冲使能。

(2) 用 ModelSim 仿真。仿真时，请注意下面几点。

① 因测试文件需从 data_in.txt 文件读取数据，所以需将文件 data_in.txt 复制到 ModelSim 工程文件夹。

② 为了 DDC 结果直观显示，需用模拟波形显示输入、输出信号，波形信号设置方法参考实验 15。本实验，若本振信号与输入信号同频同相，则仿真结果如图 6.27 所示。

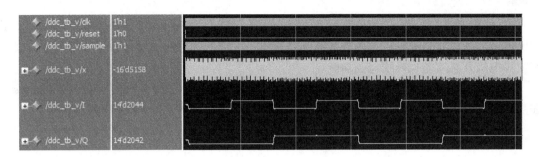

图 6.27　DDC 仿真结果

九、实验报告要求

(1) 写出设计原理、列出 Verilog HDL 代码并对设计作适当说明。

(2) 记录 ModelSim 仿真波形，并对仿真波形作适当解释，分析是否符合预期功能。

(3) 记录实验结果，分析设计是否正确。

(4) 记录实验中碰到的问题和解决方法。

十、思考题

(1) 在零中频的 DDC 电路中，是否要求本振信号与输入信号同频同相？

(2) 零中频系统有什么优缺点？

实验 18　音频编解码芯片接口设计

一、实验目的

(1) 熟悉 ADAU1761 音频编解码芯片接口的工作原理及接口方式。

(2) 掌握 I^2C 总线协议，学会用 FPGA 实现 I^2C 总线控制器并配置 ADAU1761 音频编解码芯片。

(3) 掌握 IIS 总线协议，学会用 FPGA 实现 ADAU1761 音频编解码芯片的数据读写。

(4) 掌握独立设计数字系统的能力。

二、相关知识

1. I^2C 总线简介

I^2C 总线是英文 INTER IC BUS 或 IC TO IC BUS 的简称，20 世纪 80 年代由 Philips 公司推出，是微电子通信控制领域广泛采用的一种总线标准。它是同步通信的一种特殊形式，具有接口线少，控制方便简化，器件封装形式小，通信速率较高等优点。在主从通信中，可以有多个 I^2C 总线器件通过 SDA(串行数据线)和 SCL(串行时钟线)两根线同时接到 I^2C 总线上。所有 I^2C 兼容的器件都具有标准的接口，通过地址来识别通信对象，使它们可以经由 I^2C 总线互相直接通信。

1) I^2C 总线的基本结构

SDA 和 SCL 都是双向线路，都通过一个电流源或上拉电阻连接到正的电源电压，如图 6.28 所示。当总线空闲时，这两条线路都是高电平。连接到总线的器件输出级必须是漏极开路或集电极开路才能执行线与的功能。

I^{2}C 总线上数据的传输速率在标准模式下可达 100Kbit/s，在快速模式下可达 400Kbit/s，在高速模式下可达 3.4Mbit/s。连接到总线的接口数量由总线的电容(400pF)限制决定。

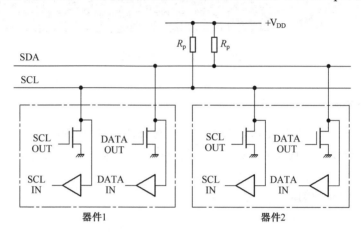

图 6.28　I^{2}C 总线接口电路结构

2) I^{2}C 总线的基本概念

(1) 发送器(transmitter)：发送数据到总线的器件。

(2) 接收器(receiver)：从总线接收数据的器件。

(3) 主器件(master)：初始化发送、产生时钟信号和终止发送的器件。

(4) 从器件(slave)：被主机寻址的器件。

I^{2}C 总线是双向传输的总线，因此主器件和从器件都可能成为发送器和接收器。如果主器件向从器件发送数据，则主器件是发送器，而从器件是接收器；如果主器件从从器件读取数据，则主器件是接收器，而从器件是发送器。不论主器件是发送器还是接收器，时钟信号 SCL 都要由主器件来产生。

3) I^{2}C 总线上的控制信号

I^{2}C 总线在传送数据的过程中，主要有三种控制信号：起始信号、结束信号、应答信号。

(1) 起始信号：当 SCL 为高电平时，SDA 由高电平转为低电平时，开始传送数据。

(2) 结束信号：当 SCL 为高电平时，SDA 由低电平转为高电平时，结束数据传送。

(3) 应答信号：接收器在接收到 8bits 数据后，向发送器发出低电平信号，表示已收到数据。这个信号可以是主控器件发出，也可以是从器件发出，总之由接收数据的器件发出。

在这些信号中，起始信号是必需的，结束信号和应答信号则可以缺省。

4) I^{2}C 总线上数据的有效性

数据线 SDA 的电平状态必须在时钟线 SCL 处于高电平期间保持稳定不变。SDA 的电平状态只有在 SCL 处于低电平期间才允许改变，但是在 I^{2}C 总线的起始和结束时例外。

5) I^{2}C 总线上的基本操作

I^{2}C 总线的数据传送格式是：在 I^{2}C 总线发出开始信号后，送出的第一个字节数据是用来选择从器件地址的，其中前 7 位为地址码，第 8 位为方向位（R/W）。方向位为"0"表示发送，即主器件把信息写到所选择的从器件；方向位为"1"表示主器件将从从器件读信息。发出开始信号后，系统中的各个器件将自己的地址和主器件送到总线上的地址进行比较，如果与主器件发送到总线上的地址一致，则该器件即是主器件寻址的器件，其接收信息还是发送信息则由第 8 位（R/W）确定。

在 I²C 总线上每次传送的数据字节数不限，但每个字节必须为 8 位，而且每个传送的字节后面必须跟一个认可位（第 9 位），也称为应答位（ACK）。数据的传送过程如图 6.29 所示。每次都是先传送最高位，通常从器件在接收到每个字节后都会做出响应，即释放 SCL 线返回高电平，准备接收下一个数据字节，主器件可继续传送。如果从器件正在处理一个实时事件而不能接收数据（例如，正在处理一个内部中断，在这个中断处理完之前就不能接收 I²C 总线上的数据字节），那么从器件可以使时钟 SCL 线保持低电平，但 SDA 必须保持高电平，此时主器件产生一个结束信号，使传送异常结束，迫使从器件处于等待状态。当从器件处理完毕时将释放 SCL 线，主器件将继续传送。

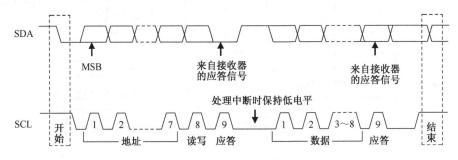

图 6.29　I²C 总线数据的传送过程

当主器件发送完 1 字节的数据后，接着发出对应于 SCL 线上的一个时钟认可位（ACK），在此时钟内主器件释放 SDA 线，表示一个字节传送结束。而从器件的响应信号将 SDA 线拉成低电平，使 SDA 在该时钟的高电平期间为稳定的低电平。从器件的响应信号结束后，SDA 线返回高电平，进入下一个传送周期。

I²C 总线还具有广播呼叫地址的功能，用于寻址总线上所有器件。若一个器件不需要广播呼叫寻址中所提供的任何数据，则可以忽略该地址不作响应。如果该器件需要广播呼叫寻址中提供的数据，则应对地址做出响应，表现为一个接收器。

6）总线竞争的仲裁

总线上可能挂接有多个器件，有时会发生两个或多个主器件同时想占用总线的情况。例如，多单片机系统中，可能在某一时刻有两个单片机要同时向总线发送数据，这种情况称为总线竞争。I²C 总线具有多主控能力，可以对发生在 SDA 线上的总线竞争进行仲裁，其仲裁原则是这样的：当多个主器件同时想占用总线时，如果某个主器件发送高电平，而另一个主器件发送低电平，则发送电平与此时 SDA 总线电平不符的那个器件将自动关闭其输出级。总线竞争的仲裁是在两个层次上进行的：首先是地址位的比较；如果主器件寻址同一个从器件，则进入数据位的比较，从而确保了竞争仲裁的可靠性。由于是利用 I²C 总线上的信息进行仲裁，因此不会造成信息的丢失。

2. 集成音频编解码芯片 ADAU1761 简介

ADAU1761 是一款功能强大的低功耗立体声 24 位音频编解码芯片，其高性能耳机驱动器、低功耗设计、可控采样频率、可选择的滤波器使得 ADAU1761 芯片广泛使用于便携式电子设备。其结构框图如图 6.30 所示。

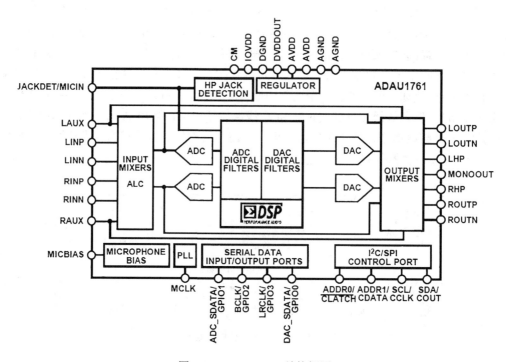

图 6.30　ADAU1761 结构框图

ADAU1761 的 6 个模拟输入，可配置为单端输入或差分输入，各路输入均可进行音量调节；内置两个高性能 24 位模数转换器（ADC）及可选择的高通数字滤波器；两个 24 位数模转换器（DAC）采用高品质过采样技术，输出可配置立体声线路输出（单端输出或差分输出）和立体声耳机输出。

内置晶体锁相环支持输入时钟 MCLK 频率 8~27MHz；微处理器等主控器可通过 I^2C 或 SPI 总线对 ADAU1761 进行配置，然后通过数字音频接口（serial data I/O）读写数据音频信号。

1）ADAU1761 芯片音频数据接口时序分析

ADAU1761 的音频数据接口有 4 根引脚，分别为：BCLK（音频位时钟）、LRCLK（串行数据帧时钟）、ADC_DATA（ADC 串行数据输出）、DAC_DATA（DAC 串行数据输入），ADAU1761 工作方式可配置成主模式（BCLK、LRCLK 由 ADAU1761 提供）或从模式（BCLK、LRCLK 由外部主控器输入）。串行数据支持 4 种音频数据模式：IIS、Left-Justified（左对齐）、Right-Justified（右对齐）和 TDM 模式。图 6.31 是 IIS 模式中的最基本的一种时序（ADAU1761 默认工作方法，采样率 f_s=48kHz），时序的特点如下。

（1）LRCLK 下沿启动一帧音频数据，左声道数据在前，右声道数据在后。一个 LRCLK 包含 64 个 BCLK 时钟，占空比为 50%。在 LRCLK 边沿延时一个 BCLK 时钟开始输出串行数据 SDATA，高位在前。

(2) BCLK 时钟占空比为 50%，串行数据 SDATA 在 BCLK 时钟下沿改变数据，在 BCLK 时钟上沿时，数据稳定不变。

(3) 各种时钟频率关系，$f_{MCLK} = 256f_s = 12.288MHz$，$f_{BCLK} = 64f_s$，$f_{LRCLK} = f_s$。

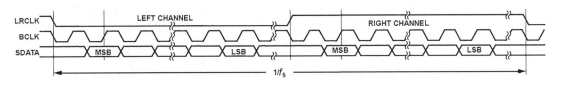

图 6.31　IIS 音频数据模式的时序

2) 控制接口时序

ADAU1761 内部共有 66 个控制寄存器，主控器可通过 I^2C 或 SPI 总线对 ADAU1761 的控制寄存器进行读写，配置 ADAU1761 芯片的工作模式。图 6.32 为通过 I^2C 总线对控制寄存器进行写操作的时序图，配置一个寄存器，I^2C 总线的数据需传送 4 个字节：ADAU1761 器件的 I^2C 地址及 R/W ({5'b01110,{ADDR1,ADDR0},1'b0})，前 7 位为 ADAU1761 器件地址，后一位 0 表示写控制)、寄存器的高位地址(SubAddrH，ADAU1761 的控制寄存器的高位地址均为 0x40)、寄存器的低位地址(SubAddrL)和寄存器的控制字(data)。

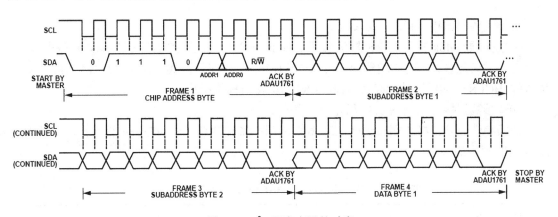

图 6.32　I^2C 写寄存器的时序

ADAU1761 器件地址的后两位 ADDR1,ADDR0 与器件外接电路有关，Nexys Video 开发板将 ADDR1,ADDR0 均接高电平。

要进一步了解 ADAU1761 的工作原理及各控制器的含义，请参考 ADAU1761 用户数据手册。

三、实验任务

(1) 设计音频编解码芯片 ADAU1761 接口模块，包含芯片配置接口与音频数据接口。图 6.33 虚框所示部分为接口模块端口连接方式。Nexys Video 开发板共有线路输入(Line In)和麦克风输入(Mic In)两种模拟输入，其中 Line In 从 AUX 端口输入，而 Mic In 从 INN 单端输入；同时有线路输出(Line Out)和耳机输出(HP Out)两种模拟输出，其中 Line Out 从 OUTP 单端输出。

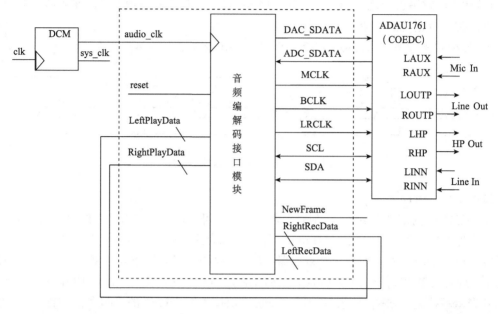

图 6.33　音频回放系统连接图

音频编解码器接口模块要求如下。

①采样频率 48kHz，录音模拟信号从 Line In 输入，播放模拟信号从 Line Out 输出。

②为了简化设计，音频编解码芯片 ADAU1761 工作在从模式，其主时钟（MCLK）、音频位时钟（BCLK）、串行数据帧时钟（LRCLK）均由接口模块提供。

③音频数据接口采用图 6.31 所示 IIS 模式。

音频编解码接口模块端口说明如表 6.6 所示，特别注意，NewFrame 信号是与音频时钟 audio_clk 同步的。

表 6.6　音频编解码芯片 ADAU1761 接口模块端口说明

端口名称	I/O	说明
MCLK	Output	音频数据接口信号，其中 MCLK 频率要求为 12.288MHz，
BCK	Ouput	
LRCLK	Output	
ADC_SDATA	Input	
DAC_SDATA	Ouput	
SCL	Inout	控制接口信号。I²C 接口信号
SDL	Inout	
audio_clk	Input	音频时钟，要求频率等于 MCLK 频率，即 12.288MHz
reset	Input	复位信号，高电平有效

续表

端口名称	I/O	说明
LeftPlayData[15:0]	Input	播放采样数据
RightPlayData[15:0]	Input	
LeftRecData[15:0]	Ouput	录音采样数据
RightRecData[15:0]	Ouput	
NewFrame	Ouput	一个 audio_clk 周期宽度脉冲，与 audio_clk 同步，高电平时表示录音采样数据有效；同时要求输入下一个播放采样数据

(2)实现音频回放功能，如图 6.33 所示。模拟音频信号从 Line In 输入并作为 CODEC 录音源，再将录音采样数据(LeftRecData/ RightRecData)回送至播放采样数据(LeftPlayData/RightPlayData)，实现声音回放。

由于 Nexys Video 开发板未提供 12.288MHz 音频时钟，为了简化电路设计，本实验可用 12.5MHz 频率近似代替音频时钟。音频时钟 audio_clk 可由时钟管理时钟模块(DCM)产生。

四、实验原理

根据音频编解码芯片 ADAU1761 工作原理，音频编解码芯片 ADAU1761 接口模块，包含芯片配置模块与音频数据接口模块，其原理框图如图 6.34 所示。音频数据接口主要负责音频数据收、发工作；而芯片配置用 I²C 接口读写 ADAU1761 内部控制寄存器来实现。

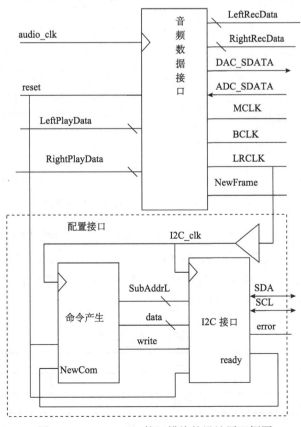

图 6.34　ADAU1761 接口模块的设计原理框图

1. 音频数据接口

本音频数据接口采用 IIS 工作方法，时序要求如图 6.31 所示，主要任务包括以下几方面。

(1) 产生编码芯片主时钟（MCLK）、位时钟（BCLK）和帧时钟（LRCLK）。

(2) 接收编解码芯片的串行数据（ADC_SDATA）并将之转换成 24 位并行录音数据（RecData）输出；与此同时，将 24 位并行播放数据 PlayData 转换成串行数据（DAC_SDATA）发送给编解码芯片。

音频数据接口模块的设计原理如图 6.35 所示，本模块要求输入的 audio_clk 频率与 MCLK 频率相同。编解码芯片各类时钟可以用 8 位同步二进制计数器产生，q[1] 为 4 分频输出，且占空比为 50%，符合位时钟 BCLK 要求；同样，q[7] 为 256 分频输出，且占空比为 50%，即可做帧时钟 LRCLK。

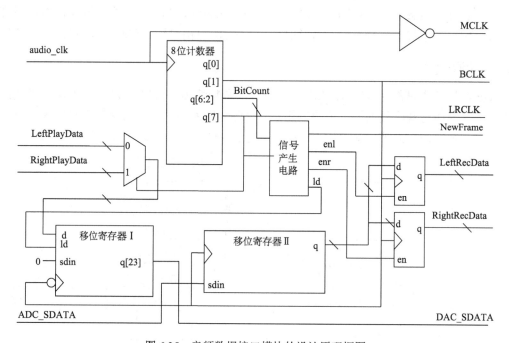

图 6.35　音频数据接口模块的设计原理框图

收、发音频数据均可移位寄存器（左移，低位移写高位）完成，图 6.36 为详细时序图。24 位移位寄存器 I 完成数据发送任务，由 BCLK 时钟下沿触发，在 BitCount 为 0 时，ld 信号有效，在 BCLK 时钟下沿将需播放的音频数据 PlayData 并行置入寄存器，然后在 BCLK 时钟下沿将数据逐位移出。移位寄存器 I 功能如表 6.7 所示。

表 6.7　移位寄存器 I 功能表

ld	clk	q*	功能
1	↓	d	同步置数
0	↓	{q[22:0],sdin}	左移

左移 24 位寄存器 II 由 BCLK 上沿触发，完成数据接收工作。当 BitCount 为 25 时，即完成一个声道接收，此时应将接收到 RecData 用寄存器保存。当接收完一帧音频数据时，输出 NewFrame 脉冲，此信号有两个作用：一是表示接收到新的一帧音频数据 RecData；二是索取新的播放数据 PlayData。

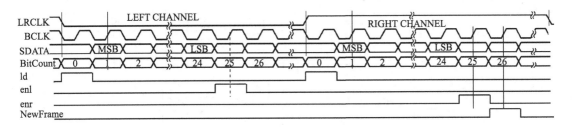

图 6.36 音频数据接口模块的详细时序图

强调一下，本设计，在整个发送过程要保持 PlayData 不变。

2. 芯片配置模块

1) I^{2}C 接口模块

为简化设计，我们只对音频编解码的控制寄存器进行写操作，从图 6.31 可看出，配置一个寄存器需 4 个字节。用 I^{2}C 控制器时钟 I2C_clk 二分频产生的 SCL 时钟，如图 6.37 所示，若用 I2C_clk 下降沿来触发 SCL 时钟，而用 I2C_clk 的上升沿来触发 SDA，这样 SDA 与 SCL 就相差了半个 SCL 周期，巧妙地满足 I^{2}C 总线上的传输协议。

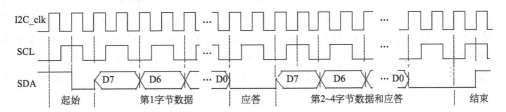

图 6.37 I^{2}C 时序实现方式

根据图 6.37 时序要求，可画出 I^{2}C 接口模块的组成框图，如图 6.38 所示。控制器是电路核心，控制 I^{2}C 数据发送的整个进程；clk 下沿触发的二分频器产生 SCL；数据选择器根据发送进程选取相应数据，由于 SDA 外接上拉电阻，因此，只需在发送低电平时拉低 SDA 总线即可；3 位减法计数器决定发送哪一位数据，计数器的输入端 s 有效时，计数状态置最大值即 7，当计数状态为 0 时输出 LastData 为高电平。

由于 I^{2}C 协议要求 SCL 频率在 10~400kHz 范围，因此可将帧时钟 LRCLK 作为 I2C_clk.。另外，特别强调一下，本实验与前面实验中介绍的同步时序系统有所不同，不但有多个时钟，而且还有上、下沿触发，设计时一定要注意。

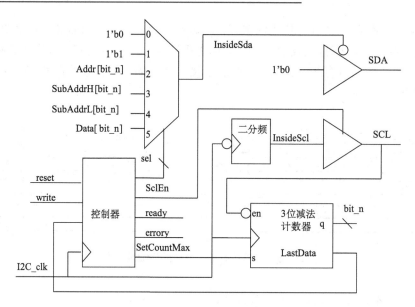

图 6.38　I²C 接口模块的组成框图

图 6.39 为控制器算法流程图。复位后，状态机在空闲状态(IDLE)等待，此时控制器不占用 SCL、SDA 总线，当接到写指令时(write=1)，状态要跳到 Start 状态。在 Start 状态时，开启 SCL 时钟，以后在整个命令发送过程一直保持开启 SCL 时钟，并在 SCL 高电平转到 StartBit 状态发送起始位，然后进入 AddrWR 状态发送第一字数据，即 I²C 地址和读写 R/W 位。在 AddrWR 状态，判断是否发完 8 位数据，若发完，进入 AckAddrWR 等待音频编解码芯片应答。在 AckAddrWR 状态中，控制器关闭 SDA 输出，若音频编解码芯片应答低电平正确，则进入下一个字节发送；若无应答，则进入 Err 状态，发出错误信息。依次进入 SubAddrHWR、AckAddrHWR、SubAddrLWR、AckAddrLWR、DataWR 和 AckDataWR 状态分别进行第 2~4 字节数据发送和应答。发送 4 个字节后，进入 Stop 和 Ready 状态发送停止位，并在 Ready 状态置位 ready 标志，关闭 SCL 和 SDK 总线后回到 IDEL 状态等待下一次发送请求。

2)寄存器配置命令产生模块

音频编解码 ADAU1761 共有 66 个控制寄存器，大部分可采用默认配置，一般来说只需配置二十多个寄存器。寄存器配置命令产生模块的作用是：先发送一个配置命令(寄存器低位地址 SubAddrL 和命令字 Data)给 I²C 控制器，待 I²C 控制器配置完毕(ready 信号有效)，再送入下一个命令给 I²C 控制器，……直至所有需配置的寄存器配置完毕。图 6.40 为寄存器配置命令产生模块的原理框图，控制器的流程图如图 6.41 所示。复位后，计数器送出第一条命令，状态机进入 ComWrite 状态输出一个 write 脉冲，通知 I²C 控制器开始配置；然后进入 ComWait 状态等待 I²C 控制器配置。当 I²C 控制器配置完毕，NewCom 脉冲(即 I²C 控制器的 ready 信号)使 5 位计数器递增 1 并取出新命令,同时使状态机再次进入 ComWrite 状态输出一个 write 脉冲启动另一次寄存器配置工作。当所有寄存器配置完毕(co 有效)，状态进入 ComStop 状态结束配置。

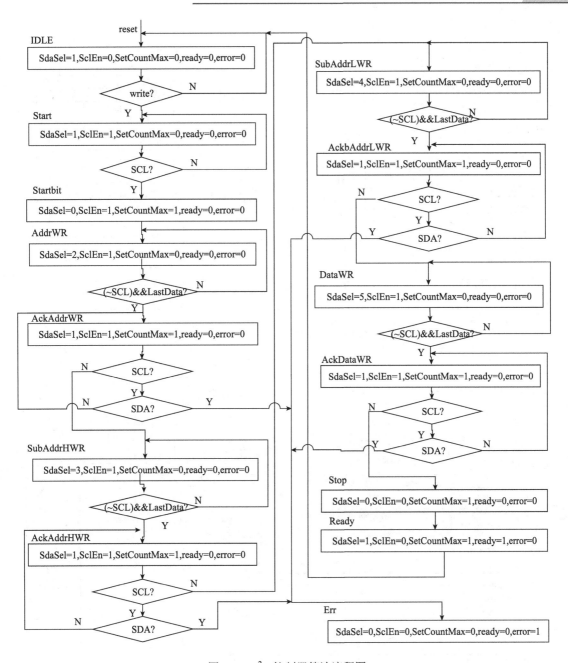

图 6.39 I²C 控制器算法流程图

音频数据接口协议采用默认协议，因此主要对信号输入通道（Input Mixers）和信号输出通道（Output Mixers）进行配置，本实验要求录音模拟信号从 Line In 输入，其信号流向由图 6.42 所示的虚线箭头表示；播放模拟信号从 Line Out 输出，输出信号流向如图 6.43 虚线箭头表示，需配置的寄存器及配置命令如表 6.8 所示。表中共需 20 个寄存器需配置，而图 6.40 所示模块可配置 32 个寄存器，解决方法之一可对最后一个寄存器重复配置，这样可便于以后添加寄存器配置。

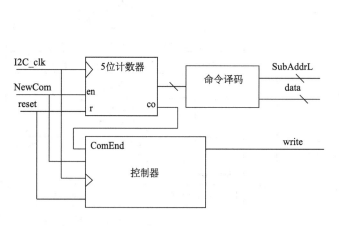

图 6.40　命令产生模块的原理框图

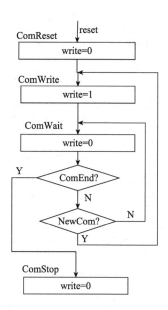

图 6.41　命令配置的流程

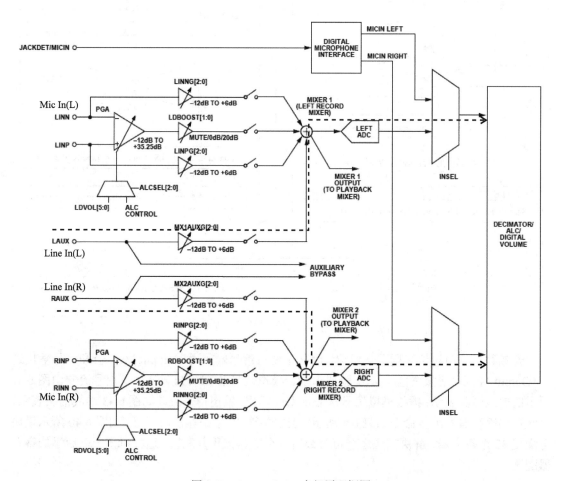

图 6.42　Input Mixers 内部原理框图

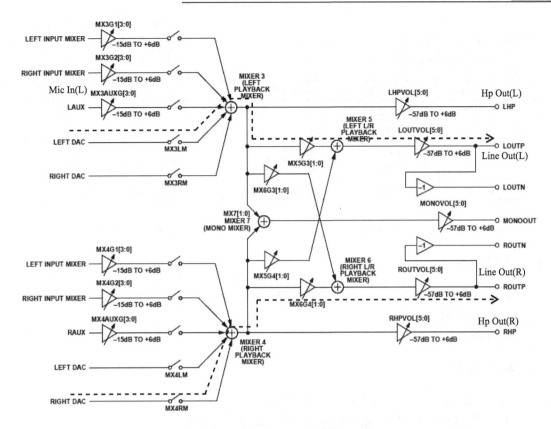

图 6.43　Output Mixers 内部原理框图

表 6.8　寄存器配置表

序号	寄存器	｛SubAddrL,data｝	说明
0	R4	16'h0A_01	enable mixer 1
1	R5	16'h0B_07	unmute Left channel of line in into mixer1 and set gain to 6 db
2	R6	16'h0c_01	enable mixer2
3	R7	16'h0d_07;	unmute Right channel of line in into mixer2 and set gain to 6 db
4	R19	16'h19_13	enable ADCs
5	R22	16'h1C_21	unmute Left　DAC into mixer3; enable mixer3
6	R24	16'h1E_41	unmute Right　DAC into mixer4; enable mixer
7	R26	16'h20_05	unmute mixer3 into mixer 5 and set gain to 6db; enable mixer 5
8	R27	16'h21_11	unmute mixer 4 into mixer 6 and set gain to 6db; enable mixer 6
9	R29	16'h23_e6	mute Left channel of HP port（LHP）
10	R30	16'h24_e6	mute Right channel of HP port（LHP）
11	R31	16'h25_e6	set LOUT volume（0db）; unmute left channel of Line out port; set Line out port to line out mode
12	R32	16'h26_e6	set ROUT volume（0db）; unmute right channel of Line out port; set Line out port to line out mode

续表

序号	寄存器	{SubAddrL,data}	说明
13	R35	16'h29_03	enable left and right channel playback
14	R36	16'h2A_03	enable both DACs
15	R58	16'hF2_01	connect I2S serial port output(SDATA_O)to DACs
16	R59	16'hF3_01	connect I2S serial port output(SDATA_I)to DACs
17	R65	16'hF9_7F	enable clocks
18	R28	16'h22_01	enable mixer 7
19	R66	16'hFA_03	enable Digital Clock Generator 0 and Digital Clock Generator 1

特别提醒一下，本实验有多种时钟，设计时，注意模块调用时的时钟连接。

五、实验设备

(1)装有 Vivado 的 ModelSim SE 软件的计算机。

(2)Nexys Video 开发板。

(3)有源音响或耳机。

六、提供的文件

(1)I^{2}C 接口模块测试文件 I2cInterface_tb.v。

(2)寄存器配置命令产生模块的测试文件 CodecSetData_tb.v。

(3)音频数据接口模块的测试文件 I2sInterface_tb.v。

七、预习

(1)翻阅相关书籍或者上网查阅相关资料，学习并掌握 I^{2}C 总线的原理和技术规范。

(2)查阅编解码芯片 ADAU1761 的数据手册，理解 ADAU1761 的工作原理和应用方法。

八、实验内容

(1)编写音频数据接口模块的 Verilog HDL 代码，并用提供的测试代码进行仿真。

(2)编写 I^{2}C 接口模块的 Verilog HDL 代码，并用提供的测试代码进行仿真。

(3)编写寄存器配置命令产生模块的 Verilog HDL 代码，并用提供的测试代码进行仿真。

(4)生成符合设计要求的时钟管理模块(DCM)，输入为 100MHz，输出为 100MHz 的系统时钟 sys_clk 和 12.5MHz 的音频时钟 audio_clk。

(5)编写音频编解码接口模块的 top 文件，相对来说，该模块仿真比较复杂，所以对该模块不再仿真，但要注意子模块之间的连接，可用 Vivado 综合分析的原理图查看连接。

(6)编写音频回放的 top 文件，建立音频回放实验 Vivado 工程，并对工程进行综合、约束、实现并下载至实验开发板中。FPGA 引脚约束内容如表 6.9 所示。

(7)将音频信号从 Nexys Video Artix-7 FPGA 开发实验板中的 Line In 接入，Line Out 接入有源音响或耳机，试听回放效果。

表 6.9 FPGA 引脚约束内容

引脚名称	I/O	引脚编号	电气标准	说明
clk	Input	R4	LVCMOS33	系统 100MHz 主时钟
reset	Input	B22	LVCMOS33	复位按钮(中间按钮)
error	Output	T14	LVCMOS33	I^2C 接口错误提示(LED0)
MCLK	Output	U6	LVCMOS33	ADAU1761 音频数据接口
BCLK	Output	T5	LVCMOS33	
LRCLK	Output	U5	LVCMOS33	
DAC_SDATA	Output	W6	LVCMOS33	
ADC_SDATA	Input	T4	LVCMOS33	
SCL	Inout	W5	LVCMOS33	I^2C 接口
SDA	Inout	V5	LVCMOS33	

九、实验报告要求

(1)写出设计原理、列出 Verilog HDL 代码并对设计作适当说明。

(2)记录 ModelSim 仿真波形,并对仿真波形作适当解释,分析是否符合预期功能。

(3)记录实验结果,分析设计是否正确。

(4)记录实验中碰到的问题和解决方法。

十、思考题

(1)采用 I^2C 总线的器件有什么优点?

(2)若采用话筒(Mic In)输入模拟信号,应怎样配置控制寄存器?又若采用耳机(Hp Out)输出音频信号,应怎样配置控制寄存器?

实验 19 音乐播放实验

一、实验目的

(1)掌握音符产生的方法,了解 DDS 技术的应用。

(2)了解音频编解码的应用。

(3)掌握系统"自顶而下"的数字系统设计方法。

二、音符产生原理

在简谱中,记录音的高低和长短的符号称为音符。音符最主要的要素是"音的高低"和"音的长短"。"音的高低"指每个音符的频率不同,表 6.10 列出主要音符的发声频率。音乐术语中用"拍子"表示"音的长短",这里一拍的概念是一个相对时间度量单位。一拍的长度没有限制,一般来说,一拍的长度可定义为 1s。

实验中,用数组{note,duration}表示音符,note、duration 均为 6 位二进制数。note 为音符标记,其值含义如表 6.10 所示;duration 表示"音的长短",其单位为 1/48s。实验用 128×12bits

存储器（song_rom）存放乐曲，每首乐曲最长由 32 个音符组成，可存放四首乐曲。如乐曲不足 32 个音符，可用{6'd0, 6'd0}填补。

表 6.10 音符频率对照表

音符		频率/Hz	Note	k	备注
低音	1	262	16	{10'd22, 10'd365}	2C
	1#	277	17	{10'd23, 10'd652}	2C#Db
	2	294	18	{10'd25, 10'd90}	2D
	2#	311	19	{10'd26, 10'd551}	2D#Eb
	3	330	20	{10'd28, 10'd163}	2E
	4	349	21	{10'd29, 10'd800}	2F
	4#	370	22	{10'd31, 10'd587}	2F#Gb
	5	392	23	{10'd33, 10'd461}	2G
	5#	415	24	{10'd35, 10'd423}	2G#Ab
	6	440	25	{10'd37, 10'd559}	2A
	6#	466	26	{10'd39, 10'd783}	A#Bb
	7	495	27	{10'd42, 10'd245}	2B
中音	1	524	28	{10'd44, 10'd731}	3C
	1#	554	29	{10'd47, 10'd281}	3C#Db
	2	588	30	{10'd50, 10'd180}	3D
	2#	622	31	{10'd53, 10'd79}	3D#Eb
	3	660	32	{10'd56, 10'd327}	3E
	4	698	33	{10'd59, 10'd576}	3F
	4#	740	34	{10'd63, 10'd150}	3F#Gb
	5	784	35	{10'd66, 10'd922}	3G
	5#	830	36	{10'd70, 10'd846}	3G#Ab
中音	6	880	37	{10'd75, 10'd95}	4A
	6#	932	38	{10'd79, 10'd543}	4A#Bb
	7	990	39	{10'd84, 10'd491}	4B
高音	1	1048	40	{10'd89, 10'd439}	4C
	1#	1108	41	{10'd94, 10'd562}	4C#Db
	2	1176	42	{10'd100, 10'd360}	4D
	2#	1244	43	{10'd106, 10'd158}	4D#Eb
	3	1320	44	{10'd112, 10'd655}	4E
	4	1396	45	{10'd119, 10'd128}	4F
	4#	1480	46	{10'd126, 10'd300}	4F#Gb
	5	1568	47	{10'd133, 10'd821}	4G
	5#	1660	48	{10'd141, 10'd669}	4G#Ab
	6	1760	49	{10'd150, 10'd191}	5A
	6#	1864	50	{10'd159, 10'd62}	5A#Bb
	7	1980	51	{10'd168, 10'd983}	5B

在 FPGA 系统实验中，正弦信号样品(取样值)以一定的速率送给音频编解码系统，由音频编解码器将样品转换为电压，驱动扬声器发声。正弦信号的产生采用 DDS 技术，DDS 技术已在实验 15 作过介绍。

音频编解码器的取样频率为 48kHz，采用与实验 15 相同的 Sine ROM，即 $m=12$。若已知音符频率 f 就可根据式(6.15)求相位增量 k，k 与 f 的关系如式(6.29)所示。

$$k = \frac{f(\text{Hz})}{11.7} \tag{6.29}$$

表 6.10 中的 k 就是根据式(6.15)计算出来的。为了更准确地得到音符频率，用 20 位二进制数表示 k，其中高 10 位为二进制整数，低 10 位为二进制小数。

由于音符个数有限，采用查找表方法实现式(6.29)所示的除法运算较为方便，因此实验中还需要一个 Frequency ROM 来存放 k，Frequency ROM 的地址与音符标记(note)相对应，这样，Frequency ROM 的大小为 64×20bits。表 6.10 列出最常用音符对应的 k 值，表中 note 这一列可作为 Frequency ROM 的地址，而 k 为 Frequency ROM 的数据。

三、实验任务

设计一个音乐播放器，要求以下条件。

(1) 可以播放四首乐曲，设置 play/pause_button、next_button、reset 三个按键。按 play/pause_button 键，音乐在播放和暂停之间切换；按 next_button 键播放下一首乐曲。

(2) LED0 指示播放情况(播放时点亮)、LED2 和 LED 3 指示当前乐曲序号。

四、实验原理

根据实验任务可将系统划分为时钟管理模块(DCM)、按键处理、主控制器、乐曲读取、音符播放(note_player)、同步化电路、节拍基准产生器和音频编解码接口电路等子模块，如图 6.44 所示。各主要子模块作用如下。

时钟管理模块(DCM)产生 100MHz 的系统时钟 sys_clk 和 12.5MHz 的音频时钟 audio_clk。

主控制器(mcu)模块接收按键信息，通知 song_reader 模块是否要播放(play)及播放哪首乐曲(song)。

乐曲读取(song_reader)模块根据 mcu 模块的要求，逐个取出音符信息{note, duration}送给 note_player 模块播放，当一首乐曲播放完毕，回复 mcu 模块乐曲播放结束信号(song_done)。

音符播放接收到需播放的音符，在音符的持续时间内，以 48kHz 速率送出该音符的正弦波样品给音频编解码接口模块。当一个音符播放结束，向 song_reader 模块发送一个 note_done 脉冲索取新的音符。

音频编解码接口模块负责将音符的正弦波样品转换为串行输出并发送给音频编解码芯片 ADAU1761。音频编解码芯片 ADAU1761 接收正弦波样品，再进行 AD 转换并放大，最后送至扬声器播放。注意，note_player 模块产生的正弦波样品为 16 位二进制，需在低位加 8 个 0 后送入音频编解码接口模块。

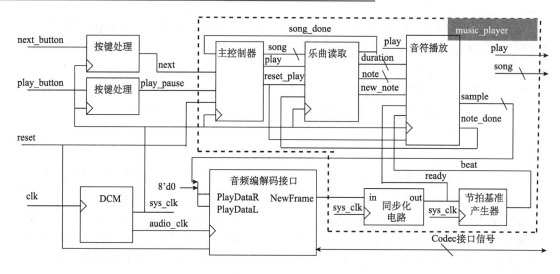

图 6.44　系统的顶层框图

由于音频编解码模块与系统使用不同时钟,因此需要同步化电路协调两部分电路。

节拍基准产生器产生 48Hz 的节拍定时基准脉冲信号(beat),而 ready 信号频率为 48kHz,因此,节拍基准产生器为分频比为 1000 的分频器。而按键处理模块完成输入同步化、防颤动和脉宽变换等功能。

图 6.44 中虚框外面的各功能模块设计原理均已在前面的实验中详细介绍。本实验主要完成要求虚框里面的各模块设计,为了便于仿真,将虚框定义为一个次顶层模块(music_player)。

1. 主控制模块 mcu 的设计

主控制模块 mcu 有响应按键信息、控制系统播放两大任务,表 6.11 为其端口含义。

表 6.11　主控制模块 mcu 的端口含义

引脚名称	I/O	引脚说明
clk	Input	100MHz 时钟信号
reset	Input	复位信号,高电平有效
play_pause	Input	来自按键处理模块的"播放/暂停"控制信号,一个时钟周期宽度的脉冲
next	Input	来自按键处理模块的"下一曲"控制信号,一个时钟周期宽度的脉冲
play	Output	输出控制信号,高电平表示播放,控制 song_reader 模块是否要播放
reset_play	Output	时钟周期宽度的高电平复位脉冲 reset_play,用于同时复位模块 song_reader 和 note_player
song_done	Input	song_reader 模块的应答信号,一个时钟周期宽度的高电平脉冲,表示一曲播放结束
song[1:0]	Output	当前播放乐曲的序号

根据设计要求,模块 mcu 的原理框图如图 6.45 所示。图中的 2 位二进制计数器用来计算乐曲序号(song)。

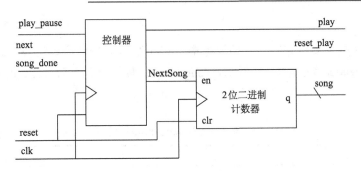

图 6.45 mcu 的结构框图

控制器的工作流程图如图 6.46 所示，控制器设置初始复位(RESET)、播放(PLAY)、暂停(PAUSE)和下一首(NEXT)四种状态。系统复位后，经 RESET 状态初始化后进入 PAUSE 状态，等待各种命令输入；play_pause 脉冲信号使系统在 PLAY、PAUSE 两状态之间互转；在 PLAY 或 PAUSE 状态下，若按下 next_button 按钮，则使系统在进入 NEXT 状态，输出 reset_play 脉冲复位 song_reader 和 note_player 两个模块，同时输出脉冲 NextSong 乐曲序号计数器加 1，进入下一曲播放；另外，在 PLAY 状态时，若乐曲播放结束(song_done 有效)则结束播放，经 RESET 状态复位 song_reader 和 note_player 两个模块，并进入 PAUSE 状态，再次等待各种命令输入。

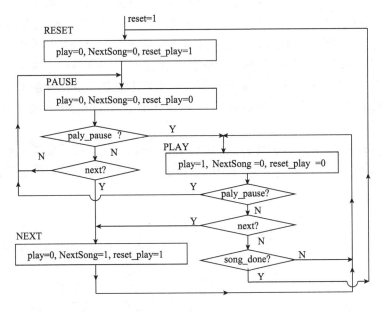

图 6.46 mcu 控制器的算法流程图

2. 乐曲读取模块 song_reader 的设计

乐曲读取模块 song_reader 的任务有

(1)根据 mcu 模块的要求，选择播放乐曲。

(2)响应 note_player 模块请求，从 song_rom 中逐个取出音符{note, duration}送给

note_player 模块播放。

(3)判断乐曲是否播放完毕，若播放完毕，则回复 mcu 模块应答信号。

根据 song_reader 模块的任务要求，song_reader 模块需包含表 6.12 所示的输入、输出端口。

表 6.12 乐曲读取模块 song_reader 的端口含义

引脚名称	I/O	引脚说明
clk	Input	100MHz 时钟信号
reset	Input	复位信号，高电平有效
play	Input	来自 mcu 的控制信号，高电平要求播放
song[1:0]	Input	来自 mcu 的控制信号，当前播放乐曲的序号
note_done	Input	即模块 note_player 的应答信号，一个时钟周期宽度的脉冲，表示一个音符播放结束并索取新音符
song_done	Output	给 mcu 的应答信号，当乐曲播放结束，输出一个时钟周期宽度的脉冲，表示乐曲播放结束
note[5:0]	Output	音符标记
duration[5:0]	Output	音符的持续时间
new_note	Output	给模块 note_playe 的控制信号，一个时钟周期宽度的高电平脉冲，表示新的音符需播放

首先介绍一下 song_rom 模块。song_rom 是一个只读存储器，用来存放乐曲，容量为 $2^7 \times 12$bits。共存放四首乐曲，每首乐曲占用 $2^5 \times 12$bits 空间，即每首乐曲最长由 32 个音符组成。因此，song_rom 高 2 位地址决定哪首乐曲，而低 5 位地址决定这首乐曲的哪个音符。song_rom 每个地址存放一个音符信息，音符信息由 12 位二进制组成，高 6 位表示音符标记 note，低 6 位表示音长 duration。song_rom 模块已由作者提供，前三首乐曲已填写，第 4 首乐曲空白，由读者自己填写，这里说明一下，若乐曲不足 32 个音符，多余的空间用数字 0 填补。

根据 song_reader 模块的功能及 song_rom 结构，可画出图 6.47 所示的结构框图，控制器主要负责接收 mcu 模块与 note_player 模块的控制信号，并做出响应。算法流程图如图 6.48 所示。

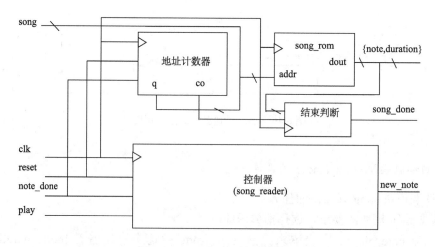

图 6.47 song_reader 的结构框图

系统复位后一直在 RESET 状态等待 mcu 模块控制信号输入，当 mcu 模块发出播放命令（play 为高电平）时，进入 NEW_NOTE 状态输出 new_note 脉冲要求 note_player 模块播放音符；然后进入 WAIT 状态等待，当 note_player 模块播放完音符时，会发出 note_done 脉冲信号索取下一音符，note_done 脉冲信号一方面让地址计数器递增，并从 song_rom 取出一个新的音符，另一方面让控制器进入 NEW_NOTE 状态，输出 new_note 脉冲通知 note_player 模块有新的音符需要播放。当 note_done 有效，需要两个时钟周期才能从 song_rom 中读取下一个音符信息。因此新音符有效标记信号 new_note 也应在新音符数据输出后有效，其时序关系如图 6.49 所示。所以在流程图中插入 NEXT_NOTE 状态，目的是延迟一个时钟周期输出信号，以配合 song_rom 的读取要求。

地址计数器为 5 位二进制计数器，其中 note_done 为计数使能输入，当 note_done 为高电平时，允许计数。计数器状态 q 为 song_rom 的低 5 位地址，song[1:0] 为 song_rom 高两位地址。

当地址计数器出现进位或 duration 为 0 时，表示乐曲结束，应输出一个时钟周期宽度的高电平脉冲信号 song_done。由于 duration 为 0 的持续时间可能不止 1 个时钟周期，因此"结束判断"电路模块可由实验 11 中介绍的脉宽变换电路实现。不过，作者建议采用状态机方法实现，目的是让读者训练一下系统设计过程。

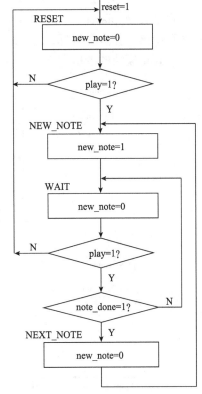

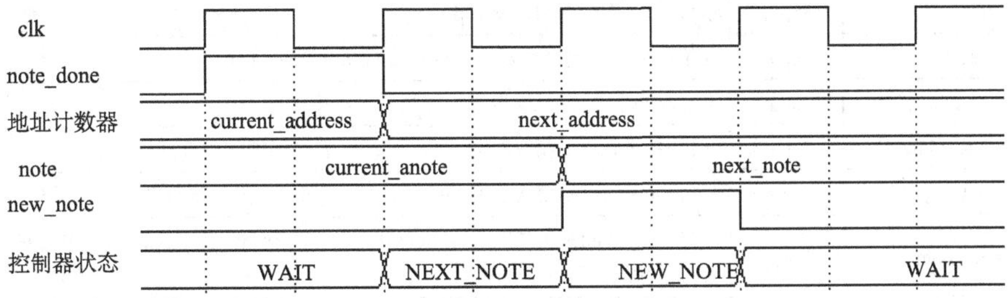

图 6.48　song_reader 控制器的算法流程

图 6.49　song_reader 控制器、地址计数器和 ROM 的时序关系

3. 音符播放模块 note_player 的设计

音符播放模块 note_player 是本实验的核心模块，它主要任务包括以下几方面。
(1) 从 song_reader 模块接收需播放的音符 {note, duration}。
(2) 根据 note 值找出 DDS 的相位增量 k。
(3) 以 48kHz 速率从 Sine ROM 取出正弦样品送给音频编解码器接口模块。

(4) 当一个音符播放完毕，向 song_reader 模块索取新的音符。

根据 note_player 模块的任务，进一步划分功能单元，如图 6.50 所示，图中 FreqROM 为只读存储器，完成音符标记 note 与 DDS 模块的相位增量 k 查找表关系。表 6.13 所示为 note_player 模块的端口含义。

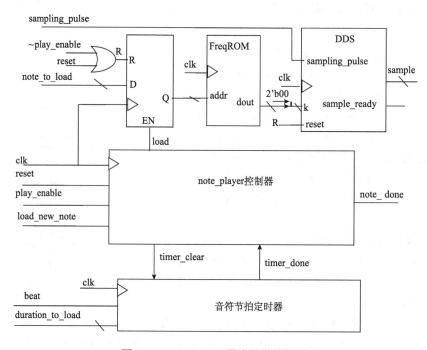

图 6.50　note_player 模块的结构框图

表 6.13　note_player 模块的端口含义

引脚名称	I/O	引脚说明
clk	Input	系统时钟信号，外接 sys_clk
reset	Input	复位信号，高电平有效，外接 mcu 模块的 reset_play
play_enable	Input	来自 mcu 模块的 play 信号，高电平表示播放
note_to_load[5:0]	Input	来自 song_reader 模块的音符标记 note，表示需播放的音符
duration_to_load[5:0]	Input	来自 song_reader 模块的音符持续时间 duration，表示需播放音符的音长
load_new_note	Input	来自 song_reader 模块的 new_note 信号，一个时钟周期宽度的高电平脉冲，表示新的音符需播放
note_done	Output	给 song_reader 模块的应答信号，一个时钟周期宽度的高电平脉冲，表示音符播放完毕
sampling_pulse	Input	来自同步化电路模块的 ready 信号，频率 48kHz，一个时钟周期宽度的高电平脉冲，表示索取新的正弦样品
beat	Input	定时基准信号，频率为 48Hz 脉冲，一个时钟周期宽度的高电平脉冲
sample [15:0]	Output	正弦样品输出

note_player 控制器负责与 song_reader 模块接口，读取音符信息，并根据音符信息从 Frequency ROM 中读取相应相位增量 k 送给 DDS 子模块。另外，note_player 控制器还需要控

制音符播放时间。note_player 控制器的算法流程如图 6.51 所示。在复位或未播放时，控制器处于 RESET 状态或 PLAY 状态，由于此时高电平 reset 或低电平 play_enable 都使图 6.35 中的 D 型寄存器清 0，进而使 k 为 0，不会输出正弦样品。当 play_enable 为高电平，系统进入音符播放 PLAY 状态，当一个音符播放结束时，控制器进入 DONE 状态，置位 done_with_note，向 song_reader 模块索取新的音符，此时 song_reader 模块输出一个 new_note 脉冲信号使控制器进入 LOAD 状态，读取新的音符，然后进入 PLAY 状态播放下一个音符。

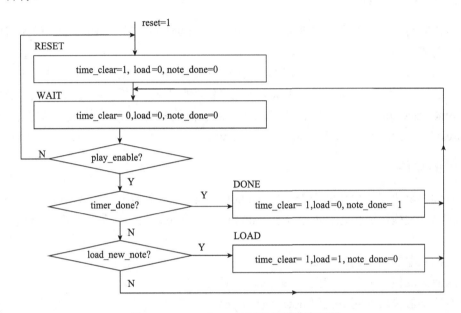

图 6.51　note_player 控制器的算法流程图

音符定时器为 6 位二进制计数器，beat、timer_clear 分别为使能、清 0 信号，均为高电平有效。定时时间由音长信号 duration_to_load 决定，即 duration_to_load 个 beat 周期，timer_done 为定时结束标志。

子模块 DDS 的功能就是利用 DDS 技术产生正弦样品，其工作原理已在实验 15 中介绍了，注意：DDS 模块的输入 k 为 22 位二进制，因此需 FreqROM 输出的 20 位相位增量高位加 2 个 0 后接入 DDS。

4. 同步化电路

由于音频编解码接口模块和其他模块采用不同的时钟，因此两者之间的控制及应答信号须进行同步化处理。

本例中音频编解码接口模块的输出信号 NewFrame 的脉冲宽度为一个 audio_clk 时钟周期，需通过同步化处理，产生与 sys_clk 同步且脉冲宽度为一个 sys_clk 时钟周期的信号 ready。电路如图 6.52 所示，由同步器和脉冲宽度变换电路组成。

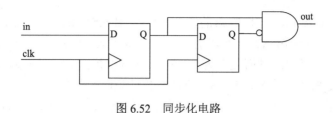

图 6.52　同步化电路

5. 时钟管理模块(DCM)

IP 内核时钟管理模块的输入时钟 clk 频率为 100MHz,产生 100MHz 的系统时钟和 12.50MHz 的音频时钟。

另外,音频编解码接口模块与按键处理模块按实验 18 和实验 11 介绍设计。也可调用作者提供的设计。不过,作者是以 BlackBox 方式提供,即音频编解码接口模块提供综合网表文件 AudioInterface.edf 和端口文件 AudioInterface.v;而按键处理模块提供综合网表文件 button_press_unit.edf 和端口文件 button_press_unit.v。

五、提供的文件

(1)音频编解码接口模块的网表文件 AudioInterface.edf 和端口文件 AudioInterface.v。

(2)按键处理模块提供综合网表文件 button_process_unit.edf 和端口文件 button_process_unit.v。

(3)主控制器的测试代码 mcu_tb.v。

(4)乐曲读取模块的测试代码 song_reader_tb.v。

(5)音符播放模块的测试代码 note_player_tb。

(6)次顶层 music_player 的测试代码 music_player_tb。

(7)实验用到的 song_rom.v 和 frequency_rom.v。

六、实验设备

(1)装有 Vivado 和 ModelSim SE 软件的计算机。

(2)Nexys Video Artix-7 FPGA 多媒体音视频智能互联开发系统。

(3)有源音箱或耳机。

七、预习内容

(1)查阅相关知识,理解音符的要素和音符产生原理。

(2)查阅相关资料,了解 ADAU1761 音频系统的工作原理。

八、实验内容

(1)从网站下载提供的文件。

(2)按照实验 15 介绍的 DDS 原理,编写 DDS 模块的 Verilog HDL 代码,并用 ModelSim 仿真验证。

(3)编写 mcu 模块的 Verilog HDL 代码,并用 ModelSim 仿真验证。

（4）编写 song_reader 模块的 Verilog HDL 代码，并用 ModelSim 仿真验证。

（5）编写 note_player 模块的 Verilog HDL 代码，并用 ModelSim 仿真验证。仿真结果如图 6.53 所示。

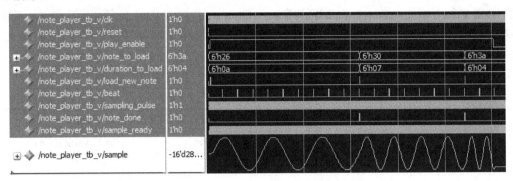

图 6.53　note_player 仿真结果

（6）编写 1000 分频器模块的 Verilog HDL 代码及其测试代码，并用 ModelSim 仿真。注意，分频器模块应设置分频比 n 和状态位数 counter_bits 两个参数。

（7）编写同步化电路的 Verilog HDL 代码及其测试代码，并用 ModelSim 仿真。

（8）编写次顶层 music_player 模块的 Verilog HDL 代码及其测试代码。编写 music_player 模块应注意下列几点。

①端口列表应与提供的测试代码一致，即

```
module music_player #(parameter sim = 0;)(
    input clk,              //高电平有效
    input reset,            //复位输入，高电平有效
    input play_pause,       //"播放/暂停"输入，高电平同步脉冲
    input next,             // "下一首"输入，高电平同步脉冲
    input NewFrame,         //高电平非同步脉冲，索取新的样品
    output[15:0]sample,     //正弦样品输出
    output play,            // 播放状态指示
    output[1:0] song );     // 曲号指示
```

②设置参数 sim，sim 默认值为 0。调用节拍基准分频器模块时，当 sim=0 时，设置分频比为 1000（状态位数 10）；而当 sim=1 时，设置分频比为 64（状态位数 6）。

仿真结果应如图 6.54 所示。

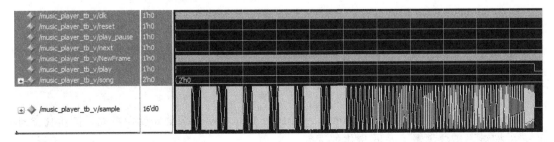

图 6.54　music_player 仿真结果

(9)新建 music_player 的 Vivado 工程,编写顶层 music_player_top 模块的 Verilog HDL 代码,生成符合要求的 DCM 内核,添加 music_player 模块及其子模块、音频编解码接口模块的网表文件 AudioInterface.edf 和端口文件 AudioInterface.v、 按键处理模块提供综合网表文件 button_press_unit.edf 和端口文件 button_press_unit.v 等。对工程进行综合、约束、实现,并下载工程文件到 Nexys Video 开发板中。本实验的引脚约束如表 6.14 所示。

表 6.14   引脚约束内容

引脚名称	I/O	引脚编号	电气标准	说明
clk	Input	R4	LVCMOS33	系统 100MHz 主时钟
reset	Input	B22	LVCMOS33	复位按钮(中间按钮)
next_button	Input	D22	LVCMOS33	"下一首"按钮(下面按钮)
play_button	Input	D14	LVCMOS33	"播放/暂停"按钮(右边按钮)
play	Output	T14	LVCMOS33	LED0 指示灯
song [0]	Output	T16	LVCMOS33	LED2 指示灯
song [1]	Output	U16	LVCMOS33	LED3 指示灯
MCLK	Output	U6	LVCMOS33	ADAU1761 音频数据接口
BCLK	Output	T5	LVCMOS33	
LRCLK	Output	U5	LVCMOS33	
DAC_SDATA	Output	W6	LVCMOS33	
ADC_SDATA	Input	T4	LVCMOS33	
SCL	Input	W5	LVCMOS33	I^2C 接口
SDA	Input	V5	LVCMOS33	

(10)将耳机接入实验开发板音频输出插座,操作 reset(中间按钮)、play/pause(右边按钮))、next(下面按钮)三个按键,试听耳机中的乐曲并观察实验板上指示灯变化情况,验证设计结果是否正确。

九、实验报告要求

(1)写出设计原理、列出 Verilog HDL 代码并对设计作适当说明。
(2)记录 ModelSim 仿真波形,并对仿真波形作适当解释,分析是否符合预期功能。
(3)记录实验结果,分析设计是否正确。
(4)记录实验中碰到的问题和解决方法。

十、思考题

(1)在实验中,为什么 next_button、play_pause_button 两个按键需要消颤动及同步化处理,而 reset 按键不需要消颤动及同步化处理?
(2)在主控制器(mcu)设计中,是否存在接收不到按键信息?若存在,概率多大?有没必要修改设计？

实验 20　基于 FPGA 的实时语音变声系统的设计

一、实验目的

(1) 了解数字语音处理技术的应用场合、发展现状和发展前景。

(2) 了解变声系统各种算法，至少掌握一种算法并能用 FPGA 设计实现。

(3) 掌握"实时系统"的数据缓存方法。

二、背景知识

语音信号在频谱上是由很多连续的单频信号组成的。频谱的包络决定语音的内容，而对应谱线的位置决定语音的音调。所谓语音变声即在保持语音信号频谱包络基本不变的情况下，通过一定范围内频谱的放缩改变频谱结构，使信号的高频部分得到增强(升调)或低频部分得到增强(降调)，并且信号的长度保持不变，给人感觉像是另一个人在说话的技术。

常用的语音变声算法有下列几种。

1. 基于频谱平移的变声算法

该算法最容易理解，但是该方法由于频谱平移丢掉了部分原始信号的高频分量或插入了部分低频分量，造成了信号失真。且由于频率的搬移并不是频率的线性变化，导致变声效果会带有金属声。另外，这种方法需要进行傅里叶变换及其逆变换，运算量较大。

2. 频域线性内插法

在频域上利用线性内插的方法来实现频率的提高与降低，从而实现声调的变化。这个方法的缺点在于：会引入不需要的频率，特别是在某些能量大的频点，假设要升 2 倍频，将会引入一些能量为原频点能量一半的频率分量。这些频率分量会大大影响音频的音质。

3. 基于内插和抽取的变声方法

这种方法使用对信号进行时域内插和抽取的方法，达到扩展或收缩信号频谱的目的，最终实现变声。但是为了保证信号长度不变，不得不截取或插补一些数据，这样的结果是带来了信号的失真。

4. 基于调制的变声方法

对信号进行调制可以实现频谱的搬移，并且也可以保持语音信号的长度保持不变，调制算法简单，时域操作，计算量相对较小。可是实验表明，调制后的信号由于低频出现空白或高频损失导致信号失真，并且还会混杂低频交流分量，很难去除。

5. 基于改变基音频率的方法

这种方法从人类发声的原理出发，尝试改变语音信号中的基音频率，从而实现变声。最经典算法为 TD-PSOLA(时域基音同步叠加)算法。TD-PSOLA 算法以基音周期为单位进行波形的插入、删除和修改，并且对语音的时长和基音周期都能调整，如图 6.55 所示。

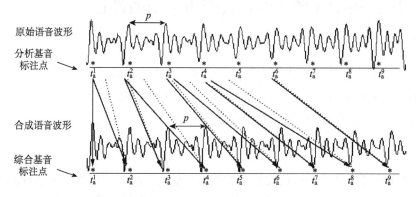

原始语音波形
分析基音
标注点
合成语音波形
综合基音
标注点

图 6.55　TD-PSOLA 时长调整的拼接格式(本图为减速情形)

TD-PSOLA 算法主要由基音周期检测和标注、时长调整和重采样等几个部分组成，由于基音周期检测过于复杂，要在 DSP 系统中保证实时的信号处理，需做大量的算法优化。

三、实验任务

基于 FPGA 设计并实现实时语音变声系统，要求:

(1)采用"内插和抽取"的变声方案。

(2)设置一个开关变量 RisingTone，当 RisingTone=1 时，变调因子 $\alpha = f/f_0 = 4/3$，实现升调(男声变女声)功能；当 RisingTone=0 时，变调因子 $\alpha = f/f_0 = 3/4$，实现降调(女声变男声)功能。上述表达式中的 f_0 为输入信号频率，f 为变调后输出信号的频率。

(3)设置一个开关变量 ChangEn，当 ChangEn=0 时，原声重放；而当 ChangEn=1 时，变声重放。

四、实验原理

1. 总体设计

考虑到实验课时等因素，本实验采用"内插和抽取"的变声方法，图 6.56 为变声系统信号处理流程原理框图，变声系统由音频编解码接口(信号采集、音频信号重放)、高通滤波器、重采样、时长调整和过渡带平滑等几个部分组成。

对于图 6.56 所示变声系统，有以下几点需注意。

(1)一般来说，16 位 Booth 乘法器时延 15ns 左右，因此完成一次乘累加计算需近 20ns，所以系统频率应不大于 40MHz。本实验建议系统时钟取 25MHz，由时钟管理模块(DCM)产生。另外，DCM 还需产生 12.5 MHz 的音频编解码接口模块的音频时钟 audio_clk。

(2)由于音频编解码接口模块和变声采用不同的时钟，因此两者之间的控制及应答信号须进行同步化处理。本例中音频编解码接口模块的输出信号 NewFrame 的脉冲宽度为一个 audio_clk 时钟周期。需通过同步化处理，产生与 sys_clk 同步且脉冲宽度为一个 sys_clk 时钟周期的信号 ready。

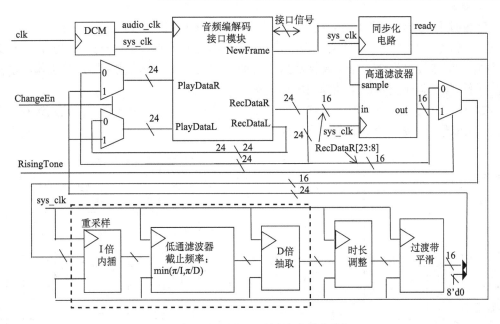

图 6.56　变声系统信号处理原理框图

(3) 音频编解码器采集音频数据为 24 位，为了简化设计，变声系统采用 16 位数据处理。因此将音频编解码器采集的高 16 位数据进行变声处理，处理完毕后，在数据后面加 8 位 0，再送回音频编解码器回放。

2. 变声子系统的设计

1) 变声子系统的设计考虑

变声子系统由重采样和时长调整组成。对于 FPGA 来说，语音处理属低速电路，总的原则是多考虑节省资源，因此作如下处理。

(1) 帧长考虑。从变声效果考虑要求帧长 10~20ms，而从 FPGA 硬件角度来看，则需要考虑存储器容量及计算便利性。由于采样频率为 48kHz，若一帧取 16ms，存储器容量为 1024×16bits（每帧 768 个样品，降调处理后为 1024 个样品）。因此，存放原始音频样品的输入缓冲器容量为 768×16bits，而存放重采样结果的输出缓冲存储器容量为 1024×16bits。所以，FPGA 中，输入、输出缓冲器均采用容量为 1024×16bits 的双端口存储器，该存储器可用 IP 内核（Simple Dual PortRAM）实现。

另外，对于输入缓冲器，每帧语音信号存入地址为 21~788 的空间，地址为 0~20 的空间则用于存放上一帧语音信号的后 21 个样品。

(2) 从输入缓冲器读出语音信号的同时完成插值工作，即读出一个样品，插入 $(I-1)$ 个零值样品。

(3) 低通滤波器和抽取合在一起。低通滤波器用 64 阶 FIR 滤波器实现，完成一次需 64~70 个时钟周期，而完成一帧语音信号需进行 576 次 FIR 计算（升调）或 1024 FIR 次计算（降调）。

(4) 缓冲存储器采用队列的顺序存储方式，在新一帧语音信号到来之前，必须处理完本帧语音信号。

（5）暂时不考虑过渡带平滑功能，另外在语音重放的同时完成时长调整工作。

由于时钟取 25MHz，这样两个相邻音频数据样品之间约有 568 个时钟，能完成 8~9 次 FIR 计算。可在接收到 758 个语音样品后，启动这一帧语音信号的重采样计算工作，这样就可保证新一帧数据不会覆盖未处理的本帧数据。

综上所述，可设计出变声子系统原理框图，如图 6.57 所示。由音频数据输入缓存、变声处理、输出缓存和音频输出几个部分组成。

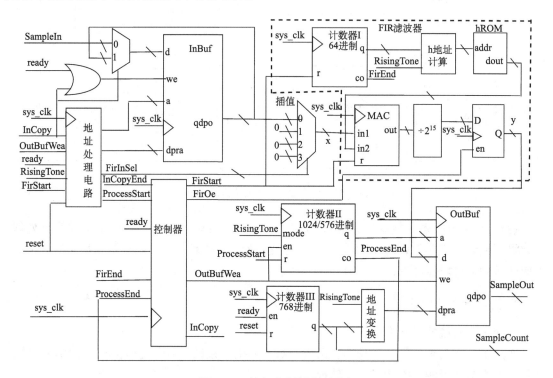

图 6.57　变声子系统原理框图

2) 控制器的设计

控制器是系统的核心，控制系统各数据通道协同工作，以完成如式 (6.30) 的重采样算法。

$$y(n) = \sum_{i=0}^{63} x(D*n+i)*h(63-i), \quad n = 0,1,2,\cdots,L \tag{6.30}$$

式中，x 为插值后的数据；升调时，$L=575$，而降调时，$L=1023$。

控制器的算法流程图如图 6.58 所示。

复位后，系统处在 Wait 状态中，当 ProcessStart=1，即本帧信号接收到第 758 个数据样品时，启动变声算法。FirReset、MAC、DataOut 三个状态完成一次 FIR 计算，图 6.57 中的计数器 I 用来计算乘累加 (MAC) 次数。

RAMWrite 状态时，在有效的 OutBufferWea 信号作用下处理后数据存入输出缓冲器，输出缓冲器的写地址由计数器 II 计算，另外，完成一帧数据处理的结束信号 ProcessEnd 也由计数器 II 提供。OutBufferWea 信号的另外一个作用是计算下一次 FIR 的输入信号 x 的首地址。

当处理完一帧语音数据，系统需将输入缓冲器中的本帧后 21 个数据（地址为 768~788）

复制到输入缓冲器中的地址为 0~20 空间。复制工作在 Copy 状态完成，复制完成后系统再次进入 Wait 状态等待处理下一帧语音数据处理。

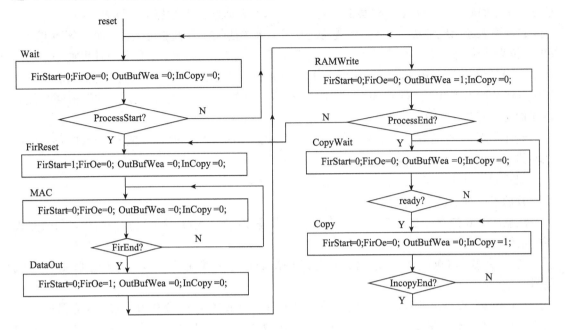

图 6.58　控制器算法流程图

3）输入缓冲器的读写控制

输入缓冲器数据存放有以下几种情况需要进行数据读写。

（1）从音频编解码芯片接收到的数据，循环存放在地址为 21~788 空间。

（2）Copy 状态时复制数据。

（3）变声处理时，准确读出数据送给插值数据选择器。

写数据 dina、写使能 wea 信号较为简单，下面主要介绍地址处理，图 6.59 为其原理框图。

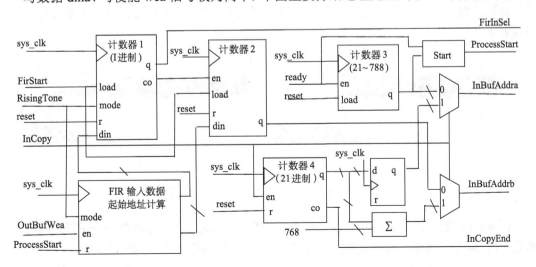

图 6.59　地址处理原理框图

变声处理时，每 I 个时钟读出一个数据并插入 $(I-1)$ 个零值样品，每 I 个时钟 Addrb 递增 1。图 6.59 中计数器 1 为模 I 计数器，其状态即可作为插值数据选择器的地址信号；而计数器 2 每 I 个时钟加 1，因此计数器 2 的状态即可作为输入缓冲器数据的读地址。

FIR 输入起始地址实质上是一个累加器。累加器中的加法器低 2 位为模 I 加法（逢 I 进 1），高 10 位为二进制加法。由于要完成 D 倍抽取，每次当 OutBufferWea 高电平时累加 D。本实验中，当升调时，即 RisingTone=1 时，由于 $I=3$，$D=4$，加法器前两 2 位为模 3 加法，每次累加 4（I 进制为 1_01）；而降调时，即 RisingTone=0 时，由于 $I=4$，$D=3$，加法器前两 2 位为模 4 加法，每次累加 3。

当计数器 3 的状态为 779 时，即音频帧接收到 758 个样品时，应输出一个 ProcessStart 脉冲信号，启动一帧变声算法。

图 6.59 其他部分电路较为简单，这里不作介绍。

4）输出缓冲器的读写控制

注意，图 6.57 所示的原理框图中未包含平滑滤波电路。该部分电路较为简单，只需完成下列工作。

（1）写入操作（重采样处理）时，将处理好的数据存入输出缓冲器，并给出帧处理完成信号。

（2）读出操作时，要求同时完成时长调整工作。图 6.57 中计数器Ⅲ用来计算重放时的样品序列号，在升调变声时，当样品序列号为 576~767 时，应从输出缓冲器地址为 384~575 空间处读取数据，以完成数据复制。

3. 过渡带平滑滤波的设计

在 FPGA 变声系统中，为了节省资源，一般将时长调整、平滑滤波和回放音频样品读出等三个功能模块综合起来考虑。

在前面介绍的变声子系统中，已将变调后的样品存入输出缓冲器中。升调时共有 576 个样品，存放地址为 0~575；而降调时共有 1024 个样品，存放地址为 0~1023。综合平滑效果及计算繁杂度，升、降调的过渡带长度 len 分别取 64 和 256，图 6.60 为时长调整及过渡带平滑滤波示意图。

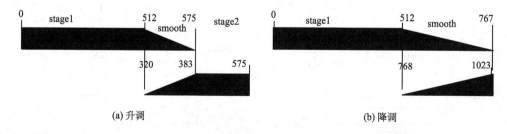

(a) 升调 (b) 降调

图 6.60 时长调整及过渡带平滑滤波示意图

图 6.60 可看出，升调时，回放音频由原始数据段（stage1）、过渡带平滑段（smooth）及数据复制段（stage2）组成，时长调整及过渡带平滑滤波要完成式（6.31）所示的算法。

$$y(n) = \begin{cases} \text{RAMOut}(n), & n \leqslant 512 \\ [\text{RAMOut}(n)*(576-n)*4 + \text{RAMOut}(n-192)*(n-512)*4]/256, & 512 < n < 576 \\ \text{RAMOut}(n-192), & n \geqslant 576 \end{cases} \quad (6.31)$$

同样，降调时，回放音频由原始数据段（stage1）及过渡带平滑段（smooth）组成，时长调整及过渡带平滑滤波需要完成式（6.32）所示的算法。

$$y(n) = \begin{cases} \text{RAMOut}(n), & n \leqslant 512 \\ [\text{RAMOut}(n)*(768-n) + \text{RAMOut}(n+256)*(n-512)]/256, & n > 512 \end{cases} \quad (6.32)$$

为了节省 FPGA 资源，式（6.31）和式（6.32）中平滑段滤波采用乘累加方法。综合上述，可画出过渡带平滑滤波的原理框图，如图 6.61 所示。

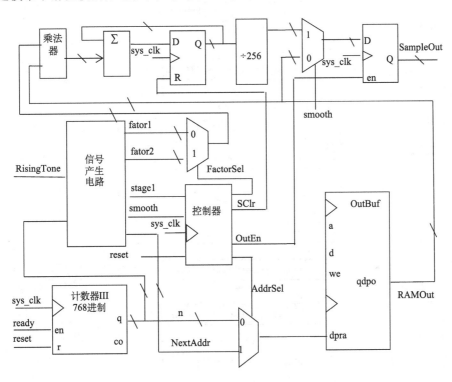

图 6.61 过渡带平滑滤波的原理框图

计数器III产生样品序列号 n。信号产生电路计算第二段数据的地址（NextAddr）、平滑系数（factor1 和 factor1）及数据段标识（stage1 和 smooth），它们数据由式（6.33）所示给出。

$$\begin{cases} \text{stage1} = \sim n[9] \| (\sim|n[8:0]); \\ \text{smooth} = \text{RisingTone ? } (\sim\text{stage1}) \&\& (n[9:6] == 8) : \sim\text{stage1}; \\ \text{factor2} = \text{RisingTone? } \{n[5:0],2'b00\} : n[7:0]; \\ \text{factor1} = \sim\text{factor2} + 1; \\ \text{NextAddr} = \text{RisingTone?}(n + (\sim192) + 1):(n + 256); \end{cases} \quad (6.33)$$

控制器控制时长调整及过渡带平滑滤波的运算，其算法流程图如图 6.62 所示。系统复位后进入 RESET 状态等待，当音频接口模块索取音频样品信号 ready 有效时，进入 SampleAddCount 状态计算样品序列号 n；当 stage1 信号有效，系统进入 OutData 状态，直接输出 RAMOut 数据给音频接口模块；否则，进入 LoadData2 状态取出第二段音频数据。在 LoadData2 状态时再判断 smooth 信号，当 smooth 信号有效，表示处于交叉平滑段，系统先后进入 MAC1、MAC2 状态进行乘累加平滑运算后，进入 OutData 状态输出交叉平滑滤波后的音频数据。在 LoadData2 状态时若判断 smooth 信号无效，说明处于时长调整的复制段(stage2段)，则只需进入 OutData 状态，将 LoadData2 状态取出的第二段音频数据输出给音频接口模块即可。

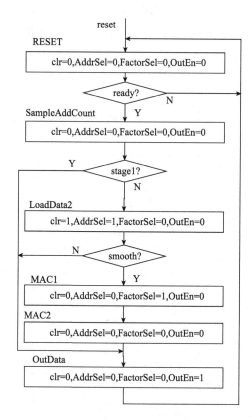

图 6.62　平滑滤波算法流程图

五、预习

(1)阅读相关资料，了解数字语音处理技术的应用场合、发展现状和发展前景。

(2)阅读相关资料，了解变声系统各种算法。

(3)阅读数字信号处理相关教材，掌握重采样知识。

六、提供的文件

变声模块的测试代码 process_tb.v 及测试所需的数据文件 data_in.txt。使用时需注意下列事项。

(1)如果有必要，可修改测试代码相应的端口名、变量名及模块的实例名以适应读者自己的设计。

（2）该测试代码同样适用带过渡带平滑滤波的变声模块的仿真。

七、实验内容

（1）编写符合实验要求的音频编解码器接口模块的 Verilog HDL 代码及测试文件，并用 Modelsim 进行仿真。

（2）编写高通滤波器模块的 Verilog HDL 代码及测试文件，并用 Modelsim 行仿真。

（3）编写图 6.57 变声模块的 Verilog HDL 代码，并用 Modelsim 行仿真。图 6.63 所示为仿真的降调部分结果，供读者参考。

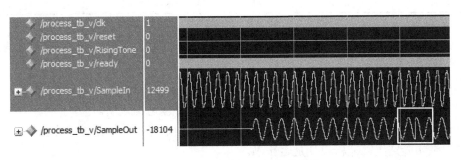

图 6.63　变声模块的部分仿真结果

（4）编写包含过渡带平滑滤波的变声模块，并用 Modelsim 行仿真。图 6.64 所示为过渡带平滑滤波后的仿真结果，注意过渡带。

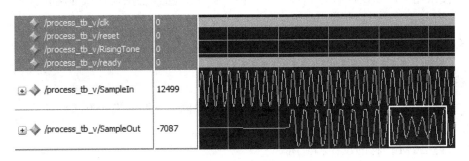

图 6.64　过渡带平滑滤波后的仿真结果

（5）编写系统的 top 文件，建立 Vivado 工程，并对工程进行综合、约束、实现并下载至实验开发板中。FPGA 引脚约束内容如表 6.15 所示。

表 6.15　FPGA 引脚约束内容

引脚名称	I/O	引脚编号	电气标准	说明
clk	Input	R4	LVCMOS33	系统 100MHz 主时钟
reset	Input	B22	LVCMOS33	复位按钮（中间按钮），
ChangEn	Input	E22	LVCMOS33	SW0 开关
RisingTone	Input	F21	LVCMOS33	SW1 开关

续表

引脚名称	I/O	引脚编号	电气标准	说明
MCLK	Output	U6	LVCMOS33	
BCLK	Output	T5	LVCMOS33	
LRCLK	Output	U5	LVCMOS33	ADAU1761 音频数据接口
DAC_SDATA	Output	W6	LVCMOS33	
ADC_SDATA	Input	T4	LVCMOS33	
SCL	Inout	W5	LVCMOS33	I^2C 接口
SDA	Inout	V5	LVCMOS33	

(6)连接相关设备，试听变声系统效果。

八、实验报告要求

(1)写出设计原理、列出 Verilog HDL 代码并对设计作适当说明。
(2)记录 ModelSim 仿真波形，并对仿真波形作适当解释，分析是否符合预期功能。
(3)记录实验结果，分析设计是否正确。
(4)记录实验中碰到的问题和解决方法。

九、思考题

若直接采用 100MHz 时钟作为系统主时钟 sys_clk，可能会出现什么问题？

实验 21   HDMI 显示器接口设计实验

一、实验目的

(1)了解 VGA 扫描显示的工作原理，掌握行、帧同步电路的设计方法。
(2)了解 HDMI 接口协议，掌握 TMDS 编码技术。
(3)掌握 DCM 内核的设计和应用。
(4)掌握视频图像的仿真方法。

二、相关知识

1. VGA 显示器扫描原理

VGA(Video Graphic Array)作为一种标准的显示接口在视频和计算机领域得到了广泛的应用。VGA 支持在 640 像素×480 像素的较高分辨率下同时显示 16 种色彩或 256 种灰度，同时在 320 像素×240 像素分辨率下可以同时显示 256 种颜色。SVGA(Super VGA)是在 VGA 基础上，支持更高分辨率，如 800 像素×600 像素或 1024 像素 ×768 像素，以及更多的颜色种类的显示模式。

常见的彩色显示器一般由 CRT(阴极射线管)构成，彩色是由 R、G、B(红、绿、蓝)三基色组成的。大部分 CRT 采用逐行扫描方式实现图像显示，由 VGA 控制模块产生的水平同步信号和垂直同步信号控制阴极射线枪产生电子束，打在涂有荧光粉的荧光屏上，产生 R、G、B 三基色，合成一个彩色像素。如图 6.65 所示，扫描从屏幕的左上方开始，由左至右，由上到下，逐行进行扫描，每扫完一行，电子束回到屏幕下一行的起始位置。在回扫期间，CRT 对电子束进行消隐，每行结束用行同步脉冲 hSync 进行行同步。扫描完所有行，再由帧同步脉冲 vSync 进行帧同步，并使扫描回到屏幕的左上方，同时进行帧消隐，预备下一帧的扫描。

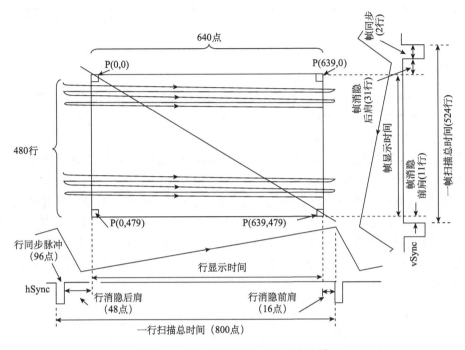

图 6.65 显示器屏幕与时序对应关系

行同步信号 hSync 和帧同步信号 vSync 是两个重要的信号。在显示过程中，图像格式 640 × 480@60Hz 的行同步信号 hSync 和帧同步信号 vSync 的时序图如图 6.66 所示。行同步信号 hSync 和帧同步信号 vSync 均由同步脉冲时间（synch）、消隐前肩（fp）、消隐后肩（bp）和有效显示区（active）组成，时序参数如表 6.16 所示，像素时钟 clk 频率约为 25MHz（800 × 524× 60）。

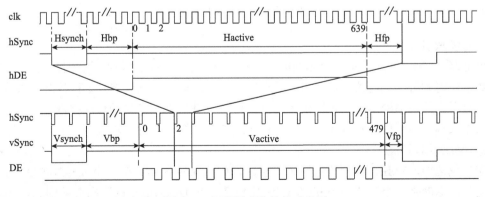

图 6.66 行帧同步信号的时序图

表 6.16　图像格式 640 × 480@60Hz 的时序参数

行同步信号 hSync 参数（单位：像素）					帧同步信号 vSync 参数（单位：行）				
Hactive	Hfp	Hsynch	Hbp	Htotal	Vactive	Vfp	Vsynch	Vbp	Vtotal
640	16	96	48	800	480	11	2	31	524

图 6.66 中的 DE 信号为数据有效使能信号，高电平表征扫描在 640×480 有效显示区间。

2. HDMI 协议简介

高清晰度多媒体接口（High Definition Multimedia Interface，HDMI）是一种数字化视频/音频接口技术，适合影像传输的专用型数字化接口，可同时传送音频和影像信号。另外，无需在信号传送前进行数/模或者模/数转换，从而保证传输质量。

随着电视的分辨率逐步提升，高清电视越来越普及，HDMI 接口主要用于传输高质量、无损耗的数字音视频信号到高清电视。

HDMI 标准继续采用 Silicon Image 公司发明的最小化传输差分信号传输技术(Time Minimized Differential Signal，TMDS)。TMDS 是一种微分信号机制，采用的是差分传动方式，图 6.67 为 HDMI 系统架构。HDMI 提供四个独立的 TMDS 通道：三个数据通道和一个像素时钟通道。数据通道用来传输视频、音频和控制信号。由于篇幅有限，下面只介绍图像传输，不考虑音频传输。

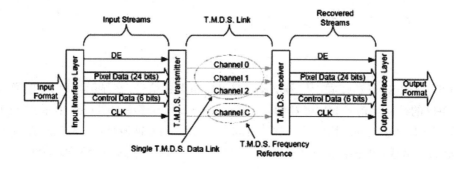

图 6.67　HDMI 系统架构

1）通道映射

单链路 TMDS 发送器由三个相同的编码器组成，如图 6.68 所示。两个控制信号和 8bit 像素数据映射到每个编码器。DE 高电平有效时，表示像素数据要被发送；反之，发送控制信号。除了行同步 HSYNC 和帧同步 VSYNC 信号，其他控制信号的作用并没有定义，在发送器的输入端，控制信号 CTL0、CTL1、CLT2、CTL3 必须保持逻辑低电平。

2）TMDS 编码算法

DVI 规范中，TMDS 视频数据编码算法过程如图 6.69 所示。在一个像素时钟里，TMDS 数据通道传送的是一个连续的 10bit TMDS 字符流。在 DE 高电平的数据有效期间，10bit 的字符包含 8bit 的像素数据，编码的字符提供近似的 DC 平衡，并最少化数据流的跳变次数。

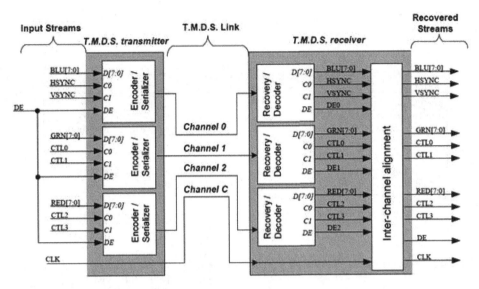

图 6.68 单链路 TMDS 通道映射

在视频数据无效期间,传送 4 个有显著特征的字符,它们直接对应编码器的两个控制信号的 4 个可能的状态。对有效像素数据的编码处理可以认为有两个阶段:第一个阶段是依据输入的 8bit 像素数据产生跳变最少的 9bit 代码字;第二阶段是产生一个 10bit 的代码字,最终的 TMDS 字符,将维持发送字符总体的 DC 平衡。下面为图 6.69 各参数的含义。

(1) D, C0, C1, DE:编码器输入数据集。D 是 8bit 像素数据,C1 和 C0 是控制数据,DE 是数据使能。

(2) Cnt:这是个寄存器,用来跟踪数据流的 DC 平衡。正值表示"1"超过"0"的个数,负值表示"0"的个数超过"1"的个数。

(3) q_m[0:8]:第一阶段编码结果。

(4) q_out[0:9]:TMDS 编码最后输出。

(5) N1{x}:返回参数 x 中的 1 的个数。

(6) N0{x}:返回参数 x 中的 0 的个数。

第一阶段是将输入的 D[0:7] 变换成最小变换码 q_m[0:8],其中第 9 位(q_m[8])指示运算的方式,若是采用异或运算(XOR)取 1,采用同或运算(NXOR)取 0。经编码后的数据比原始数据具有更少的跳变(这里的跳变是指 0 和 1 之间的跳变),采用最小变换码进行编码的目的是提高数据在线缆中传输的稳定性。

第二阶段是将 9 位的最小变换码 q_m[0:8] 变换成 10 位的直流平衡码 q_out[0:9]。如果编码中 q_m[0:7]的 1 和 0 的数量相等,且 Cnt(t−1)=0,则低 8 位(q_out[0:7])由 q_m[8] 决定,若 q_m[8] 为 1,低 8 位原样输出 q_out[0:7]=q_m[0:7],否则取反,第 10 位 q_out[9]=q_m[8];若 q_m[0:7]有过多 1(0)且上次的编码数据中有过多 1(0),则低 8 位取反,并且第 10 位取 1;否则低 8 位原样输出,并且第 10 位取 0。不论是何种情况,输出的第 9 位 q_out[8]=q_m[8]。

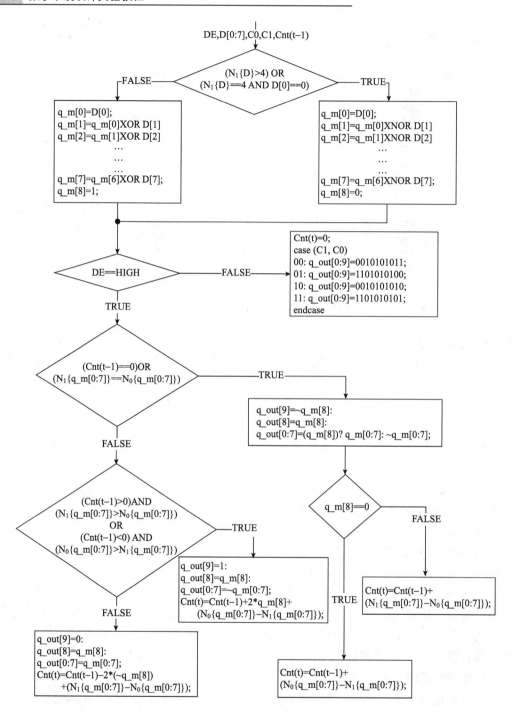

图 6.69　TMDS 编码算法

注意:DVI 规范算法中,向量定义的高低位与本书习惯相反,读者在编写 Verilog HDL 代码时,请自行调整。

3)串行化

将编码器形成的 TMDS 字符流转换为串行数据,用于在 TMDS 数据通道上发送,低位在前先发。因此，需提供一个 10 倍像素时钟频率的位时钟。

三、实验任务

设计在 VGA 显示器上显示黑白方格信号的电路，要求如下。

(1) 640×480@60Hz 的视频模式。

(2) 接口方式：HDMI 接口。

(3) 屏幕显示黑白相间的方格信号，方格大小为 64 像素×64 像素。

四、实验原理

根据实验任务可画出如图 6.70 所示的原理框图。时钟管理 IP 模块 DCM 产生 25MHz 的像素时钟 pixel_clk 和 250MHz 的 TMDS 位时钟 tmds_clk。行帧同步电路产生行同步信号 hSync、帧同步信号 vSync、有效显示区的扫描坐标 PosX、PosY 和数据使能 DE。黑白方格产生器模块产生三基色(RGB)信号。

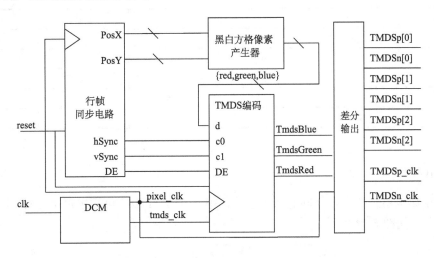

图 6.70　原理框图

1. 行帧同步电路设计

行帧同步电路要求实现符合图 6.66 所示的时序，可以用两个计数器加上部分组合电路实现，如图 6.71 所示。

2. VGA 信号电路的设计

VGA 信号电路是一个组合电路，由于黑白方格大小为 64 像素×64 像素，且黑白方格相间，所以黑白方格信号只与 PosX[6]、PosY[6]有关。黑白方格信号电路的功能表如表 6.17 所示。

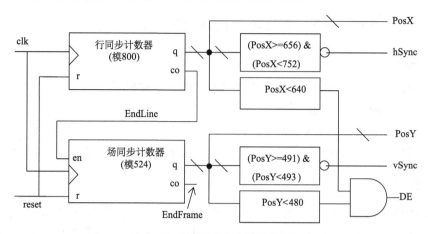

图 6.71　行帧同步电路的结构框图

表 6.17　VGA 信号电路模块的功能表

PosX[6]	PosY[6]	red	green	blue	颜色
0	0	255	255	255	白
0	1	0	0	0	黑
1	0	0	0	0	黑
1	1	255	255	255	白
其他	其他	0	0	0	黑

3. TMDS 编码

TMDS 编码由三个完全相同的通道组成，根据 TMDS 编码可画出每个 TMDS 编码的电路结构框图，如图 6.72 所示。

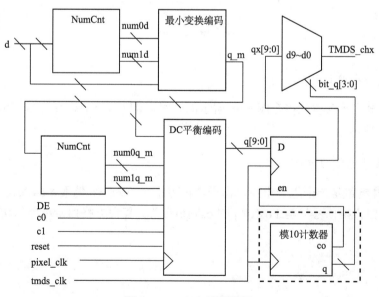

图 6.72　TMDS 编码框图

图 6.72 其中 NumCnt 模块是用来统计一个 8 位输入数据中 0 和 1 的个数, 为了加快编码速度, 要求采用的是查找表法。由于查找表共需 256 行, 工作量大, 读者可参考实验 15 中 SineROM 的生成方法, 编写一段 C 语言生成 NumCnt 模块。

最小编码(第一阶段编码)、DC 平衡编码(第二阶段编码)这两个模块根据上面介绍的 TMDS 编码规范来设计。

模 10 计数器、D 寄存器和数据选择器完成 TMDS 的串行化发送, 计数器的进位输出使能 D 寄存器, 获取新的 TMDS 编码数据, 在计数器状态 0~9 时, 分别发送 qx[0]~qx[9],

注意, 图中模 10 计数器为三个 TMDS 通道共用。

4. 差分输出

差分输出采用 FPGA 的差分输出缓冲器, 可用原语函数 OBUFDS 实现, 使用方法如下(以通道 0 为例)。

OBUFDS OBUFDS_blue(.I(TMDSch0), .O(TMDSp[0]), .OB(TMDSn[0]));

五、提供的文件

(1) tmds_tb.v: 图 6.72 所示的 TMDS 编码的测试文件。

(2) HDMI_tb.v: 顶层设计的测试文件, 仿真后, 将产生一帧 RGB24 格式的视频文件。由于测试文件调用了设计的低层模块的端口及中间变量, 所以使用时, 可修改测试文件相应的端口名、变量名及模块的实例名等以适应读者自己的设计。

六、实验设备

(1) 装有 Vivado、ModelSim SE 软件的计算机。

(2) Nexys Video 开发板。

(3) 带有 HDMI 接口的 VGA 显示器一台, 也可用 HDMI-VGA 转换器+VGA 显示器替代。

七、预习内容

(1) 查阅相关资料, 了解 VGA、SVGA 工作原理。

(2) 查阅相关资料, 理解 DCM 模块工作原理和 DCM 内核的生成与使用方法。

八、实验内容

(1) 编写行帧同步电路模块的 Verilog HDL 代码及其测试代码, 并用 ModelSim 仿真。

(2) 编写 TMDS 编码器模块的 Verilog HDL 代码, 并用 ModelSim 仿真。作者提供的测试代码选择几个有代表性的数据, 请按表 6.18 验证设计结果, 注意, 由于是时序电路, 输出(q)滞后输入(d, c1, c0)一个时钟。另外, 需注意: 数据与编码不是一一对应的, 表中只列出与测试代码相关的验证表。

(3) 编写 HDMI 接口电路的 top 文件, 并用 ModelSim 仿真。并用 RawPlay 播放器观看视频仿真结果。

(4) 建立 VGA 接口实验的 Vivado 工程文件。

(5) 对工程综合、约束、实现并下载到实验开发板中。引脚约束内容如表 6.19 所示。

表 6.18　TMDS 编码器仿真结果验证

DataEn	d[7:0]	c1,c0	q[9:0]
1	8'h00	—	10'h100
	8'h0f	—	10'h3fa
	8'h11	—	10'h10f
	8'h55	—	10'h133
	8'h73	—	10'h07b
	8'ha0	—	10'h160
	8'ha5	—	10'h163
	8'hba	—	10'h2c3
	8'hff	—	10'h200
0	—	0,0	10'h354
	—	0,1	10'h0ab
	—	1,0	10'h154
	—	1,1	10'h2ab

表 6.19　FPGA 引脚约束内容

引脚名称	I/O	引脚编号	接口类型	说明
clk	Input	R4	LVCMOS33	系统 100MHz 主时钟
reset	Input	B22	LVCMOS33	BUNTC 按键
TMDSp[0]，TMDSn[0]	Output	W1,Y1	TMDS_33	通道 0 差分输出
TMDSp[1]，TMDSn[1]	Output	AA1,AB1	TMDS_33	通道 1 差分输出
TMDSp[2]，TMDSn[2]	Output	AB3,AB2	TMDS_33	通道 2 差分输出
TMDSp_clk，TMDSn_clk	Output	T1,U1	TMDS_33	像素时钟通道差分输出

(6) 接入带有 HDMI 接口的 VGA 显示器，验证实验结果。

九、实验报告要求

(1) 写出设计原理、列出 Verilog HDL 代码并对设计作适当说明。

(2) 记录 ModelSim 仿真波形，并对仿真波形作适当解释，分析是否符合预期功能。

(3) 记录实验结果，分析设计是否正确。

(4) 记录实验中碰到的问题和解决方法。

十、思考题

(1) 为什么要采用最小化传输差分信号编码？

(2) 在测试文件中，怎样调用低层模块的端口和中间变量？

实验 22　键盘接口实验

一、实验目的

(1) 了解双向同步串行通信的协议。

(2) 了解 PS2 键盘接口协议和工作原理，掌握 PS2 键盘接口电路的设计方法。

二、相关知识－PS2 协议简介

1. 开发板上 USB 键盘或鼠标的接入方式

NexysVideo 开发板，USB 键盘或鼠标是通过一个 USB HID 控制器与 FPGA 芯片连接，如图 6.73 所示。USB HID 控制器作用是将 USB 键盘或鼠标转换成 PS2 键盘或鼠标，某种意义上，图 6.73 虚框部分为 PS2 设备。不过有两点需注意。

(1) USB HID 控制器不支持 USB 集线器，因此开发板同时只能接一个 USB 设备。

(2) USB HID 控制器与 FPGA 芯片连接没有上拉电阻，因此，在做 FPGA 引脚约束时，引脚特性要加有上拉电阻。

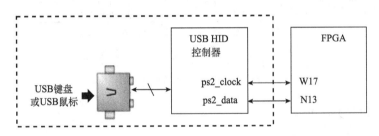

图 6.73　USB 键盘或鼠标的接入方式

2. 接口协议的原理

PS2 接口采用一种双向同步串行协议，即每在时钟线上发一个脉冲，就在数据线上发送一位数据。在相互传输中，主机拥有总线控制权，即它可以在任何时候抑制设备的发送，方法是把时钟线一直拉低，设备就不能产生时钟信号和发送数据。在两个方向的传输中，时钟信号都是由设备产生的，clock 频率为 20～30kHz。

1) 设备到主机的通信

设备的 clock 和 data 引脚都是集电极开路的，平时都是高电平。当设备要发送数据时，首先检查 clock 以确认其是否为高电平。如果是低电平，则认为是主机抑制了通信，此时它必须缓冲需要发送的数据直到重新获得总线的控制权(一般 PS2 键盘有 16 字节的缓冲区，而 PS2 鼠标只有一个缓冲区仅存储最后一个要发送的数据)。如果 clock 为高电平了，则设备便开始将数据发送到主机。发送时一般都按照图 6.74 所示的数据帧格式顺序发送。数据帧为 11 位，包括 1 位起始位(低电平)、8 位数据(低位在前)、1 位奇检验位和 1 位停止位(高电平)。其中，数据在 clock 为高电平时准备好，在 clock 的下降沿时由主机采样读入。

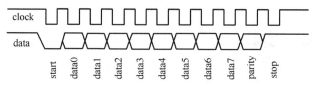

图 6.74 设备到主机的通信时序

2) 主机到设备的通信

如果主机要发送数据，那么它必须控制设备产生时钟信号。主机首先下拉时钟线至少 $100\mu s$ 以抑制通信，然后再下拉数据线，最后释放时钟线，通过这一时序控制设备产生时钟信号。当设备检测到这个时序状态，会在 10ms 内产生时钟信号并且在时钟脉冲控制下接收 8 个数据位和 1 个停止位，并发送 1 个应答位。主机到设备之间传输数据帧的时序如图 6.75 所示。数据帧为 12 位，包括 1 位起始位（低电平）、8 位数据（低位在前）、1 位奇检验位和 1 位停止位（高电平），以及设备发送的应答位 ack（0 表示正确接收，1 表示错误）。主机在 clock 低电平时改变数据，并在时钟上升沿被设备锁存数据，这与发生在设备到主机通信的过程中正好相反。另外注意应答位时序，数据改变发生在时钟为高电平时，不同于其他 11 位。在主机到设备的通信时，时钟改变后的 $5\mu s$ 内不应该发生数据改变的情况。

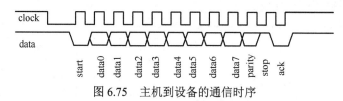

图 6.75 主机到设备的通信时序

3. PS2 键盘协议数据包格式

如果有键被按下、释放或按住，键盘将发送扫描码的数据包到主机。扫描码有"通码"和"断码"两种不同的类型。当一个键被按下或按住就发送通码，而当一个键被释放就发送断码。每个按键被分配了唯一的通码和断码，这样主机通过查找唯一的扫描码就可以判定是哪个按键按下或释放。

图 6.76 所示的每个按键上的十六进制数字即按键的通码，多数通码为 1 字节，少数扩展通码为 2~4 字节，以 E0h 开头。

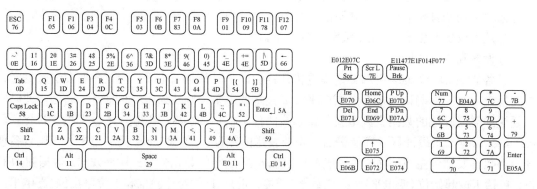

(a) PS2大键盘的通码   (b) PS2小键盘的通码

图 6.76 PS2 键盘的通码

　　按键的断码与通码之间存在着必然的联系，多数按键的断码有两字节长，它们的第一个字节是 F0h，第二个字节是这个键的通码。扩展按键的断码通常在 E0h 后插一个字节 F0h。表 6.20 列出了几个按键的通码和断码。例如，平时按下 Shift + A 键，相当于按下 Shift、按下 A、释放 A、释放 Shift 四个动作，因此按下 Shift + A 钮产生的扫描码为 12h、1Ch、F0h、1Ch、F0h、12h。

表 6.20　部分按键的通码和断码

按键	通码	断码
A	1C	F0,1C
5	2E	F0,2E
F10	09	F0,09
→	E0, 74	E0, F0, 74
右 Ctrl	E0, 14	E0, F0, 14

　　当某个键被按下并按住，这个键就变成了机打，这就意味着键盘将一直发送这个键的通码直到它被释放或者其他键被按下。复位时设定的默认值为允许机打，机打延时 500ms，机打速率为 10.9 字符/s。

三、实验任务

　　(1) 设计一个键盘接口模块，要求如下。

　　① 接收键盘的扫描码。

　　② 将扫描码翻译成按键信息，即按键的通码、断码、Shift 按键、扩展码、ASCII 码等信息。

　　③ 对接口模块进行仿真。

　　(2) 测试 PS2 键盘接口模块，附加测试电路，用键盘控制 Nexys Video 开发板的 LED 指示灯电路，要求如下。

　　① 4 个指示灯 LED3～0 分别代表 w(W)、a(A)、s(S) 和 d(D) 按键按下；当其他 ASCII 键按下时，LED 全熄灭。

　　② 指示灯 LED3～0 指示最后一次按键情况。

四、实验原理

　　根据实验任务可将系统划分为时钟管理模块(dcm)、PS2 通信接口模块(PS2_interface)、数据处理(data_process)和测试电路等四个模块，如图 6.77 所示。

　　由于在后续实验中，键盘、鼠标常与 VGA 显示器一起使用，而 VGA 显示器接口电路的主时钟为 25MHz。所以插入 dcm 模块，产生 25MHz 主时钟 sys_clk，使 PS2 接口电路与 VGA 显示器接口电路可使用同一系统时钟。

　　模块 PS2_interface 完成与 PS2 键盘的通信接口功能，接收键盘发送的串行扫描码，并将串行扫描码转换成并行扫描码输出。

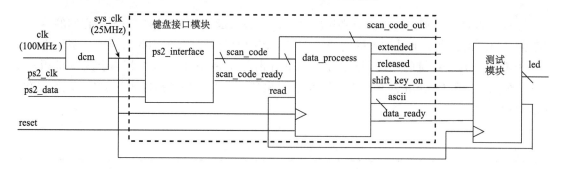

图 6.77 系统的总体框图

模块 data_process 负责将并行的扫描码翻译成按键的通码、断码、Shift 按键、扩展码、ASCII 码等信息。

测试电路模块根据按键按下情况控制 LED 指示灯点亮或熄灭。

1. 模块 interface 的设计

为使设计简单，键盘采用的复位工作模式，这样主机就不需要对键盘发送命令。根据 PS2 的设备到主机的通信协议，可画出图 6.78 所示的 PS2 接口电路的结构示意图。

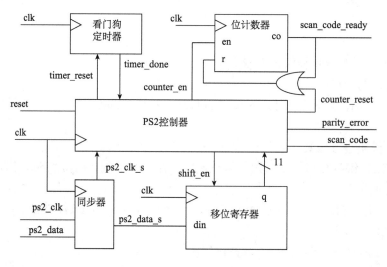

图 6.78 PS2 接口电路的结构图

图 6.78 中的同步器为 D 触发器，对输入信号 ps2_clk 和 ps2_data 作同步化处理。

移位寄存器用于接收串行的数据并转为并行扫描码，shift_en=1 时允许移位。

位计数器用于计数接收的位数，其功能如表 6.21 所示。其进位输出与普通计数器的设计略有不同，当接收完成 11 位数据时，此时计数器状态为 12，co 输出高电平，同时在下一个时钟，高电平的 co 复位计数器，从而保证 co 的脉冲宽度为一个时钟周期。最后说明一下，co 为一帧结束标志 scan_code_ready。

表 6.21　位计数器的功能表

r	en	clk	功能
1	×		同步清零
0	1	↑	加法计数
0	0		保持

设置"看门狗"定时器的目的是保证帧同步，即当某种原因引起 ps2_clk 错误、系统工作不正常时，"看门狗"将使电路回到初始状态(正常接收帧信号时，看门狗"定时器无输出)。当信号 timer_reset =1 启动定时器。信号 timer_done 为定时结束标志。由于 ps2_clk 时钟最大周期为 50us，可设置"看门狗"定时器时间为 60 us。

PS2 控制器是接口电路的核心，协调各单元电路工作。控制器模块的端口信号含义如表 6.22 所示。

表 6.22　控制器模块的端口信号含义

引脚名称	I/O	引脚说明
clk	Input	系统时钟，频率为 25MHz
reset	Input	复位信号，高电平有效
ps2_clk_s	Input	PS2 时钟
timer_done	Input	"看门狗"定时器定时结束标志，高电平有效
timer_reset	Output	"看门狗"定时器复位信号，高电平有效
counter_reset	Output	bit_counter 的复位信号，高电平有效
counter _en	Output	bit_counter 的使能信号，高电平有效
shift _en	Output	移位寄存器的使能信号，高电平有效
scan_data[7:0]	Output	扫描码
parity_error	Output	帧数据的检验结果，高电平表示奇检验结果错误

PS2 键盘控制器的算法流程图如图 6.79 所示，系统复位或帧不同步时，控制器进入 start 状态初始化，一个时钟周期后，进入 ps2_clk_s_h 状态，该状态为 ps2_clk_s 高电平状态。当控制器检测到 ps2_clk_s 下沿时，进入 falling_edge_marker 状态接收一位数据，且要求位计数器加 1。控制器经历 ps2_clk_s_l(ps2_clk 低电平)、rising_edge_marker(ps2_clk 上沿)两个状态回到 ps2_clk_s_h，等待接收下一位数据。

位计数器的进位输出信号 scan_code_ready 即一帧结束标志，当 scan_code_ready = 1 时，表示一帧扫描码接收完毕，此时输出的扫描码 scan_data 和检验结果 parity_error 有效。scan_data 和 parity_error 表达式为

$$scan\_data = q[8:1] \tag{6.34}$$

$$parity\_error = {}^\wedge q[9:1] \tag{6.35}$$

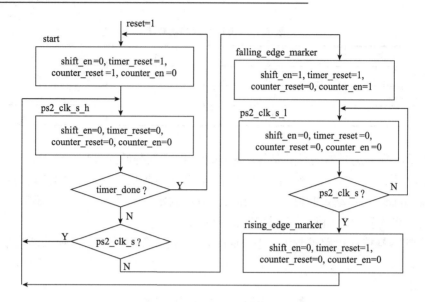

图 6.79　PS2 键盘控制器的算法流程图

2. 模块 data_process 的设计

模块 data_process 负责将扫描码翻译成 ASCII 码等按键信息，并将按键信息传送到测试模块。图 6.80 所示为模块的功能示意图。

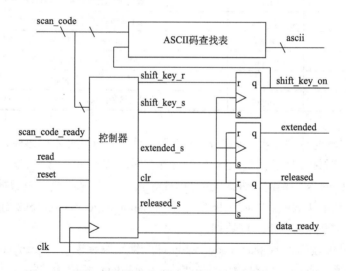

图 6.80　模块 data_process 功能示意图

模块 data_process 的引脚含义，如表 6.23 所示。

模块 data_process 的控制器的算法流程图如图 6.81 所示。需要说明的是关于组合键的使用，该流程只适用于简单的两键组合。

电路复位后，进入 Wait 等待扫描码输入。当有新的扫描码输入（scan_code_ready 有效），判断扫描码类型，有下列四种情况。

表 6.23　模块 data_process 引脚含义

引脚名称	I/O	引脚含义
clk	Input	25MHz 时钟信号
reset	Input	复位信号，高电平有效
scan_code	Input	扫描码输入
scan_code_ready	Input	扫描码有效标志，高电平有效
read	Input	来自用户模块的接口信号，高电平表示用户模块已取走按键信息
extended	Output	扩展码标志，高电平有效
released	Output	断码标志，高电平有效
shift_key_on	Output	上档键按下标志，高电平表示 Shift 键按下
ascii	Output	ASCII 码（非 ASCII 码键取值为 ffh）
data_ready	Output	按键输出信息有效标志，高电平有效

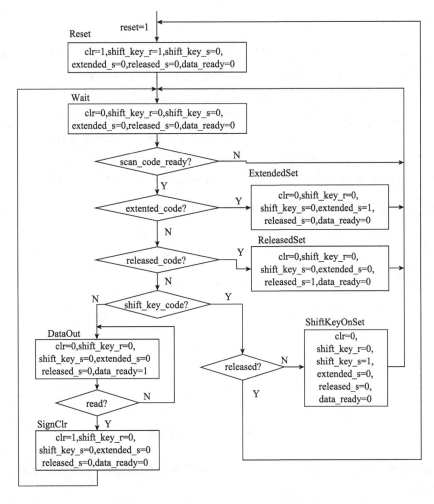

图 6.81　模块 data_process 的算法流程图

(1) scan_code 为扩展码，即 scan_code==8'hE0 时，进入 ExtendedSet 状态，置位扩展码标志后再进入 Wait 等待下一个扫描码输入。

(2) scan_code 为断码，即 scan_code==8'hF0 时，进入 ReleasedSet 状态，置位断码标志再进入 Wait 等待下一个扫描码输入。

(3) scan_code 为 shift 键，即 scan_code==8'h12 或 scan_code==8'h59 时，再判断通码还是断码？若是 shift 键断码，即 released=1，进入 Reset 状态，清除所有标志位。若是 shift 键通码，则进入 ShiftKeyOnSet 状态设置上档键标志。处理完毕后，再进入 Wait 等待下一个扫描码输入。

(4) scan_code 为按键通码，进入 DataOut 状态输出按键翻译信息，并等待应用电路读取按键信息。若应用电路读取数据后，进入 SignClr 清除标志位进入 Wait 等待下一个扫描码输入。

图 6.80 中的 ASCII 码查找表是组合 ROM，其作用是将扫描码转换为 ASCII 码。注意，若输入为非 ASCII 码按键，则输出为 8'hff。

3. 测试模块的设计

根据按键按下情况控制 LED 指示灯点亮或熄灭。本模块设计较为简单，图 6.82 所示为模块的电路框图。D_reg 为带时钟使能和清 0 功能的 D 型寄存器。驱动组合电路的表达式为

$$\begin{cases} key\_on = data\_ready\&\&(!released)\&\&(!ascii[7]) \\ a\_on = (ascii == a\_ASCII\_CODE) \| (ascii == A\_ASCII\_CODE) \\ w\_on = (ascii == w\_ASCII\_CODE) \| (ascii == W\_ASCII\_CODE) \\ s\_on = (ascii == s\_ASCII\_CODE) \| (ascii == S\_ASCII\_CODE) \\ d\_on = (ascii == d\_ASCII\_CODE) \| (ascii == D\_ASCII\_CODE) \end{cases} \tag{6.36}$$

式 (6.36) 中的 a_ASCII_CODE 表示字母 a 的 ASCII 码，其他的类推。

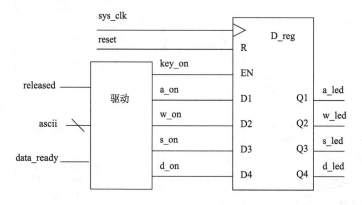

图 6.82   测试模块的电路框图

由于本模块与 data_process 模块共用一个同步时钟，因此 data_process 模块的应答信号 read 可始终接高电平。

五、提供的文件

(1) ascii_rom.v：ASCII 码查找表模块的 Verilog HDL 代码。

(2) KeyBoardInterface_tb.v：键盘接口模块测试代码。注意，测试代码调用了 ps2_interface 和 data_process 两个模块，也即可同时测试这两个模块。

(3) ScanDataInFile.txt：键盘接口模块测试代码用到的数据文件。

六、实验设备

(1) 装有 ModelSim SE 和 Vivado 软件的计算机。

(2) NexysVideo 开发系统一套。

(3) USB 键盘一个。

七、预习内容

查阅相关的资料，了解 PS2 键盘通信接口协议，充分理解双向同步串行通信协议和工作原理。

八、实验内容

(1) 编写模块 ps2_interface 和 data_process 两个模块的 Verilog HDL 代码，并用 ModelSim 仿真。

(2) 编写测试键盘接口模块的 top 文件。

(3) 建立键盘接口实验的 Vivado 工程，对工程综合、约束、实现。引脚约束内容如表 6.24 所示，注意 ps2_clk 和 ps2_data 两个引脚需上拉电阻。

表 6.24 FPGA 引脚约束内容

引脚名称	I/O	引脚编号	电气特性	说明
clk100MHz	Input	R4	LVCMOS33	系统 100MHz 主时钟
reset	Input	B22	LVCMOS33	中间按键
d_led	Output	T14	LVCMOS33	LED0 指示灯
s_led	Output	T15	LVCMOS33	LED1 指示灯
a_led	Output	T16	LVCMOS33	LED2 指示灯
w_led	Output	U16	LVCMOS33	LED3 指示灯
ps2_clk	Input	W17	LVCMOS33-PULLUP	键盘接口
ps2_data	Input	N13	LVCMOS33-PULLUP	

(4) 将 USB 键盘接入实验开发板 A 型 USB 插座，下载工程文件至实验开发板。在键盘输入相应字符，观察实验板上指示灯变化情况，验证设计结果。

九、实验报告要求

(1) 写出设计原理、列出 Verilog HDL 代码并对设计作适当说明。

(2)记录 ModelSim 仿真波形，并对仿真波形作适当解释，分析是否符合预期功能。

(3)记录实验结果，分析设计是否正确。

(4)记录实验中碰到的问题和解决方法。

十、思考题

(1)在本实验中，是否可将模块 data_process 的输入信号 read 接高电平？什么条件下可将输入信号 read 接高电平？

(2)"看门狗"的作用是什么？怎样选取"看门狗"的定时时间？

实验 23　鼠标接口实验

一、实验目的

(1)了解鼠标接口协议和工作原理。

(2)掌握鼠标接口电路的设计方法。

(3)掌握鼠标后续数据处理电路的设计。

二、鼠标接口协议简介

开发板上的 USB 鼠标是通过一个 USB HID 控制器与 FPGA 芯片连接，因此，我们可将 USB 鼠标和 USB HID 控制器组合看作一个 PS2 鼠标。PS2 鼠标的通信协议与 PS2 键盘相同，已在实验 22 已作介绍。下面主要介绍 PS2 鼠标的工作模式和协议数据包格式。

1. PS2 鼠标协议数据包格式

标准的 PS2 鼠标发送位移和按键信息给主机采用 3 字节数据包，其格式如图 6.83 所示。

	Bit7	Bit6	Bit5	Bit4	Bit3	Bit2	Bit1	Bit0
Byte1	Y overflow	X overflow	Y sign bit	X sign bit	Always 1	Middle Btn	Right Btn	Left Btn
Byte2		X Movement						
Byte3		YMovement						

图 6.83　鼠标扫协议数据包格式

Byte1 中的 Bit0、Bit1、Bit2 分别表示左、右、中键的状态，状态值 0 表示释放，1 表示按下。Byte2 与 Byte3 分别表示 X 和 Y 方向的移动计量值，是 9 位二进制补码，最高位(符号位)出现在数据包的第一个字节 Byte1 中。对带滚轮三键鼠标，在数据包还会出现第四个字节 Byte4。

2. PS2 鼠标的工作模式

PS2 鼠标有四种标准工作模式。

1)Reset 模式

当鼠标上电或主机发送复位命令 0xFF 给它时，鼠标进入此种模式。进入 Reset 模式后，鼠标执行自检并设置如下的默认值。

(1)采样速率为 100 采样点/秒。

(2)分辨率为 4 个计数值/毫米。

(3)缩放比例为 1∶1。

(4)数据报告被禁止。

自检结束后鼠标向主机发送 0xAA(自检测试成功)或 0xFC(自检测试错误)。然后鼠标发送它的设备 ID "0x00"，这个 ID 用来区别设备是键盘还是处于扩展模式中的鼠标。鼠标发送自己的设备 ID 给主机后就进入 Stream 模式。

注意：鼠标设置的默认值之一是数据报告被禁止，这就意味着鼠标在没有收到数据报告允许命令 0xF4 之前不会发送任何位移数据包给主机。

2)Stream 模式

Stream 模式是鼠标的默认模式。当鼠标上电或复位完成后自动进入此模式，鼠标基本上以此模式工作。在此模式中，一旦鼠标检测到鼠标位移，或发现一个或多个鼠标键的状态改变时，就发送位移数据包给主机。

3)Remote 模式

只有在主机发送了模式设置命令 0xF0 后，鼠标才进入 Remote 模式。鼠标在这种模式下只有主机请求数据的时候才发送位移数据包给主机。

4)Wrap 模式

Wrap 模式只用于测试鼠标与主机连接是否正确。

三、实验任务

(1)设计一个 PS2 鼠标的接口模块，要求如下。

①接收 PS2 鼠标的数据包。

②翻译成鼠标操作信息，即左、右键按下与否情况和鼠标移动距离等。

③对接口模块进行仿真。

(2)测试鼠标接口模块。作者提供测试鼠标接口模块的 Vivado 工程，读者加入自行设计的鼠标的接口模块(包括子模块)，正常的结果如下。

①VGA 显示器屏幕有一个鼠标箭头，鼠标移动控制 VGA 屏幕的箭头移动。

②屏幕左、右半边分别有一个红色方块和一个绿色方块，鼠标左键按下可使屏幕左边的红色方块消失 0.3s，而鼠标右键按下可使屏幕右边的绿色方块消失 0.3s。

由于本实验已提供工程架构，读者只需完成鼠标的接口模块 ps2_mouse_interface 的设计即可。为了使设计的 ps2_mouse_interface 模块能嵌入工程中，模块 ps2_mouse_ interface 的端口说明必须符合表 6.25 所示的要求。

表 6.25　模块 **ps2_mouse_interface** 的端口含义

引脚名称	I/O	引脚说明
clk	Input	25MHz 时钟信号
reset	Input	复位信号，高电平有效

续表

引脚名称	I/O	引脚说明
ps2_clk	Inout	PS2 鼠标时钟线
ps2_data	Inout	PS2 鼠标数据线
left_button	Output	高电平表示鼠标左键按下
right_button	Output	高电平表示鼠标右键按下
x_increment[8:0]	Output	鼠标的 x 方向的位移量
y_increment[8:0]	Output	鼠标的 y 方向的位移量
data_ready	Output	与 VGA 显示控制电路的接口信息，宽度为一个时钟周期。高电平表示已完成鼠标位移数据包接收，且输出按键状态和 x、y 的位移量
error_no_ack	Output	鼠标无应答的错误提示信号

四、实验原理

1. 总体设计

鼠标工作流程如图 6.84 所示。主机复位后，首先向鼠标发送初始化命令 0xF4，当鼠标收到命令字后会给出一个应答字节。主机根据应答字节来判断鼠标是否正确应答，应答正确则进行接收鼠标数据包，然后从接收到的数据包中获得鼠标位置及状态数据，并输出给显示模块，显示模块在 VGA 屏幕上显示出当前鼠标的状态和位置。若应答错误，则给出应答错误信息，并停止处理，重新初始化。

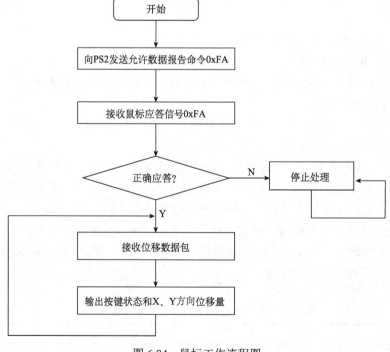

图 6.84　鼠标工作流程图

根据 PS2 通信协议、鼠标接口协议和鼠标工作流程，可画出鼠标接口电路的总体框图，如图 6.85 所示。注意，由于鼠标常与 VGA 显示器一起使用，因此图 6.85 中时钟 clk 频率为 25MHz，与 VGA 显示器的像素时钟频率一致。

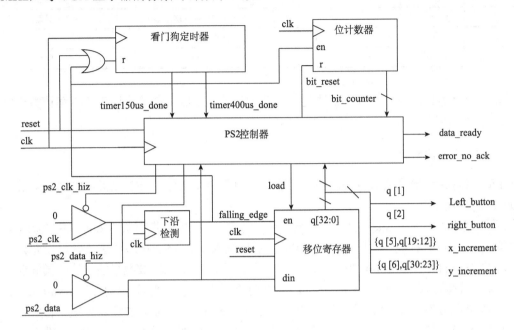

图 6.85　鼠标接口电路的总体框图

由于 ps2_clk、ps2_data 为双向端口，因此用三态门接入。接收数据在 ps2_clk 下沿进行、发送在 ps2_clk 低电平时更新数据，因此检测 ps2_clk 下沿电路是必不可少的。

发送和接收主要由移位寄存器完成。发送时移位寄存器(shift_reg)将并行命令码转化为串行数据输出；主机接收 PS2 鼠标信息时，移位寄存器将串行的数据转化为并行输出。根据通信协议，在检测到 ps2_clk 下沿时发送或接收数据。由于本实验只发送命令字 0xF4，所以发送数据恒为{23'h7fffff,1'b0,8'hf4,1'b0}，其中低 11 位为发送数据，包括起始位、命令字、检验位、停止位。当 load=1 时，将发送的数据置入移位寄存器的 q 端。

位计数器用于计数接收或发送的位数，位计数器为二进制定时型计数器，当 bit_reset=1 时，计数器清零，ps2_clk 下沿时使能计数。

看门狗定时器(timer)有两个作用，一是发送时将 ps2_clk 拉低 100μs 以上，本实验定为 150μs；二是起"看门狗"作用，当某种原因引起 ps2_clk 错误，造成系统帧不同步时，"看门狗"将使电路回到初始状态。

2. ps2_clk 下沿检测电路、移位寄存器电路和位计数器的设计

ps2_clk 下沿检测电路的设计可参考实验 13 中的上沿检测电路，这里不再赘述。移位寄存器的功能如表 6.26 所示。

表 6.26 移位寄存器的功能表

reset	load	en	clk	q	说明
1	×	×		0	清零
0	1	×	↑	{23'h7fffff,1'b0,8'hf4,1'b0}	置数
0	0	1		{din, q[32:1]}	右移
0	0	0		q	保持

由于位计数器的复位由控制器决定，因此位计数器实际上就是带同步清零和计数使能的 6 位二进制计数器。

3. PS2 鼠标控制器

PS2 鼠标控制器是接口电路的核心，协调各单元电路工作。PS2 鼠标控制器的算法流程图如图 6.86 所示。

系统复位时，进入 start 状态进行初始化，并在一个 clk 周期后进入 hold_clk_1 状态。该状态将 ps2_clk(时钟线)拉低并保持 150μs，然后进入 transmit 状态发送数据报告允许命令 0xF4，即发送{1'b1,1'b0,8'hf4,1'b0}，共 11 位。发送完毕后主机释放数据线，等待鼠标返回应答位，如应答位错误，则进入 error_ack 状态，此时握手失败停止处理。否则，进入 wait_response 状态接收鼠标应答字 0xFA，若应答字错误，则进入 error_no_ack 状态停止处理。若应答字正确，则进入接收初始化 receive_start 状态，并在一个 clk 周期后进入 gather 状态，进行接收鼠标数据包。接收完成后进入 verify 检验状态，检验正确进入 data_output 状态，输出数据，检验出错则丢弃数据。最后返回 receive_start 状态形成了数据接收循环。如果在接收数据过程中出现"看门狗"定时到，则说明系统工作不正常，"看门狗"定时器将使电路回到接收初始化 receive_start 状态。

packet_good 为检验结果，表示为

$$packet\_good = ((q[9] == \sim\wedge q[8:1]) \&\& (q[20] == \sim\wedge q[19:12])$$
$$\&\& (q[31] == \sim\wedge q[30:23])) \tag{6.37}$$

五、提供的文件

(1) mouse_interterface_tb.v：鼠标接口模块的测试代码。

(2) 鼠标接口测试 Vivado 工程。

六、实验设备

(1) 装有 ModelSim SE 和 Vivado 软件的计算机。

(2) NexysVideo 开发系统一套。

(3) USB 鼠标一个。

七、预习内容

查阅 PS2 鼠标接口协议资料，详细了解协议内容。

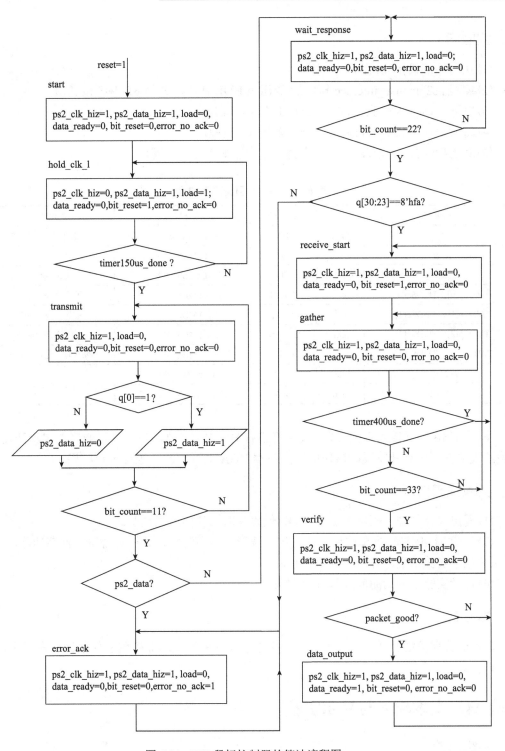

图 6.86　PS2 鼠标控制器的算法流程图

八、实验内容

(1)从网站下载相应代码。

(2)编写 ps2_mouse_inteface 模块的 Verilog HDL 代码，并用 ModelSim 仿真。

(3)打开 vivado 文件夹中的 Vivado 工程 MouseTest.xpr。

(4)将所设计的 ps2_mouse_inteface 模块加入工程。

(5)对工程综合、约束、实现。引脚约束内容如表 6.27 所示。

表 6.27　FPGA 引脚约束内容

引脚名称	I/O	引脚编号	电气特性	说明
clk	Input	R4	LVCMOS33	系统 100MHz 主时钟
reset	Input	B22	LVCMOS33	中间按键
error	Output	T14	LVCMOS33	LED0 指示灯
TMDSp[0]，TMDSn[0]	Output	W1,Y1	TMDS_33	通道 0 差分输出
TMDSp[1]，TMDSn[1]	Output	AA1,AB1	TMDS_33	通道 1 差分输出
TMDSp[2]，TMDSn[2]	Output	AB3,AB2	TMDS_33	通道 2 差分输出
TMDSp_clk，TMDSn_clk	Output	T1,U1	TMDS_33	像素时钟通道分输出
ps2_clk	Inout	W17	LVCMOS33-PULLUP	鼠标接口
ps2_data	Inout	N13	LVCMOS33-PULLUP	

(6)将 USB 鼠标接入实验开发板，并将带有 HDMI 接口的 VGA 显示器接入实验开发板。下载工程文件至实验开发板。操作鼠标，观察 VGA 显示情况，验证设计结果。

九、实验报告要求

(1)写出设计原理、列出 Verilog HDL 代码并对设计作适当说明。

(2)记录 ModelSim 仿真波形，并对仿真波形作适当解释，分析是否符合预期功能。

(3)记录实验结果，分析设计是否正确。

(4)记录实验中碰到的问题和解决方法。

十、思考题

鼠标能否像键盘一样，上电复位后主机不需要向鼠标发送命令就能使鼠标正常工作？为什么？

实验 24　文本输入与显示实验

一、实验目的

(1)掌握字符的点阵显示原理。

(2)掌握在 VGA 显示中、英文字符的方法。

(3)掌握键盘的按键信息读取和存储方法。

二、字符的点阵显示原理

1. 点阵的概念

先看字母"A"和汉字"中"的点阵图，如图 6.87 所示。一个字的点阵是指这个字符用多少个像素点来描述，以及每个像素点显示什么颜色。在通常情况下，ASCII 字符采用 8×16 点阵，而汉字采用 16×16 点阵。点阵使用一个位来表示一个像素点的颜色，如果该位值为 1 则表示该像素点是前景色，如果该位数为 0 则表示该像素点显示为背景色。

必须要用数据来记录点阵的信息。通常情况下 8×16 点阵的一行可用 1 字节表示，所以用 16 字节来表示 8×16 点阵的 ASCII 字符。同样，需要用 32 字节表示 16×16 点阵的汉字。数据存放方式为从左到右、自上而下的顺序。

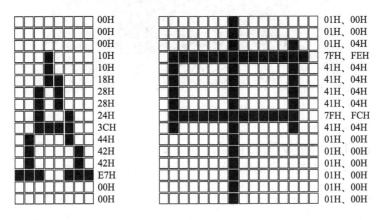

图 6.87　字符显示点阵

2. 字库的概念

ASCII 码字库是 127 个 ASCII 码字符点阵数据的集合，根据 ASCII 码的编码顺序存放 127 个 ASCII 码字符的点阵数据。每个 ASCII 码字符点阵由 16 字节数据组成。因为，如果要检索一个 ASCII 码字符的点阵数据，只需将其 ASCII 码值乘以 16，即可得到该字符在字库中的首地址。例如，字符"A"的 ASCII 码值为 41h，可计算出字符"A"在字库的首地址为 41h×16，即 410h，地址 410h～41fh 的 16 字节为字符"A"的点阵数据。

标准的 16×16 点阵汉字字库 HZX16 存放一、二级汉字。在大部分应用中，只用到少数汉字，不会用到如此大容量的 ROM 来存储汉字字库。因此，针对实际应用到的汉字，需定制自己的小型字库。汉字点阵数据可用"字模精灵"等应用软件生成。

三、实验任务

1. 基本要求

(1)用键盘输入字符并在 VGA 显示器屏幕显示，显示模式如下。

① 640×480@60Hz 的 VGA 显示模式。

②屏幕中心的 512 像素×384 像素为字符显示区域，可显示 64 字符×24 行，如图 6.88 所示。当输入大于 64×24 字符时，覆盖前面输入的字符。

③显示格式为字符的前景色为白色，背景色为黑色；显示区域边框大小为 2 像素，边框颜色为黄色；显示区域外背景色为蓝色。

字符显示区域
（512像素×384像素）

XXX设计

图 6.88　字符显示格式

(2)屏幕光标定位：光标指示当前输入在屏幕上的位置。

(3)在显示区域右下方显示设计者的中文"姓名"标志。

2. 个性化要求

(1)美化背景设计。

(2)当输入回车键时，可自动换行。

(3)当输入字符满屏时，可自行向上滚动。

四、实验原理

如图 6.89 所示，文本输入与显示电路主要包括键盘接口模块、输入字符存储、显示字符读取、三基色信号产生、行帧同步产生电路、HDMI 编码和 TMDS 差分输出电路等。键盘接口模块、行帧同步产生电路、HDMI 编码和 TMDS 差分输出电路已在前面实验介绍，下面主要介绍其他各模块的工作原理。

1. 字符存取模块

字符存取模块作用有两个：接收键盘输入的 ASCII 字符，并将 ASCII 码存储到随机存取存储器（RAM）中；根据行帧同步电路产生的扫描坐标读出要显示字符的 ASCII 码值，送入文本像素产生电路。该模块的核心电路为 RAM，其原理如图 6.90 所示。

RAM 用于存储输入的 ASCII 字符，由于一屏可显示 64×24 个字符，所以 RAM 容量至少为 1536（64×24）字节。因此可用一个双端口 RAM 内核（Simple Dual Port RAM）实现，RAM 容量为 2048×8bits，并采用 Non_Register 输出数据。双端口 RAM 的一个端口（a）负责数据写入，而另一个端口（dpra）负责数据读出，读、写相对独立，互不影响。

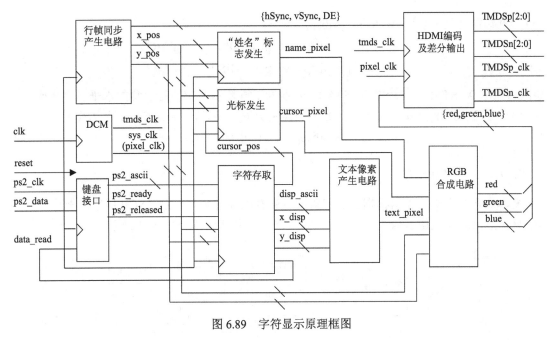

图 6.89　字符显示原理框图

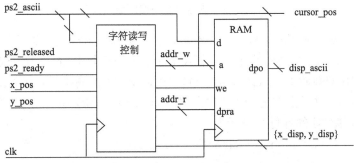

图 6.90　字符存取模块框图

RAM 控制电路的第一个任务要求产生与键盘接口电路的应答信号 data_read、RAM 的写地址 addr_w、写使能信号 we。由于键盘接口电路与 RAM 控制电路使用同一时钟，因此应答信号 data_read 可恒为高电平。

根据实验要求，每输入一个 ASCII 字符，就将该字符的 ASCII 码值存于 RAM 中，同时使 RAM 地址加一指向下一字符存储地址（光标位置）。

当下列三个条件同时满足时，表明输入一个 ASCII 字符，此时，写使能 we 号有效：

(1) ps2_ready 为高电平，表明输入一个扫描码。

(2) ps2_ released 为低电平，表明输入为通码。

(3) ps2_ascii≠0ffh，表明按下为 ASCII 字符键。

写地址 addr_w 地址实质是一个模为 1536 的地址计数器的状态，当上面三个条件同时满足时，addr_w 地址计数器加 1。

RAM 控制电路的第二个任务要求产生 RAM 的读地址 addr_r，addr_r 与同步扫描坐标有关。实验要求字符显示在屏幕中心的 512 像素×384 像素范围，以字符显示区域的左上角为

原点，重新定义显示坐标$(x\_disp，y\_disp)$，则有

$$\begin{cases} x\_disp = x\_pos - DISP\_X\_START \\ y\_disp = y\_pos - DISP\_Y\_START \end{cases} \tag{6.38}$$

式中，DISP_X_START、DISP_Y_START 分别为字符显示区域的左上角的水平、垂直坐标。

由于使用 16×8 点阵，即 16 行×8 列的像素为同一字符，所以 addr_r 表达式为

$$addr\_r = \{y\_disp[8:4], x\_disp[8:3]\} \tag{6.39}$$

2. 文本像素产生电路

文本像素产生电路作用根据显示字符的 ASCII 码和显示坐标从 ASCII 码字库取出字符点阵信息，然后转换成像素值送入 RGB 合成电路。其原理框图如图 6.91 所示。

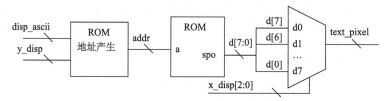

图 6.91 文本像素产生电路的原理框图

ASCII 码字库可用 ROM 内核实现，ROM 容量为 2048×8bits，输出采用 Non_Register 输出数据，并用 ascii.coe 文件初始化。一个 ASCII 字符的点阵由 16 字节组成，其在 ROM 的地址范围为 {ASCII,4'b0000}～{ASCII,4b'1111}，因此 ROM 的高 7 位地址为 ASCII 码（ASCII 码的最高位恒为零）；并且点阵的一个字节代表字符的一行像素，所以由 y 坐标决定取哪一行字节。综上所述，ROM 的地址可表示为

$$addr = \{disp\_ascii[6:0], y\_disp[3:0]\} \tag{6.40}$$

ROM 字库输出字符的一行数据（8 个像素），需要由数据选择器选出正扫描到的像素，显示坐标 x_disp 的低三位 x_disp [2:0] 决定选取哪个像素。

最后强调的是，设计电路时注意扫描显示原理，VGA 是一行一行扫描，而不是一个一个字符扫描。

3. 汉字显示

相对 ASCII 码字符显示，汉字显示要复杂些。例如，在屏幕某一矩形方框内显示"数字逻辑与数字系统设计"，矩形方框的左上角坐标为(x0，y0)，如图 6.92 (a) 所示。

首先制作一个小型汉字点阵 ROM，点阵数据用"字模精灵"等软件产生，用 IP 核生成点阵 ROM，依次存放"数"、"字"、"与"、"逻"、"辑"、"设"、"计"、"系"、"统"和"空格"等 10 个汉字。由于，每个汉字占 32 个字节，因此点阵 ROM 容量为 512×8bits。从点阵 ROM 可看出，地址 {addr_h,5'b00000}～(addr_h,5'b11111) 存放一个汉字，当 addr_h=0 时，存放"数"；当 addr_h=1 时，存放"字"；……依此类推。

汉字像素的读出原理框图如图 6.92 (b) 所示，图中的点阵 ROM 采用 Register 输出。

由于点阵 ROM 采用 Register 输出，读出点阵信息需要一个时钟。因此，引进三个坐标：

下一点像素的坐标(next_x_pos, next_y_pos)、显示坐标(x_disp, y_disp)及下一点像素的显示坐标(next_x_disp, next_y_disp)，它们的表达如式(6.41)~式(6.43)所示。

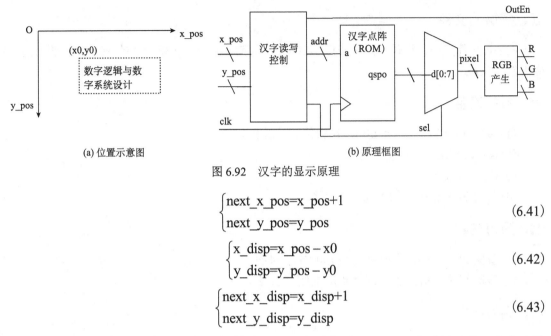

图 6.92　汉字的显示原理

$$\begin{cases} \text{next\_x\_pos=x\_pos+1} \\ \text{next\_y\_pos=y\_pos} \end{cases} \tag{6.41}$$

$$\begin{cases} \text{x\_disp=x\_pos}-\text{x0} \\ \text{y\_disp=y\_pos}-\text{y0} \end{cases} \tag{6.42}$$

$$\begin{cases} \text{next\_x\_disp=x\_disp+1} \\ \text{next\_y\_disp=y\_disp} \end{cases} \tag{6.43}$$

点阵 ROM 的地址 addr 由式(6.44)给出，由三部分组成。addr_h 表示显示的汉字在点阵 ROM 位置，中间 next_y_disp[3:0]表示汉字的哪一行像素，低位地址 next_x_disp[3]则区分汉字的点阵的左、右字节。

$$\text{addr}=\{\text{addr\_h,next\_y\_disp[3:0],next\_x\_disp[3]}\} \tag{6.44}$$

式中，addr_h 由坐标(next_x_pos, next_y_pos)决定，例如，当 y0≤next_y_pos< y0+16，且 x0≤next_x_pos< x0+16 时，显示"数"，所示 addr_h=0；而当 y0≤next_y_pos< y0+16，且 x0+16≤next_x_pos< x0+32 时，　显示"字"，则 addr_h=1；……依此类推。

由于 ROM 字库输出字符的一个字节数据(8 个像素)，需要由数据选择器选出正扫描到的像素，显示坐标 x_disp 的低三位 x_disp [2:0]决定选取哪个像素，即

$$\text{sel= x\_disp [2:0]} \tag{6.45}$$

而汉字像素的输出使能 OutEn 则由坐标(x_pos, y_pos)决定，由于汉字区右下角作"空格"处理，因此当 y0≤y_pos< y0+32，且 x0≤x_pos< x0+96 时，OutEn=1；否则，OutEn=0。

4. RGB 合成电路

RGB 处理电路根据扫描坐标选择字符、边框、光标、"姓名"标志等。例如，当扫描到字符显示区域，即 DISP_X_START ≤ x_pos < DISP_X_START + 512 且 DISP_Y_START ≤ y_pos < DISP_Y_START + 384 时，RGB 处理电路输出如式(6.46)所示。

$$\begin{cases} \text{red=\{8\{text\_pixel\}\}} \\ \text{green=\{8\{text\_pixel\}\}} \\ \text{blue=\{8\{text\_pixel\}\}} \end{cases} \tag{6.46}$$

式(6.46)表示当 text_pixel = 1(即字符前景色)时显示白色，当 text_pixel = 0(即字符背景色)时显示黑色。

五、提供的文件

在 src 文件夹中，提供 16×8 点阵 ASCII 字符字库 ascii.coe 和标准的 16×16 点阵汉字字库 HZX16.coe。

六、实验设备

(1)装有 Vivado 和 ModelSim SE 软件的计算机。
(2)Nexys Video 开发板一套。
(3)USB 键盘一个
(4)带有 HDMI 接口的 VGA 显示器。

七、预习内容

(1)查阅相关资料，了解字符点阵的显示原理。
(2)查阅相关资料，了解汉字点阵的制作方法。

八、实验内容

(1)编写文本显示系统各模块的 Verilog HDL 代码及其测试代码，并用 ModelSim 仿真。
(2)编写文本显示系统的 top 文件及其测试代码，并用 ModelSim 仿真。
(3)建立文本显示系统的 Vivado 工程文件，并对工程进行综合、约束、实现。FPGA 引脚约束与实验 23 相同。
(4)将 USB 键盘、VGA 显示器接入实验开发板，下载工程文件至实验开发板中。在键盘输入字符，观察 VGA 显示器上文本显示情况，验证设计结果。

九、实验报告要求

(1)写出设计原理、列出 Verilog HDL 代码并对设计作适当说明。
(2)记录 ModelSim 仿真波形，并对仿真波形作适当解释，分析是否符合预期功能。
(3)记录实验结果，分析设计是否正确。
(4)记录实验中碰到的问题和解决方法。

十、思考题

(1)若设计中，RAM 和 ROM 的输出采用 Register 方式，会出现什么问题？怎样解决？
(2)怎样在 VGA 上显示图像？

实验 25　动态显示实验

一、实验目的

(1)掌握在 VGA 显示器显示图片的方法。

(2)掌握放大字符显示的方法。

(3)了解多图层显示原理，了解动画制作的方法，为以后界面设计积累知识。

二、字符的点阵显示原理

1. 图层的概念

每一个图层都是由许多像素组成的，而图层又通过上下叠加的方式来组成整个图像。打个比喻，每一个图层就好似一个透明的"玻璃"，而图层内容就画在这些"玻璃"上；如果"玻璃"上什么都没有，那么这就是个完全透明的空图层；当各"玻璃"都有图像时，自上而下俯视所有图层，就形成图像显示效果。

为什么需要实现图层功能呢？

(1)当前许多图像处理和动画制作软件都使用了图层的概念，该概念能够帮助设计者专注于各个图层的设计，以及完成实际效果中景深的显现(物体的前后感觉)。

(2)使用图层能够节约系统大量的内存资源。一幅图像的存储对系统的资源开销是很大的，如一幅64像素×64像素的图像就需要4096×24bits的SRAM来存储。如果对系统所要显示的每一幅图都进行显示，那么就需要存储很多张图。例如，有两个物体(如一只狗和一个球)分别有5个动画，如果每个组合都截取一幅图，那么就需要截取25幅图；而运用图层，仅需要存储10幅图就足够了。

2. 图层的显示原理

各个图层模块在显示输出时可以根据VGA控制模块产生的坐标信号、用户提供的当前基准坐标值(左上顶点坐标)和动画选择信号判断是否在自己的显示范围内，以此决定自己是否应该输出，并且以RqFlag信号来向输出控制模块申请像素点，并判断自己的输出。其申请规则如图6.93所示，图层外不申请，留给下面的图层申请；图层内申请，则下面图层的申请将被忽略。

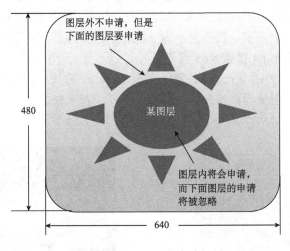

图6.93　图层显示的申请规则

一个图层是如何判断哪些像素点应该显示，哪些不能显示呢？在设计中使用了一个像素点滤波器，该滤波器的功能是当遇到输出像素值为FFFFCC(一种与白色色调很相近的颜色)

时，就把 RqFlag 屏蔽掉，也就是所有的图层中永远不会出现一个像素点的颜色为 FFFFCC，即该颜色为透明色。于是，如果把一个不规则的图形通过软件处理，将其周围背景做成 FFFFCC，那么就可以把应该透明的空间留出来而不申请。下面的背景还在申请像素点，于是输出就显示出了背景，而上一图层透明的地方就被屏蔽掉了，如图 6.94 所示。

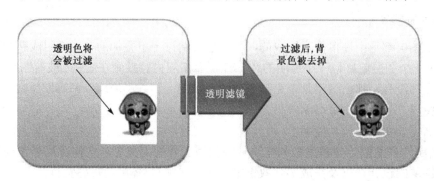

图 6.94　透明滤镜

图层输出选择是在 RqFlag 指导下选择图层。如果只有一个图层申请输出，则输出当前申请图层；如果有多个图层申请，则按照图层优先级顺序选择最高优先级图层来输出，如图 6.95 所示。

三、实验任务

1. 基本要求

设计一个小狗奔跑的动画，如图 6.96 所示，具体要求如下。

(1) 640×480@60Hz 的 VGA 显示模式。

(2) 共分三个图层：最底层为静态的背景层，背景大小为 640 像素×256 像素的背景图片，由 64 像素×256 像素背景图片拼接而成。背景图片显示位置为 192≤y_pos＜447 区间；中间层显示"动态显示"四个汉字，汉字大小为 32 像素×32 像素，显示位置自定；最上层为小狗奔跑的动画，小狗大小 64 像素×64 像素。

(3) 设置 run 逻辑开关。当 run 开关置于高电平时，小狗从左到右奔跑，当小狗跑到右面画面消失后，马上从左面画面重新开始；而当 run 开关置于低电平时，小狗暂停奔跑，静立在画面中。

图 6.95　图层的优先级

图 6.96　图像显示格式

2. 扩展要求

(1)改变小狗奔跑方式为来回奔跑，并相应增加控制按钮。

(2)增加功能，比方小狗吃饭、洗澡等功能，并相应增加控制按钮。

(3)用键盘控制小狗的各种动作。

四、实验原理

下面只对设计的基本要求部分作简要说明。系统的总体框图如图 6.97 所示，由 VGA 视频同步发生器、动画控制、三个图层、图层选择等模块组成。

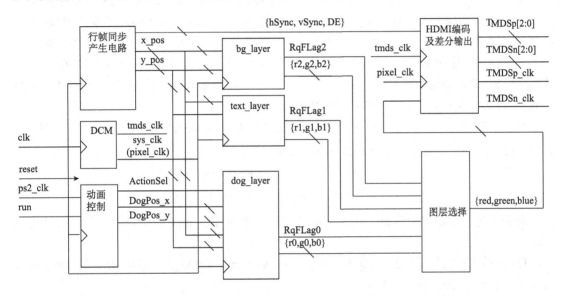

图 6.97　VGA 动态显示原理框图

1. 背景层

底层为背景层(bg_layer)，考虑到资源限制，背景层用 64 像素×256 像素的图像水平拼接成大小为 640 像素×256 像素的背景，显示在屏幕的 128≤_y_pos<384 区域。本实验提供的背景图片数据文件 bg.coe 为 64 像素×256 像素的 24 位位图，每个像素 24 位，高 8 位为红基色，中间 8 位为绿基色，低 8 位为蓝基色，像素存储次序为从左到右、从上到下。背景层图片读取较为简单，不再详述。

当 128≤_y_pos<384 时，该图层输出申请 RqFlag2 为高电平，否则 RqFlag2 为低电平。

2. 字符显示层

中间层为字符显示层(text_layer)，显示"动态显示"四个汉字，显示位置自定。汉字小字库的制作及汉字显示已在实验 24 介绍，不过略有不同，汉字字库为 16×16 点阵 ROM，而本实验要求显示汉字大小为 32 像素×32 像素，所以应将 16×16 点阵汉字放大，即将原来 16×16 点阵中的一个像素用四个像素来显示，也就是说坐标(x_pos [9:1], y_pos [9:1])所代表的四个像素点显示相同信息。汉字放大显示方法较为简单，只需将图 6.92 (b) 中点阵 ROM 的地址 addr 和数据选择器的地址信号由式 (6.47) 和式 (6.48) 即可。

$$addr=\{addr\_h,next\_y\_disp[4:1],next\_x\_disp[4]\} \tag{6.47}$$

$$sel= x\_disp [3:1] \tag{6.48}$$

当扫描坐标 (x_pos,y_pos) 落在字符区时，该图层输出申请 RqFlag1 为高电平，否则 RqFlag1 为低电平。

3. 小狗奔跑的动画层

顶层为小狗奔跑的动画。动画由 5 幅连贯动作画面构成，奔跑图片文件分别为 DogRun0.coe、DogRun1.coe、DogRun2.coe、DogRun3.coe、DogRun4.coe。5 幅图片均为 64 像素×64 像素的 24 位位图，具体选择哪幅图片由 Dog_layer 模块的输入信号 ActionSel[2:0] 决定。图片的显示位置由坐标输入信号 DogPos_x[9:0] 和 DogPos_y[9:0] 决定，坐标 (DogPos_x[9:0]，DogPos_y[9:0]) 为图片左上角位置。若 Dog_layer 模块中图片内核 ROM 均为 registed 方式输出，则内核 ROM 的地址由式 (6.49) 所示。

$$addr=\{next\_x\_disp[5:0],next\_y\_disp[5:0]\} \tag{6.49}$$

式中，next_x_disp、next_y_disp 由式 (6.50) 决定。

$$\begin{cases} next\_x\_disp=(x\_pos+1)\text{-}DogPos\_x \\ next\_y\_disp=y\_pos\text{-}DogPos\_y \end{cases} \tag{6.50}$$

由于小狗为不规则的图形，因此该层图层输出申请 RqFlag0 有效 (高电平) 的条件必须满足：

(1) 扫描到小狗显示位置，即 DogPos_x≤next_x_pos＜(DogPos_x + 64)，且 DogPos_y≤next_y_pos＜(DogPos_y+64)；

(2) 该像素非透明色，即 {red0, green0, blue0}≠ffffcc。

4. 小狗奔跑的动画控制

动画控制模块的功能如下所示。

(1) 系统复位时，小狗处于复位状态 (ActionSel=3'd0)，位置处于画面的最左面，即 DogPos_x=10'd0。

(2) run 为高电平时，约 0.2s 更换一下奔跑画面且前进 10 个像素；而 run 为低电平时，狗处于暂停状态，即 ActionSel=3'd0 且 DogPos_x 保持不变。

另外，由于小狗只进行水平方向跑动，因此 DogPos_y 可固定为一个常数。根据背景画面，DogPos_y 取为 300 较为合适。

5. 图层选择

图层选择实质为一个数据选择器，只需注意图层优先级即可。

五、提供的文件

src 文件夹中包含一个 16×16 点阵汉字小字库和实验用到的图片数据 (coe 文件)，主要有以下几种。

(1) 24 位位图的背景画面(64 像素×256 像素)数据：bg.coe。

(2) 五幅 24 位位图的小狗奔跑动画(64 像素×64 像素)数据：DogRun0.coe、DogRun1.coe、DogRun2.coe、DogRun3.coe、DogRun4.coe。

(3) 两幅 24 位位图的小狗吃东西动画(64 像素×64 像素)数据：DogEat0.coe、DogEat1.coe。

(4) 两幅 24 位位图的小狗洗澡动画(64 像素×64 像素)数据：DogWash0.coe、DogWash1.coe。

(5) 两幅 24 位位图的食物图片(64 像素×64 像素)数据：Food0.coe、Food1.coe。

(6) 两幅 24 位位图的洗澡工具图片(64 像素×64 像素)数据：Wash0.coe、Wash1.coe。

六、实验设备

(1) 装有 Vivado 和 ModelSim SE 的计算机。

(2) Nexys Video 开发板一套。

(3) 带 HDMI 接口的 VGA 显示器一台。

七、预习内容

(1) 查阅相关资料，了解运动图像的显示原理。

(2) 查阅有关图层的知识，了解动态显示原理。

八、实验内容

(1) 编写系统各子模块的 Verilog HDL 代码及其测试代码，并用 ModelSim 仿真。

(2) 编写动态显示系统实验的 top 文件及其测试代码，并用 ModelSim 仿真产生 rgb 文件，模拟显示复位后的一帧图像。

(3) 建立 VIVADO 工程文件，并对工程进行综合、约束、实现。引脚约束内容如表 6.28 所示。

表 6.28　FPGA 引脚约束内容

引角名称	I/O	引脚编号	接口类型	说明
clk	Input	R4	LVCMOS33	系统 100MHz 主时钟
reset	Input	B22	LVCMOS33	BUNTC 按键
run	Input	E22	LVCMOS33	Sw0 逻辑开关
TMDSp[0]，TMDSn[0]	Output	W1,Y1	TMDS_33	通道 0 差分输出
TMDSp[1]，TMDSn[1]	Output	AA1,AB1	TMDS_33	通道 1 差分输出
TMDSp[2]，TMDSn[2]	Output	AB3,AB2	TMDS_33	通道 2 差分输出
TMDSp_clk，TMDSn_clk	Output	T1,U1	TMDS_33	像素时钟通道分输出

(4) 将 VGA 显示器接入实验开发板，下载工程文件至实验开发板中。操作相应按钮，观察 VGA 显示器上显示情况，验证设计结果。

九、实验报告要求

(1)写出设计原理、列出 Verilog HDL 代码并对设计作适当说明。

(2)记录 ModelSim 仿真波形，并对仿真波形作适当解释，分析是否符合预期功能。

(3)记录实验结果，分析设计是否正确。

(4)记录实验中碰到的问题和解决方法。

十、思考题

(1)综合实验 24 和实验 25，说明多图层显示的特点？

(2)小狗奔跑时，5 个动作若更换过快会出现什么情况？

实验 26　点灯游戏的设计

一、实验目的

(1)掌握数字系统设计方法。

(2)掌握用图层设计动态图像界面。

二、点灯游戏简介

点灯游戏是一个十分有趣的智力游戏，游戏的规则是：有 N 行、N 列的灯，开始时有一部分是灭的或全部是灭的；当单击其中一盏灯时，此盏灯的上下左右(若存在的话)连同它本身的状态全部改变，即若原先为亮，则当前状态为暗；若原先为暗，则当前状态为亮。当所有的灯都点亮时，则胜利。

三、实验任务

1. 基本要求

(1)游戏设计实现 5 行 5 列共 25 盏灯，共有 6 关(其中 Level 0 为测试关)，全部过关为胜利。

(2)界面设计如图 6.98 所示，分为背景、点灯区内部背景、分割条、25 个方格(代表 25 盏灯)、边框、信息区和光标七个部分。信息区在游戏过程中显示 Level n(n 为 0~5)，全部过关后显示 Win。

(3)VGA 显示模式为 640×480Hz@60Hz。

(4)用键盘控制游戏进程。

① 用键盘的 "w"、"a"、"s"、"d" 或 " ↑ "、" ↓ "、" ← "、" → " 四个键改变光标的位置。

② 用键盘的 Enter 键改变此盏灯的上下左右(若存在的话)连同它本身的状态。

③ 用键盘的 Esc 键复位游戏。

2. 个性化要求

(1)本实验对界面没有严格要求，可根据自己喜好设计界面。

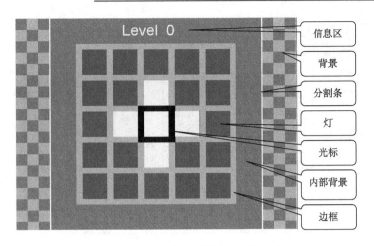

图 6.98　点灯游戏的界面

(2) 增加信息显示内容，使游戏操作更为方便。

(3) 增加难度，如对每一关设置最大操作次数，当超过最大操作次数时中止游戏并显示失败画面。

(4) 用鼠标控制游戏进程。

四、实验原理

下面介绍用键盘控制游戏的设计过程。坐标 (X, Y) 表示光标位置。变量 light [24:0]表示 25 盏灯的状态，light [n]表示编号为 n 的灯的状态，取值 0 表示灯亮，取值 1 表示灯灭。坐标位置和 25 盏灯的编号如图 6.99 所示。

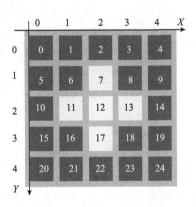

图 6.99　灯的编号和坐标位置

根据实验任务可画出系统的原理框图，如图 6.100 所示。DCM 模块产生 25MHz 像素时钟和 250MHz 的 TMDS 串行位时钟，其中 25MHz 时钟同时作为系统的工作时钟；键盘接口和处理电路负责与键盘接口并翻译按键状态；游戏进程控制是系统核心，在键盘的控制下完成光标移动、灯的状态变化和游戏进程的控制。行帧同步产生电路、显示电路、HDMI 编码和差分输出等模块负责将游戏进程及结果显示在 VGA 显示器上。

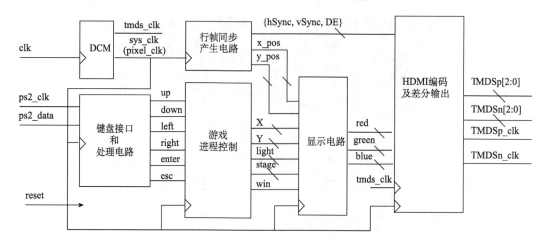

图 6.100　系统的原理框图

1. 键盘接口和处理电路

键盘接口模块由实验 22 介绍的 PS2 通信接口模块(interface)和数据处理(data_process)组成。在此基础上，还需将按键信息翻译成控制信号，具体要求如表 6.29 所示。

表 6.29　控制信号的含义

引脚名称	方向	引脚说明
up	Output	宽度一个时钟周期高电平脉冲，表示"w"或"↑"键按下
down	Output	宽度一个时钟周期高电平脉冲，表示"s"或"↓"键按下
left	Output	宽度一个时钟周期高电平脉冲，表示"a"或"←"键按下
right	Output	宽度一个时钟周期高电平脉冲，表示"d"或"→"键按下
enter	Output	宽度一个时钟周期高电平脉冲，表示 Enter 键按下
esc	Output	宽度一个时钟周期高电平脉冲，表示 Esc 键按下

2. 游戏进程控制模块的设计

整个游戏的进程由控制器完成，在此先对游戏的进程作些必要的规定。

(1)任何时候按下 Esc 键，游戏的进程回到复位状态，即测试关。

(2)按 "D"键或"→"键，光标循环右移，当光标处于最右面时，按一下"D"键或"→"时光标回到最左面。其他三个方向键功能类似。

(3)当每一个游戏关成功时，游戏进入暂停状态，此时方向键不起作用，只有按 Enter 键进入下一关或按 Esc 键复位游戏。

(4)当全部过关时，游戏进入停止状态，只有按 Esc 键才能复位游戏。

根据上述过程，可画出游戏进程控制模块的原理框图，如图 6.101 所示。其中，控制器是电路的核心，在键盘的控制下完成光标移动(X、Y 变化)、灯的状态初始化(light_initial)、灯的状态变化和游戏关数变化(stage)等进程的控制。图中 ChangePos 为输出 list[24:0]标记出光标及其上下左右(若存在的话)的位置；而初始化模块(LighitInit)存储了各关灯的初始状态，为了验证设计方便，可按式(6.51)给出每关的初始状态 light_initial。

$$light\_initial = \begin{cases} 25'b00000\_00100\_01110\_00100\_00000 & \text{(Level 0)} \\ 25'b10001\_01010\_00000\_01010\_10001 & \text{(Level 1)} \\ 25'b00011\_00011\_00000\_11000\_11000 & \text{(Level2)} \\ 25'b00000\_01110\_01110\_01110\_00000 & \text{(Level3)} \\ 25'b11111\_11111\_11111\_11111\_11111 & \text{(Level4)} \\ 25'b00000\_10100\_01110\_11011\_00000 & \text{(Level5)} \end{cases} \quad (6.51)$$

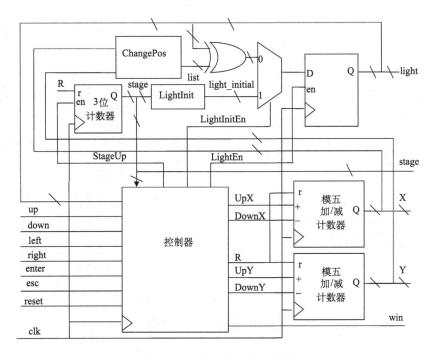

图 6.101　游戏进程原理框图

根据上述游戏进程要求，可画出图 6.102 所示的控制器的算法流程图。复位并经初始化后进入等待按键输入状态(Wait)，然后判断是否过关，若未过关且有有效的按键键入，则进入相应按键处理状态(UpKey 或 DownKey 或 LeftKey 或 RightKey 或 EnterKey)进行相关处理，再回到 Wait 状态；若过关，则根据游戏的进程进入暂停状态(Pause)或游戏结束状态(Over)。若在 Pause 状态，则需要在按 Enter 键后进入下一关(Next)。

3. 显示电路的设计

采用多图层概念可简化显示电路的设计。图层划分方法较多，在此作者将图 6.98 所示的界面划分为三个图层，如图 6.103 所示。底层为静态图像，界面中的背景、点灯区内部背景、分割条、边框由这个图层完成。中间层、最高层均为动态图像，其中中间层完成 25 盏灯的显示，而最高层完成信息区和光标两个部分显示。优先级为最高层最高，中间层次之，底层最低。

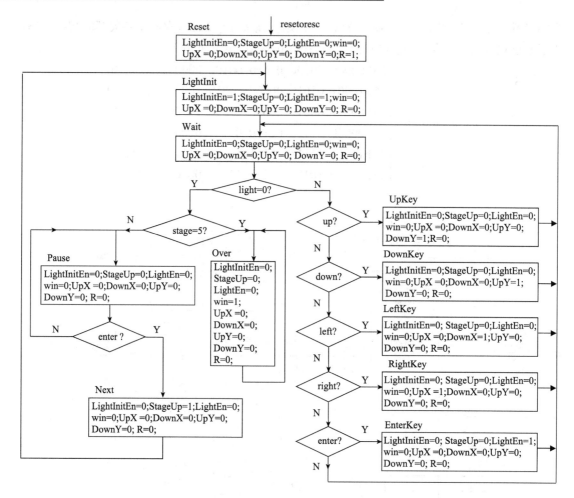

图 6.102　控制器的 ASM 图

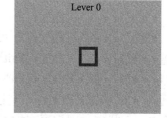

图 6.103　多图层显示方式

　　根据上述图层划分方法，可画出显示模块的原理框图，如图 6.104 所示。各图层的设计方法均已在前面的实验中有所涉及，这里不再赘述。注意，界面中的各元素大小和颜色不作规定，读者可根据自己的喜好处理。

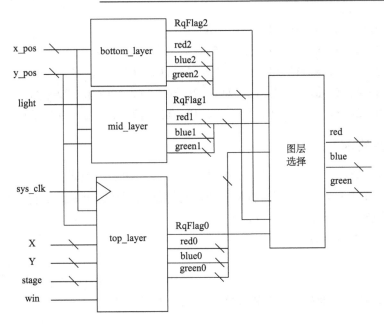

图 6.104　显示模块的原理框图

五、实验设备

(1) 装有 Vivado 和 ModelSim SE 软件的 PC 计算机。

(2) Nexys Viedo 开发系统一套。

(3) USB 键盘、鼠标各一个，带 HDMI 接口的 VGA 显示器一台。

六、提供的文件

16×8 小字库 zk.coe，依次存放 "0"、"1"、"2"、"3"、"4"、"5"、" L"、"e"、"v"、"1"、"W"、"i" 和 "n" 13 个字符的 16×8 点阵。

七、预习内容

上网玩一下点灯游戏，加深对点灯游戏规则的认识。

八、实验内容

(1) 编写各模块的 Verilog HDL 代码及其测试代码，并用 ModelSim 仿真。

(2) 编写点灯游戏实验的 top 文件及其测试代码，并用 ModelSim 仿真产生 rgb 文件，模拟显示复位后的一帧图像。

(3) 建立点灯游戏实验 Vivado 工程，并对工程进行综合、约束、实现并下载至实验开发板中。FPGA 引脚约束与实验 23 相同。

(4) 将 VGA 显示器、键盘接入 Nexys Viedo 开发系统中，试玩游戏验证实验结果。

各关游戏攻略，即需单击灯的编号如下，单击次序无关。

第 0 关：12。

第 1 关：0、4、6、8、16、18、20、24。

第 2 关：3、4、7、8、9、11、13、15、16、17、20、21。

第 3 关：2、6、7、8、10、11、12、13、14、16、17、18、22。

第 4 关：3、4、5、6、8、9、10、11、12、16、17、18、20、22、23。

第 5 关：0、2、5、7、8、10、11、12、13、15、17、19、21、22、23。

九、实验报告要求

(1)写出设计原理、列出 Verilog HDL 代码并对设计作适当说明。

(2)记录 ModelSim 仿真波形，并对仿真波形作适当解释，分析是否符合预期功能。

(3)记录实验结果，分析设计是否正确。

(4)记录实验中碰到的问题和解决方法。

十、思考题

若要求游戏每一关的初始为随机状态，那么应怎样处理？

实验 27 推箱子游戏的设计

一、实验目的

(1)掌握复杂数字系统设计方法。

(2)掌握用图层设计动态图像界面。

二、推箱子游戏简介

经典的推箱子是一个来自日本的古老游戏，目的是训练学生的逻辑思考能力。在一个狭小的仓库中，要求把所有的箱子都推到目标位置上。游戏规则主要如下。

(1)箱子只能推动而不能拉动，且一次只能推动一个箱子。

(2)搬运工不能跨越箱子。

推箱子游戏的规则虽简单,但稍不小心就会出现箱子无法移动或者通道被堵住的情况，所以需要巧妙地利用有限的空间和通道，合理安排移动的次序和位置，才能顺利地完成任务。

三、实验任务

1. 基本要求

(1)界面设计如图 6.105 所示，包括墙体在内，仓库最大面积为 8 行×8 列，界面主要元素有墙体、通道、箱子、搬运工、目标位置标记、信息区及命令按钮等。注意，当箱子位于目标位置时，箱子要变色以示区别。另外，界面的背景图中未画出，由读者自行设计。

(2)游戏共有 4 关(其中 Level 0 为测试关)，全部过关为胜利。信息区在游戏过程中显示游戏所处的关数 Level n(n 为 0~3)，全部过关后显示 Win。

(3)VGA 显示模式为 640 × 480@60Hz。

(4)用鼠标控制游戏进程。

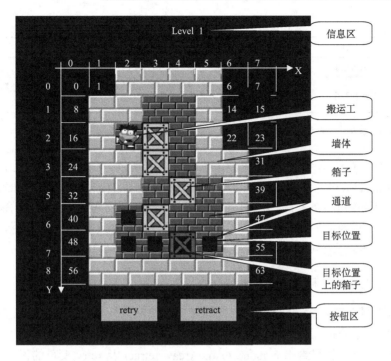

图 6.105　推箱子游戏的界面

①当箱子两边分别为搬运工和通道，即满足箱子移动条件时，用鼠标单击箱子，箱子和搬运工均前进一步。

②为设计简单起见，搬运工每次只能移动一步，用鼠标单击搬运工旁边的通道时，搬运工即移动到该位置。

③ 游戏至少可"悔"三步，鼠标单击"retract"按钮可"悔"一步。

④设置 "retry" 按钮，鼠标单击重玩本关。

⑤用鼠标右键可复位游戏。

2. 个性化要求

(1)本实验对界面没有严格要求，可根据自己喜好设计界面。

(2)增加信息显示内容，使游戏操作更为方便。

(3)用键盘控制游戏进程。

四、实验原理

首先在游戏设置如图 6.105 所示的坐标，给每个小方格一个编号 n，$n=\{Y, X\}$。设置 wall、way、box、destination、man 等变量表示游戏所示的状态，各变量的含义如表 6.30 所示。

表 6.30　各游戏状态变量的含义

变量名称	变量说明
wall [63:0]	wall [n]=1，表示编号为 n 的小方格为墙体
destination [63:0]	destination [n]=1，表示编号为 n 的小方格为目标位置

续表

变量名称	变量说明
Box[63:0]	box [n]=1，表示编号为 n 的小方格为箱子
way [63:0]	way [n]=1，表示编号为 n 的小方格为通道，注意，未被箱子占据的目标位置也为通道
man [5:0]	搬运工的位置，搬运工所处小方格的编号

根据实验任务可画出系统的原理框图，如图 6.106 所示。DCM 模块产生 25MHz 像素时钟和 250MHz 的 TMDS 串行位时钟，其中 25MHz 时钟同时作为系统的工作时钟；鼠标接口电路和鼠标数据处理电路负责与鼠标接口通信并翻译鼠标移动距离及按键状态；游戏进程控制是电路的核心，在鼠标的控制下完成箱子、搬运工等游戏过程的控制。行帧同步产生电路、显示电路、HDMI 编码和差分输出等模块负责将游戏进程及结果显示在 VGA 显示器上。

1. PS2 接口电路和鼠标数据处理电路

PS2 接口电路为实验 24 介绍的 PS2 鼠标接口模块，鼠标数据处理电路需完成下列功能。

(1) 根据鼠标移动距离修改鼠标光标位置坐标（ArrowPosX，ArrowPosY）。

(2) 根据鼠标光标位置给出 cursor、GameArea、retract 及 retry 变量的值，上述各变量的含义如表 6.31 所示。

表 6.31　mouse 控制变量的含义

变量名称	变量说明	备注
cursor [5:0]	当鼠标光标处在游戏区域时，鼠标光标所处的小方格编号	当光标处在游戏区域外，该变量无效
GameArea	当鼠标光标处在游戏区域时，GameArea=1，否则 GameArea=0	
retract	当鼠标光标处在 retract 按钮时，retract =1，否则 retract =0	
retry	当鼠标光标处在 retract 按钮时，retry =1，否则 retry=0	

(3) 当鼠标有左键（右键）按下，给出一个时钟周期宽度的 left(right) 脉冲。

2. 游戏进程控制模块的设计

游戏进程控制模块原理框图如图 6.107 所示，控制器是电路的核心，控制着游戏的进程；初始化电路（GameInit）、搬箱次态电路（BoxMove）、搬运工移动次态电路（ManMove）及悔棋电路（RetractCircuit）给出游戏下一个各种可能状态，控制器根据鼠标操作输出相应的 Sel、GameStateEn 来更新游戏状态。

根据游戏规则和实验要求，可画出图 6.108 所示的控制器的算法流程图。

复位并初始化后进入后等待按键输入状态（Wait），然后判断是否过关，若未过关且鼠标左键键入，则根据鼠标所在的区域进入相应功能处理状态，再回到 Wait 状态；若过关，则根据游戏的进程进入暂停状态（Pause）或游戏结束状态（Over）。若在 Pause 状态，则需要在按Enter 键后进入下一关初始化状态（Next）。

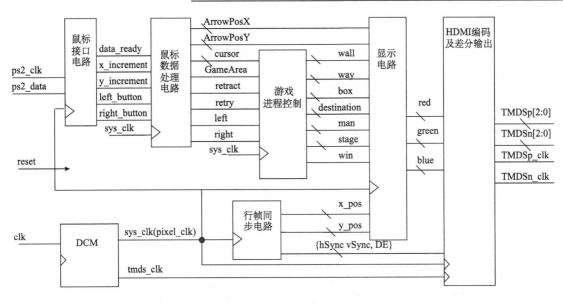

图 6.106　系统的原理框图

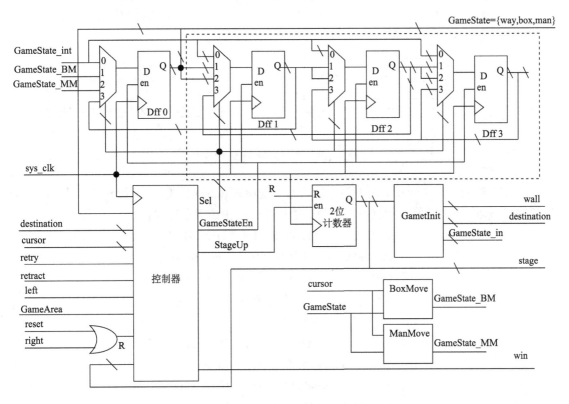

图 6.107　游戏进程的原理框图

这里特别说明一下，ASM 中的 Reset 和 Interim 两个状态是非必要，仅仅是为了 ASM 图的可读性及 Verilog HDL 代码编写方便而增加的。

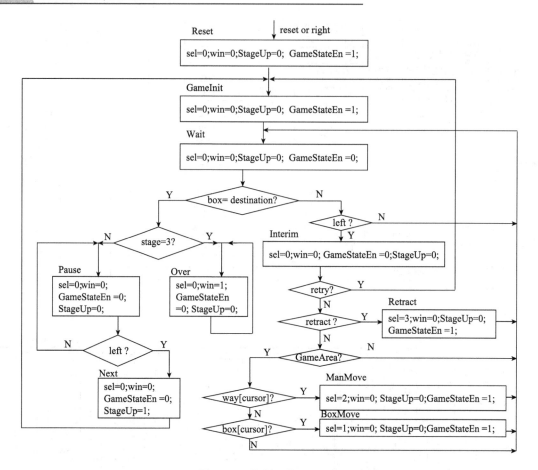

图 6.108　控制器的 ASM 图

游戏的 Level 0、Level 1 两关的初始状态分别由式(6.52)和式(6.53)给出，其中 Level 1 的初始状态即图 6.105 所示的状态，后两关的初始状态由读者自行设计。

$$
\begin{cases}
\text{wall} & = 64'h3828\_2fe1\_87f4\_141c; \\
\text{destination} = 64'h0010\_0002\_4000\_0800; \\
\text{way\_int} & = 64'h0010\_001A\_5008\_0800; \\
\text{box\_int} & = 64'h0000\_1004\_2800\_0000; \\
\text{man\_int} & = \{3'o4,3'o4\}
\end{cases}
\tag{6.52}
$$

$$
\begin{cases}
\text{wall} & = 64'h7e42\_4246\_6622\_263c; \\
\text{destination} = 64'h003c\_0400\_0000\_0000; \\
\text{way\_int} & = 64'h002c\_3428\_1014\_1800; \\
\text{box\_int} & = 64'h0010\_0810\_0808\_0000; \\
\text{man\_int} & = \{3'o2,3'o2\}
\end{cases}
\tag{6.53}
$$

3. 显示电路的设计

采用多图层概念可简化显示电路的设计。图层划分方法较多，在此作者建议将图 6.105

所示的界面划分为四个图层,底层为信息区和两个命令按钮;中间1层包括墙体、通道、箱子、目标位置标记按钮;中间2层为搬运工,如果读者能力较强,可将搬运工设计为动态显示(搬运动作);而顶层则是鼠标光标(箭头)。这里说明一下,在中间1层应将搬运工所在位置显示为通道。优先级为从高到低分别为顶层、中间2层、中间1层和底层。

根据上述图层划分方法,可画出显示模块的原理框图,如图 6.109 所示。各图层的设计方法均已在前面的实验中有所涉及,这里不再赘述。

注意,界面中的各元素大小和颜色不作规定,读者可根据自己的喜好处理。

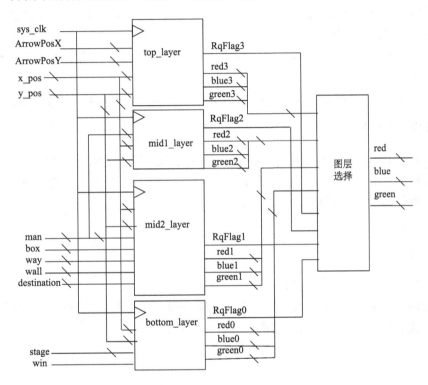

图 6.109　显示模块的原理框图

五、实验设备

(1)装有 Vivado 和 ModelSim SE 软件的 PC 计算机。

(2)Nexys Viedo 开发系统一套。

(3)USB 键盘、鼠标各一个,带 HDMI 接口的 VGA 显示器一台。

六、提供的文件

(1)小字库 zk.coe,依次存放“0”、“1”、“2”、“3”、“4”、“5”、“ L”、“ R”、“ W”、“ a”、“c”、“e”、“i”、“l”、“n”、“r”、“t”和“v”18 个字符的 16×8 点阵。

(2)wall.coe、way.coe、box.coe 和 man.coe 四个文件分别为墙体、通道、箱子和搬运工等图片 coe 文件,注意本实验提供的墙体、通道、箱子、搬运工等图片 coe 文件均为 32 像素×32 像素。另外,man.coe 文件中 FFFFCC 表示透明色。

七、预习

(1)查阅相关资料，了解鼠标工作原理和动态显示工作原理。

(2)查阅相关资料，了解 coe 文件的作用和生成方法。

八、实验内容

(1)编写各模块的 Verilog HDL 代码及其测试代码，并用 ModelSim 仿真。

(2)编写推箱子游戏实验的 top 文件及其测试代码，并用 ModelSim 仿真产生 rgb 文件，模拟显示复位后的一帧图像。

(3)建立推箱子游戏实验的 Vivado 工程，并对工程进行综合、约束、实现并下载至实验开发板中。FPGA 引脚约束与实验 23 相同。

(4)将 VGA 显示器、鼠标接入 Nexys Viedo 开发系统中，试玩游戏并验证实验结果。

九、实验报告要求

(1)写出设计原理、列出 Verilog HDL 代码并对设计作适当说明。

(2)记录 ModelSim 仿真波形，并对仿真波形作适当解释，分析是否符合预期功能。

(3)记录实验结果，分析设计是否正确。

(4)记录实验中碰到的问题和解决方法。

十、思考题

(1)怎样修改向量中其中一位？

(2)本实验方案中，既有左击箱子但推不动箱子等无效操作，也进行了无必要的游戏状态的保存。怎样修改设计，以减少这些不必要的资源浪费。

## 第 7 章

CPU 设计

无内部互锁流水级的微处理器（Microprocessor without Interlocked Piped Stages，MIPS）是高效的 RISC 体系结构中最优雅的一种，其机制是尽量利用软件办法避免流水线中的数据相关问题。它最早是在 20 世纪 80 年代初期由斯坦福大学 Hennessy 教授领导的研究小组研制出来的。

基于 RISC 架构的 MIPS32 指令兼容处理器是通用高性能处理器的一种。其架构简洁，运行效率高，在高性能计算、嵌入式处理、多媒体应用等各个领域得到了广泛应用。基于 FPGA 的微处理器 IP 核设计具有易于调试，便于集成的特点。在片上系统设计方法流行的趋势下，掌握一套复杂的 CPU 设计技术是十分必要的。

本章实验最终设计并实现了一个标准的 32 位 5 级流水线架构的 MIPS 微处理器。本着循序渐进的思路，先在实验 28 中设计不具有流水线的多周期 MIPS 微处理器。通过这个实验，熟悉 MIPS32 指令系统，掌握数据通道（寄存器、存储器、ALU、ALU 控制器等）和指令译码控制器的设计、仿真和验证。以此为基础，实验 29 设计并实现了 5 级流水线架构的 MIPS 微处理器。

实验 28　多周期 MIPS 微处理器设计

一、实验目的

(1) 熟悉 MIPS 指令系统。

(2) 掌握 MIPS 多周期微处理器的工作原理与实现方法。

(3) 掌握控制器的微程序设计方法。

(4) 掌握 MIPS 多周期微处理器的测试方法。

(5) 了解用软件实现数字系统的方法。

二、实验任务

设计一个 32 位 MIPS 多周期微处理器，具体要求如下。

(1) 至少运行下列的 6 类 32 条 MIPS32 指令。

① 算术运算指令：ADD、ADDU、SUB、SUBU、ADDI、ADDIU。

② 逻辑运算指令：AND、OR、NOR、XOR、ANDI、ORI、XORI、SLT、SLTU、SLTI、SLTIU。

③ 移位指令：SLL、SLLV、SRL、SRLV、SRA。

④ 条件分支指令：BEQ、BNE、BGEZ、BGTZ、BLEZ、BLTZ。

⑤ 无条件跳转指令：J、JR。

⑥ 数据传送指令：LW、SW。

(2) 在 Nexys Video 开发系统中实现该 32 位 MIPS 多周期微处理器，要求运行速度（CPU 工作时钟）大于 25MHz。

三、MIPS 指令简介

MIPS 指令集具有以下特点：①简单的 LOAD/STORE 结构。所有的计算类型的指令均从寄存器堆中读取数据并把结果写入寄存器堆中，只有 LOAD 和 STORE 指令访问存储器。②易于流水线 CPU 的设计。MIPS 指令集的指令格式非常规整，所有的指令均为 32 位，而且指令操作码在固定的位置上。③易于编译器的开发。一般来讲，编译器在编译高级语言程序时，很难用到复杂的指令，MIPS 指令的寻址方式非常简单，每条指令的操作也非常简单。

MIPS 系统的寄存器结构采用标准的 32 位寄存器堆，共 32 个寄存器，标号为 0～31。其中，第 0 寄存器永远为常数 0，第 31 寄存器是跳转链接地址寄存器，它在链接型跳转指令下会自动存入返回地址值。对于其他寄存器，可由软件自由控制。在 MIPS 的规范使用方法中，各寄存器的含义规定如表 7.1 所示。

表 7.1 寄存器堆使用规范

寄存器编号	助记符	用途
$0	zero	常数 0
$1	at	汇编暂存寄存器
$2、$3	v0、v1	表达式结果或子程序返回值
$4～$7	a0～a3	过程调用的前几个参数
$8～$15	t0～t7	临时变量，过程调用时不需要恢复
$16～$23	s0～s7	临时变量，过程调用时需要恢复
$24、$25	t8、t9	临时变量，过程调用时不需要恢复
$26、$27	k0、k1	保留给操作系统，通常被中断或例外用来保存参数
$28	gp	全局指针
$29	sp	堆栈指针
$30	s8/fp	临时变量/过程调用时作为帧指针
$31	ra	过程返回地址

CPU 所支持的 MIPS 指令有 3 种格式，分别为 R 型、I 型和 J 型。R（register）类型的指令从寄存器堆中读取两个源操作数，计算结果写回寄存器堆；I（immediate）类型的指令使用一个 16 位立即数作为源操作数；J（jump）类型的指令使用一个 26 位立即数作为跳转的目标地址（targetaddress）。

MIPS 的指令格式如图 7.1 所示，指令格式中的 OP（operation）是指令操作码；RS（register source）是源操作数的寄存器号；RD（register destination）是目标寄存器号；RT（register target）既可是源寄存器号，也可以是目标寄存器号，由具体的指令决定；FUNCT（function）可被认为是扩展的操作码；SA（shift amount）由移位指令使用，定义移位位数。

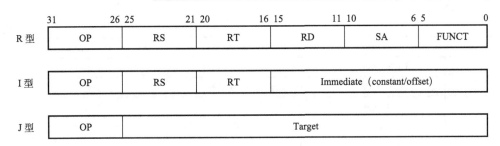

图 7.1 MIPS 的指令格式

I 型指令中的 Immediate 是 16 位立即数。立即数型算术逻辑运算指令、数据传送指令和条件分支指令均采用这种形式。在立即数型算术逻辑运算指令、数据传送指令中，Immediate 进行符号扩展至 32 位；而在条件分支指令中，Immediate 先进行符号扩展至 32 位再左移 2 位。

在 J 型指令中 26 位 Target 由 JUMP 指令使用，用于产生跳转的目标地址。

下面通过表格简单介绍本实验使用的 MIPS 核心指令。表 7.2 列出本实验使用到的 MIPS 指令的格式和 OP、FUNC 等简要信息，若需了解指令的详细信息请查阅 MIPS32 指令集。

表 7.2 MIPS 核心指令格式

类别	助记符	功能	类型	OP/FUNCT	其他约束
算术或 逻辑运算	ADD rd,rs,rt	加法 (有溢出中断)	R	00h/20h	
	ADDU rd,rs,rt	无符号加法		00h/21h	
	AND rd,rs,rt	按位与		00h/24h	
	NOR rd,rs,rt	按位或非		00h/27h	
	OR rd,rs,rt	按位或		00h/25h	
	SLT rd,rs,rt	A<B 判断：rd=(rs<rt)		00h/2Ah	
	SLTU rd,rs,rt	无符号 A<B 判断		00h/2Bh	
	SUB rd,rs,rt	减法 (有溢出中断)		00h/22h	
	SUBU rd,rs,rt	无符号减法		00h/23h	
	XOR rd,rs,rt	按位异或		00h/26h	
立即数运算 指令	ADDI rt,rs,imm	加法 (有溢出中断)	I	08h/--	
	ADDIU rt,rs,imm	立即无符号数加法		09h/--	
	ANDI rt,rs,imm	立即数位与		0Ch/--	
	ORI rt,rs,imm	立即数位或		0Dh/--	
	SLTI rt,rs,imm	立即数 A<B 判断		0Ah/--	
	SLTIU rt,rs,imm	立即无符号数 A<B 判断		0Bh/--	
	XORI rt,rs,imm	立即数异或		0Eh/--	
移位	SLL rd,rt,sa	左移：rd←rt<<sa	R	00h/00h	
	SLLV rd,rt,rs	左移：rd←rt<<rs		00h/04 h	
	SRL rd,rt,sa	右移：rd←rt>>sa		00h/02 h	INST[21]=0
	SRLV rd,rt,rs	右移：rd←rt>> rs		00h/06 h	INST[6]=0
	SRA rd,rt,sa	算术右移：rd←rt>>>sa		00h/03 h	
	SRAV rd,rt,rs	算术右移：rd←rt>>>rs		00h/07 h	

续表

类别	助记符	功能	类型	OP/FUNCT	其他约束
传送	LW rt,offset(rs)	rt←memory[base+offset]	I	23h/--	
	SW rt, offset(rs)	memory[base+offset]←rt		2Bh/--	
跳转	J target	无条件转移	J	02h/--	
	JR rs	寄存器跳转：PC←rs	R	00h/08h	
条件分支	BEQ rs,rt,offset	相等即转移	I	04h/--	
	BNE rs,rt,offset	不等即转移		05h/--	
	BGEZ rs,offset	比零大或等于零转移		01h/--	rt=01h
	BGTZ rs,offset	比零大转移		07h/--	rt=00h
	BLEZ rs,offset	比零小或等于零转移		06h/--	rt=00h
	BLTZ rs,offset	比零小转移		01h/--	rt=00h

四、实验原理

图 7.2 所示为可实现上述指令的多周期 MIPS 微处理器的原理框图，根据功能将其划分为控制单元(cunit)、执行单元(eunit)、指令单元(iunit)和存储单元(munit)四大模块。

控制单元(cunit)是多周期微处理器的核心，控制微处理器取指令、指令译码和指令执行等工作。主要由指令译码控制器(Outputs Control)、算术逻辑运算控制器(ALU Control)两个子模块组成。

执行单元(eunit)主要由寄存器堆(Registers)和算术逻辑运算单元(ALU)两个子模块组成。其中，寄存器是微处理器最基本的元素，MIPS 系统的寄存器堆由 32 个 32 位寄存器组成；而 ALU 则是微处理器的主要功能部件，执行加、减、比较等算术运算和与、或、或非、异或等逻辑运算。这里需要说明的是，图 7.2 所示的原理框图中未画出 ANDI、ORI 和 XORI 三条指令所需的 16 位立即数"0 扩展"至 32 位立即数电路，设计时可将"0 扩展"电路功能放在 ALU 内部完成。

指令单元(iunit)的作用是决定下一条指令的地址(PC 值)。

存储单元(munit)由存储器(Memory)、指令寄存器(Instruction register)和存储数据寄存器(Memory data register)组成。

1. 控制单元(cunit)的设计

控制单元模块的主要作用是通过机器码解析出指令，并根据解析结果控制数据通道工作流程。控制模块的接口信息如表 7.3 所示。

1) Outputs Control 控制器的设计

Outputs Control 控制器的主要作用是取出指令，并根据指令确定各个控制信号的值。首先对指令进行分类。

(1) R 型指令。根据操作数来源可分为 R_type1、R_type2 和 JR 三类。其中，R_type1 指令中的两个操作数为寄存器 rs、rt；R_type2 为三个移位指令，操作数为指令中的 sa 字段和寄存器 rt；JR 指令只有一个操作数 rs。R_type1、R_type2 的表达式为

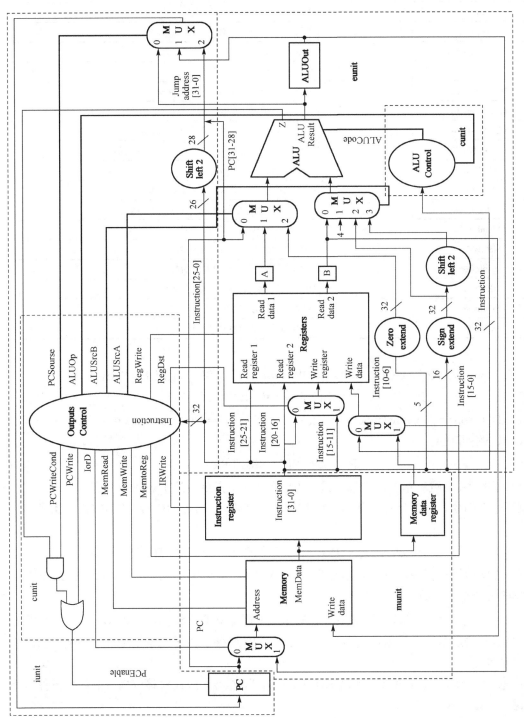

图 7.2 多周期 MIPS 微处理器的原理框图

表 7.3　cunit 模块的输入/输出引脚说明

引脚名称	方向	说明
clk	Input	系统时钟
reset		复位信号，高电平有效
Instruction[31:0]		指令机器码
Z		分支指令的条件判断结果
PCSource[1:0]	Output	下一个 PC 值来源（Banrch、JR、PC+4、J）
ALUCode[4:0]		决定 ALU 采用何种运算
ALUSrcA[1:0]		决定 ALU 的 A 操作数的来源（PC、rs、sa）
ALUSrcB[1:0]		决定 ALU 的 B 操作数的来源（rt、4、imm、offset）
RegWrite		寄存器写允许信号，高电平有效
RegDst		决定 Register 回写时采用的地址（rt、rd）
IorD		IorD=0 时：指令地址；IorD=1 时：数据地址
MemRead		存储器读允许信号，高电平有效
MemWrite		存储器写允许信号，高电平有效
MemtoReg		决定回写的数据来源（ALU/存储器）
IRWrite		指令寄存器写允许信号，高电平有效
PCEnable		PC 寄存器写允许信号，高电平有效
state[3:0]		控制器的状态，测试时使用

$$R\_type1= ADD \parallel ADDU \parallel AND \parallel NOR \parallel OR \parallel SLT \parallel SLTU \parallel SUB \parallel SUBU \parallel XOR \parallel$$
$$SLLV \parallel SRLV \parallel SRAV \qquad\qquad (7.1)$$

式中，ADD=(op==6'h0)&&(funct ==6'h20)，ADDU=(op==6'h0)&&(funct ==6'h21)……依此类推，以下不再说明。

$$R\_type2= SLL \parallel SRL \parallel SRA \qquad\qquad (7.2)$$

(2)J 型指令。跳转指令，本设计只有 J 指令属 J 型指令，故 J_type=J。

(3)分支指令。条件分支共有 BEQ、BNE、BGEZ、BGTZ、BLEZ 和 BLTZ 六条指令，所以

$$Branch=BEQ \parallel BNE \parallel BGEZ \parallel BGTZ \parallel BLEZ \parallel BLTZ \qquad\qquad (7.3)$$

(4)立即数运算指令。立即数运算指令有 ADDI、ADDIU、ANDI、ORI、SLTI、SLTIU 和 XORI 七条指令，故

$$I\_type= ADDI \parallel ADDIU \parallel ANDI \parallel ORI \parallel SLTI \parallel SLTIU \parallel XORI \qquad\qquad (7.4)$$

(5)数据传送指令。数据传送指令共有 LW、SW 两条。由于两条指令周期不同，因此将它们单独列出。

注意：由于本实验没有要求实现 ROTR、ROTRV 指令，因此对移位指令的约束条件可不加考虑。

MIPS 指令的执行步骤不尽相同。分支和跳转指令需 3 个周期，R 型指令和立即数指令需 4 个周期，数据传送指令需 4～5 个周期。表 7.4 列出各类指令执行步骤。

表7.4　MIPS 指令的执行步骤

步骤名称	R 型指令	I 型指令	数据传送指令	分支指令	跳转指令
取指	IR=Memory[PC]，PC=PC+4				
指令译码/读寄存器	A=Reg[rs]，B= Reg[rt] ALUOut=PC+(sign_extend(imm)<<2)				
运算、地址计算、分支或跳转完成	ALUOut=A op B	ALUOut=A op imm	ALUOut=A+sign_extend(IR[15:0])	If(Z) PC= ALUOut	PC={PC[31:28], IR[25:0],2'b00}
存储器访问 R 型、I 型指令完成	Reg[rd]= ALUOut 或 PC= Reg[rs]	Reg[rt]= ALUOut	LW：MDR= Memory[ALUOut] SW: Memory[ALUOut]=B		
存储器读操作完成			LW: Reg[rt]=MDR		

根据表 7.4 所示的指令的执行步骤与指令功能，可画出 OutputsControl 模块的有限状态机图，如图 7.3 所示。

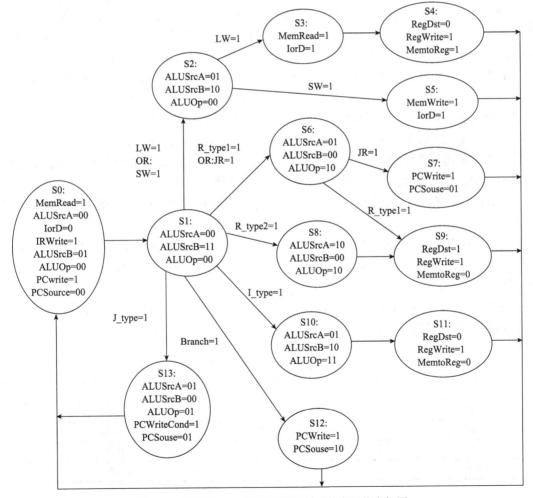

图 7.3　多周期 MIPS 微处理器控制器的有限状态机图

由于所有指令的前两个步骤都一样，因此所有指令都需经过 S0 和 S1 两个状态。S0 为取指令状态，在这个状态激活两个信号（MemRead 和 IRWrite）从存储器中读取一条指令，并把指令写入指令寄存器，设置信号 ALUSrcA、ALUSrcB、ALUOp、PCWrite 和 PCSource 以计算 PC+4 值存入 PC 寄存器。S1 为指令译码状态，设置信号 ALUSrcA、ALUSrcB、ALUOp 以计算分支目标地址并存入 ALUOut 寄存器中。另外，这个状态的主要功能是对输入的指令进行译码，并选择相应的指令执行状态，因此，S1 的后续状态是由指令类型选择决定的。

在指令译码后，数据传送指令进入 S2 状态，设置信号 ALUSrcA、ALUSrcB、ALUOp，使 ALU 完成地址计算 A+sign_extend(IR[15:0])，并将结果存于 ALUOut 寄存器（ALUOut 寄存器的分支目标地址被替换）。若指令为 LW，则进入 S3 状态设置信号 MemRead 和 IorD 进行存储器读操作，然后进入 S4 状态设置信号 RegWrite、RegDst 和 MemtoReg 将读出的存储器数据写入寄存器堆，S4 为 LW 指令的最后一个状态，下一状态为下一条指令的取指令状态 S0。若指令为 SW 状态，则 S2 状态后进入 S5 状态激活 MemWrite 和 IorD 信号，将数据 rt 写入存储器，执行完毕后返回 S0 状态。

R_type1、R_type2 两类指令主要区别在于操作数 A 的来源不同。R_type1、R_type2 指令在 S1 状态后分别进入 S6、S8 状态，设置信号 ALUSrcA、ALUSrcB、ALUOp 使 ALU 完成相关运算并将结果存入 ALUOut 寄存器中，然后在 S9 状态设置信号 RegWrite、RegDst 和 MemtoReg 将 ALUOut 寄存器中的数据写入寄存器堆。执行完毕后返回 S0 状态。

JR 指令在 S1 状态后分别进入 S6 状态，设置信号 ALUSrcA、ALUSrcB、ALUOp 使 ALU 完成 ALUOut=A，并将运算结果（跳转目标地址）存于 ALUOut 寄存器中，然后在 S7 状态设置信号 PCWrite 和 PCSource 将跳转目标地址写入 PC 后完成本条指令执行。

I_type 指令在 S1 状态后分别进入 S10 状态设置信号 ALUSrcA、ALUSrcB、ALUOp，使 ALU 完成相关运算并将结果存入 ALUOut 寄存器中，然后在 S11 态设置信号 RegWrite、RegDst 和 MemtoReg 将 ALUOut 寄存器中的数据写入寄存器堆。

J_type 指令在 S1 状态进入 S12 状态设置信号 PCWrite 和 PCSource 将跳转目标地址写入 PC 中。

分支指令在 S1 状态进入 S13 状态设置信号 ALUSrcA、ALUSrcB、ALUOp，由 ALU 判断分支条件是否成立。若条件成立（Z=1）则将在 S1 状态计算并存于 ALUOut 寄存器中的分支目标地址写入 PC 中。

注意：各状态中未列出的信号都认为是无效的（取值为 0）。另外，图 7.3 中的控制信号 ALUOp 信号的作用如表 7.5 所示。

表 7.5　控制信号 ALUOp 的作用

ALUOp	作用	备注
2'b00	ALU 执行加操作	计算 PC 值
2'b01	由指令的 op、rt 字段决定	分支指令
2'b10	由 function 字段决定	R 型指令
2'b11	由指令的 op 字段决定	立即数型指令

2) 多周期 MIPS 微处理器控制器的有限状态机的实现

如图 7.3 所示，OutputsControl 是较为复杂的控制器，输出端口较多，因此很适合采用微程序设计方法。在设计之前，先进行状态编码，为简单起见，状态采用自然编码，即状态 i 用 4 位二进制 i 表示，如状态 S5 用二进制 4'b0101 表示。

图 7.4 所示为微程序控制器的结构框图。由图 7.4 可看出，电路的次态可由计数器、回到 0 状态或调度电路(Dispatch)三种方式决定。由反馈信号 SEQ 信号选择哪种方式：

(1) 当 SEQ=2'b00 时，控制器的次态由计数器决定，即状态值加 1。

(2) 当 SEQ=2'b01 时，控制器的次态回到 S0 状态。

(3) 当 SEQ=2'b10 或 2'b11 时，次态由指令(op、rt 和 funct)决定。因为状态在指令的第 2 和 3 周期都存在分支可能，所以 Dispatch 输出 NS1 为指令在第 2 周期状态的次态、而 NS2 为指令第 3 周期状态的次态。

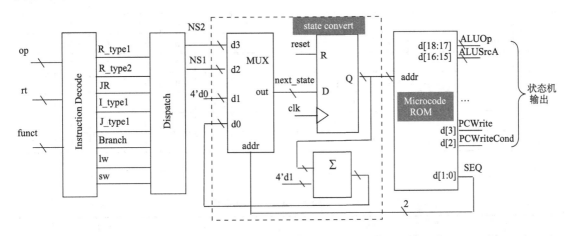

图 7.4　Outputs Control 的微程序控制器的结构框图

电路的状态作为 Microcode ROM 的地址，Microcode ROM 中存放微程序的内容，如表 7.6 所示。ROM 输出由两部分组成，一部分为该状态下的控制器输出信号，另一部分为决定控制器次态来源的 SEQ[1:0] 信号。ROM 的容量为 $2^4 \times 19$bit。注意，ROM 可用 IP 内核实现，也可用阵列(array)设计。

表 7.6 中的控制信号取 "×" 值表示在该状态下，此控制信号是无意义的。在实际操作中，"×" 值用 0 或 1 值替代。

调度电路(Dispatch)的作用是根据输入的指令决定状态机的分支地址。由于 Dispatch 电路的输入是互斥变量，因此结合图 7.3 的状态机图和表 7.6 中 ROM 微程序的 SEQ 信号，不难得出 Dispatch 电路的功能表，如表 7.7 所示。

3) 算术逻辑运算控制单元(ALU Control)的设计

ALU Control 模块是一组合电路，其输入信号为指令机器码和 Outputs Control 模块产生的 ALUOp 信号，输出信号为 ALUCode，用来决定 ALU 做哪种运算。ALU Control 模块的功能表如表 7.8 所示，表中 ALUCode 的值可由自己定义，但必须能区分各种运算。

表 7.6　ROM 中的微程序

地址（状态）	ALUOp[1:0]	ALUSrcA[1:0]	ALUSrcB[1:0]	RegWrite	RegDst	MemtoReg	IorD	MemRead	MemWrite	IRWrite	PCSource[1:0]	PCWrite	PCWriteCond	SEQ[1:0]
0	00	00	01	0	×	×	0	1	0	1	00	1	0	00
1	00	00	11	0	×	×	0	0	0	0	××	0	0	10
2	00	01	10	0	×	×	×	0	0	0	××	0	0	11
3	××	××	××	0	×	×	1	1	0	0	××	0	0	00
4	××	××	××	1	0	1	×	0	0	0	××	0	0	01
5	××	××	××	0	×	×	1	0	1	0	××	0	0	01
6	10	01	00	0	×	×	×	0	0	0	××	0	0	11
7	××	××	××	0	×	×	×	0	0	0	01	1	0	01
8	10	10	00	0	×	×	×	0	0	0	××	0	0	00
9	××	××	××	1	1	0	×	0	0	0	××	0	0	01
A	11	01	10	0	×	×	×	0	0	0	××	0	0	00
B	××	××	××	1	0	0	×	0	0	0	××	0	0	01
C	××	××	××	0	×	×	×	0	0	0	10	1	0	01
D	01	01	00	0	×	×	×	0	0	0	01	0	1	01

表 7.7　Dispatch 电路的功能表

输入								输出		备注
R_type1	R_type2	JR	I_type	Branch	J_type	SW	LW	NS2	NS1	
1	0	0	0	0	0	0	0	1001	0110	S1→S6;S6→S9
0	1	0	0	0	0	0	0	××××	1000	S1→S8
0	0	1	0	0	0	0	0	0111	0110	S1→S6;S6→S7
0	0	0	1	0	0	0	0	××××	1010	S1→S10
0	0	0	0	1	0	0	0	××××	1101	S1→S13
0	0	0	0	0	1	0	0	××××	1100	S1→S12
0	0	0	0	0	0	1	0	0101	0010	S1→S2;S2→S5
0	0	0	0	0	0	0	1	0011	0010	S1→S2; S2→S3
其他								××××	××××	未定义指令

2. 执行单元（eunit）的设计

执行单元模块的接口信息如表 7.9 所示。执行单元模块可划分为算术逻辑运算单元（ALU）和寄存器堆（Registers）两个子模块，以及符号扩展电路（Signextend）、零扩展电路（Zeroextend）、寄存器（A、B、ALUOut）、四个数据选择器等基本功能电路。由于各功能电路均为比较简单的基本数字电路，因此下面只介绍 ALU 和 Registers 两个子模块的设计方法。

表 7.8 ALU Control 模块的功能表

输入			输出	运算方式
ALUOp	op	funct	rt	ALUCode	运算
2'b00	××××××	××××××	×××××	5'd0	加
2'b01	BEQ_op	××××××	×××××	5'd 10	Z=(A==B)
	BNE_op	××××××	×××××	5'd 11	Z=~(A==B)
	BGEZ_op	××××××	5'd1	5'd 12	Z=(A≥0)
	BGTZ_op	××××××	5'd0	5'd 13	Z=(A>0)
	BLEZ_op	××××××	5'd0	5'd 14	Z=(A≤0)
	BLTZ_op	××××××	5'd0	5'd 15	Z=(A<0)
2'b10	××××××	ADD_funct	×××××	5'd 0	加
	××××××	ADDU_funct	×××××		
	××××××	AND_funct	×××××	5'd 1	与
	××××××	XOR_funct	×××××	5'd 2	异或
	××××××	OR_funct	×××××	5'd 3	或
	××××××	NOR_funct	×××××	5'd 4	或非
	××××××	SUB_funct	×××××	5'd 5	减
	××××××	SUBU_funct	×××××		
	××××××	SLT_OP_funct	×××××	5'd 19	A<B?1:0
	××××××	SLTU_OP_funct	×××××	5'd 20	A<B?1:0(无符号数)
	××××××	SLL_funct	×××××	5'd 16	B << A
	××××××	SLLV_funct	×××××		
	××××××	SRL_funct	×××××	5'd 17	B >> A
	××××××	SRLV_funct	×××××		
	××××××	SRA_funct	×××××	5'd 18	B >>>A
	××××××	SRAV_funct	×××××		
	××××××	JR_funct	×××××	5'd 9	ALUResult=A
2'b11	ADDI_op	××××××	×××××	5'd 0	加
	ADDIU_op	××××××	×××××		
	ANDI_op	××××××	×××××	5'd 6	与
	XORI_op	××××××	×××××	5'd 7	异或
	ORI_op	××××××	×××××	5'd 8	或
	SLTI_op	××××××	×××××	5'd 19	A<B?1:0
	SLTIU_op	××××××	×××××	5'd 20	A<B?1:0(无符号数)

1) ALU 子模块的设计

算术逻辑运算单元(ALU)提供 CPU 的基本运算能力,如加、减、与、或、比较、移位等。具体而言,ALU 输入为两个操作数 A、B 和控制信号 ALUCode,由控制信号 ALUCode 决定采用何种运算,运算结果由 ALUResult 或标志位 Z 输出。ALU 的功能表由表 7.10 给出。

表 7.9　eunit 模块的输入/输出引脚说明

引脚名称	方向	说明
clk	Input	系统时钟
reset		复位信号，高电平有效
ALUCode[4:0]		来自控制模块，决定 ALU 运算方式
Instruction[31:0]		指令机器码
MemData[31:0]		存储器数据
PC[31:0]		指令指针
RegWrite		来自控制模块，寄存器写信号，高电平有效
RegDst		来自控制模块，决定 Register 回写时采用的目标地址(rt、rd)
MemtoReg		来自控制模块，决定回写的数据来源(ALU、存储器)
ALUSrcA[1:0]		来自控制模块，决定 ALU 的 A 操作数的来源(PC、rs、sa)
ALUSrcB[1:0]		来自控制模块，决定 ALU 的 B 操作数的来源(rt 或 rd、4、imm、offset)
Z	Output	分支指令的条件判断结果，高电平表示条件成立
ALUResult[31:0]		ALU 运算结果
ALUout[31:0]		ALU 寄存器输出
WriteData[31:0]	Output	存储器的回写数据
ALU_A [31:0]		ALU 操作数 A
ALU_B [31:0]		ALU 操作数 B

如表 7.10 所示，ALU 需执行多种运算，为了提高运算速度，本设计可同时进行各种运算，再根据 ALUCode 信号选出所需结果。ALU 的基本结构如图 7.5 所示。

表 7.10　ALU 的功能表

ALUCode	ALUResult	Z
5'b00000 (alu_add)	A + B	×
5'b00001 (alu_and)	A & B	×
5'b00010 (alu_xor)	A ^ B	×
5'b00011 (alu_or)	A | B	×
5'b00100 (alu_nor)	~(A|B)	×
5'b00101 (alu_sub)	A-B	×
5'b00110 (alu_andi)	A & {16'd0，B[15:0]}	×
5'b00111 (alu_xori)	A ^{16'd0，B[15:0]}	×
5'b01000 (alu_ori)	A | {16'd0，B[15:0]}	×
5'b01001 (alu_jr)	A	×
5'b01010 (alu_beq)	32'b×	A==B
5'b01011 (alu_bne)	32'b×	~(A==B)
5'b01100 (alu_bgez)	32'b×	A>=0
5'b01101 (alu_bgtz)	32'b×	A>0

续表

ALUCode	ALUResult	Z
5'b01110 (alu_blez)	32'b×	A<=0
5'b01111 (alu_bltz)	32'b×	A<0
5'b10000 (alu_sll)	B<<A	×
5'b10001 (alu_srl)	B>>A	×
5'b10010 (alu_sra)	B>>>A	×
5'b10011 (alu_slt)	A<B? 1:0，其中 A、B 为有符号数	×
5'b10100 (alu_sltu)	A<B? 1:0，其中 A、B 为无符号数	×

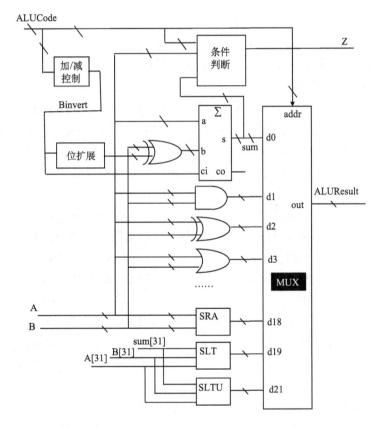

图 7.5 ALU 结构框图

（1）加、减电路的设计考虑。减法、比较（SLT、SLTI）及部分分支指令（BEQ、BNE）均可用加法器和必要辅助电路来实现。图 7.5 中的 Binvert 信号控制加减运算：若 Binvert 信号为低电平，则实现加法运算：sum=A+B；若 Binvert 信号为高电平，则电路为减法运算 sum=A-B。除加法外，减法、比较和分支指令都应使电路工作在减法状态，所以：

$$\text{Binvert}=\sim(\text{ALUCode}==\text{alu\_add}) \tag{7.5}$$

最后要强调的是，32 位加法器的运算速度决定了多周期 MIPS 微处理器的时钟信号频率的高低，因此设计一个高速的 32 位加法器尤为重要。32 位加法器可采用实验 8 介绍的进位选择加法器。

(2)比较电路的设计考虑。对于比较运算，如果最高位不同，即 A[31]≠B[31]，则可根据 A[31]、B[31]决定比较结果，但是应注意 SLT、SLTU 指令中的最高位 A[31]、B[31]代表意义不同。若两数 A、B 最高位相同，则 A–B 不会溢出，所以 SLT、SLTU 运算结果可由两个操作数的之差的符号位 sum[31]决定。

在 SLT 运算中，A<B 有以下两种情况：

① A 为负数、B 为 0 或正数：A[31]&&(~B[31])。

② A、B 符号相同，A–B 为负：(A[31]~^B[31])&& sum[31]

因此，SLT 运算结果为

$$\text{SLTResult}=(A[31]\&\&(\sim B[31]))\|((A[31]\sim\text{^}B[31])\&\&\text{sum}[31]) \tag{7.6}$$

同样地，无符号数比较 SLTU 运算中，A<B 有以下两种情况：

① A 最高位为 0、B 最高位为 1：(~A[31])&& B[31]。

② A、B 最高位相同，A–B 为负：(A[31]~^B[31])&& sum[31]

因此，SLTU 运算结果为

$$\text{SLTUResult}=((\sim A[31])\&\&B[31])\|\sim((A[31]\text{^}B[31])\&\&\text{sum}[31]) \tag{7.7}$$

(3)条件判断电路的设计考虑。标志信号 Z 主要用于条件分支电路，其中 BEQ、BNE 两条指令为判断两个操作数是否相等，所以可转化为判断(A–B)是否为 0 即可。而 BGEZ、BGTZ、BLEZ 和 BLTZ 指令为操作数 A 与常数 0 比较，所以只需操作数 A 是不为正、零或负即可，因此，Z 的表达式为

$$Z=\begin{cases} \sim(|\text{ sum}[31:0]); & (\text{ALUCode} = \text{alu\_beq}) \\ |\text{ sum}[31:0]; & (\text{ALUCode} = \text{alu\_bne}) \\ \sim A[31]; & (\text{ALUCode} = \text{alu\_bgez}) \\ \sim A[31] \&\& (|\text{ A}[31:0]); & (\text{ALUCode} = \text{alu\_bgtz}) \\ A[31]; & (\text{ALUCode} = \text{alu\_bltz}) \\ A[31] \| \sim (|\text{ A}[31:0]); & (\text{ALUCode} = \text{alu\_blez}) \end{cases} \tag{7.8}$$

(4)算术右移运算电路的设计考虑。算术右移对有符号数而言，移出的高位补符号位而不是 0。每右移一位相当于除以 2。例如，有符号数负数 10100100(–76)算术右移两位结果为 11101001(–19)，正数 01100111(103)算术右移一位结果为 00110011(51)。

Verilog HDL 的算术右移的运算符是 ">>>"。要实现算术右移应注意，被移位的对象必须定义是 reg 类型，但是在 SRA 指令中，被移位的对象操作数 B 为输入信号，不能定义为 reg 类型。因此，必须引入 reg 类型中间变量 B_reg，相应的 Verilog HDL 语句为

```
reg[31:0] signed B_reg;
always @(B)
begin  B_reg=B;  end
```

引入 reg 类型的中间变量 B_reg 后，就可对 B_reg 进行算术右移操作。

(5)逻辑运算。与、或、或非、异或、逻辑移位等运算较为简单，只是有一点需注意，ANDI、XORI、ORI 三条指令的立即数为 16 位无符号数，应"0 扩展"至 32 位无符号数，

运算时应作必要处理。例如，ANDI 指令的运算为 A & {16'b0,B[15:0] }。

2) 寄存器堆（Registers）的设计

寄存器堆由 32 个 32 位寄存器组成，这些寄存器通过寄存器号进行读写存取。寄存器堆的原理框图如图 7.6 所示。因为读取寄存器不会更改其内容，故只需提供寄存号即可读出该寄存器内容。读取端口采用数据选择器即可实现读取功能。应注意的是，"0"号寄存器为常数 0。

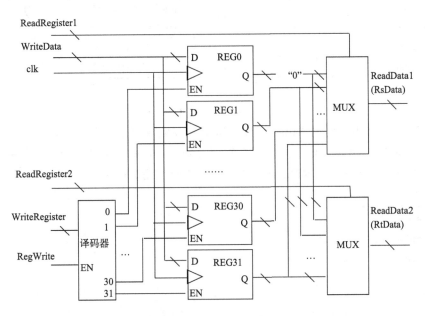

图 7.6 寄存器堆的原理框图

对于往寄存器里写数据，需要目标寄存器号（WriteRegister）、待写入数据（WriteData）、写允许信号（RegWrite）三个变量。图 7.6 中 5 位二进制译码器完成地址译码，其输出控制目标寄存器的写使能信号 EN，决定将数据 WriteData 写入哪个寄存器。

寄存器读取时是将寄存器 rs 和 rt 内容读出并写入寄存器 A 与 B 中。如果同一个周期内对同一个寄存器进行读写操作，那会产生什么后果呢？即寄存器 A 或 B 中内容是旧值还是新写入的数据？请读者独立思考这个问题。

注意：用 Verilog HDL 设计描述寄存器堆时，用存储器变量定义 32 个 32 位寄存器更为方便。

3. 存储单元（munit）的设计

存储单元模块的接口信息如表 7.11 所示。

表 7.11 **munit 模块的输入/输出引脚说明**

引脚名称	方向	说明
clk	Input	系统时钟
ALUOut[31:0]		来自执行模块，ALU 寄存器输出

续表

引脚名称	方向	说明
WriteData[31:0]	Input	来自执行模块，存储器的回写数据
PC[31:0]		指令指针
IorD		来自控制模块，区分数据地址或指令地址
MemRead		来自控制模块，存储器读信号，高电平有效
MemWrite		来自控制模块，存储器写信号，高电平有效
IRWrite		来自控制模块，指令写信号，高电平有效
Instruction[31:0]	Output	指令码
MemData[31:0]		数据存储器输出

存储器可用 Xilinx 的 IP 内核实现。考虑到 FPGA 的资源，指令存储器和数据存储器容量各为 64×32 bit。因此，可用 Xilinx CORE Generator 实现产生一个容量为 128×32 bit 单端口的 RAM(Single Port RAM)，输出采用组合输出(Non Registered)，并用 src 文件夹下数据文件 DEMO.coe 初始化 RAM。DEMO.coe 文件存放一段简单测试程序的机器码，

```
        addi $t0,$0, 42
        j  later
earlier: addi $t1, $0, 4
        sub  $t2, $t0, $t1
        or  $t3, $t2, $t0
        sw  $t3, 10C($0)
        lw  $t4, 108($t1)
done:   j  done
later:  beq  $0, $0, earlier
```

由于 FPGA 芯片产生的内核 RAM，不完全符合图 7.2 所示的 Memory 要求，因此对 munit 结构进行一些改动，图 7.7 所示为改动后的存储单元的结构图。由于 MIPS 系统的 32 位字地址由 4 字节组成，"对齐限制"要求字地址必须是 4 的倍数，也就是说字地址的低两位必须是 0，所以字地址低两位可不接入电路。从图中可看出，由于地址的低两位未用，所以指令存储器字节地址为 0～ffh，对应 Memory 双字地址为(0～3fh)；而数据存储器的字节地址为 100h～1ffh，对应 Memory 双字地址为(40h～7fh)。

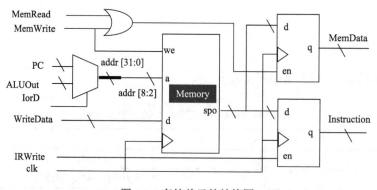

图 7.7　存储单元的结构图

4. 指令单元(iunit)的设计

指令单元模块的接口信息如表 7.12 所示。由于各功能模块均为数字电路的基本单元电路，因此这里不再介绍设计方法。

表 7.12 **iunit** 模块的输入/输出引脚说明

引脚名称	方向	说明
clk	Input	系统时钟
reset		复位信号，高电平有效
ALUResult[31:0]		ALU 运算结果
Instruction[31:0]		指令码
ALUOut[31:0]		ALU 寄存器输出
PCEnable		PC 寄存器写信号，高电平有效
PCSource[1:0]		来自控制模块，下一个 PC 值来源
PC[31:0]	Output	指令指针

5. 顶层文件的设计

按照图 7.2 所示的原理框图连接各模块即可。为了测试方便，需要将关键信号输出。关键信号有：指令指针 PC、指令码 Instruction、Outputs Control 的状态 state、ALU 输入输出(ALU_A、ALU_B、ALUResult、Z)和数据存储器的输出 MemData。顶层文件的端口列表描述如下。

```
module MulticycleCPU(clk, reset, PC, ALU_A, ALU_B, ALUResult, MemData,
state,Instruction,Z);
    input clk;
    input reset;
    output [31:0] PC;
    output [31:0] ALU_A;
    output [31:0] ALU_B;
    output [31:0] ALUResult;
    output [31:0] MemData;
    output [31:0] Instruction;
    output Z;
output[3:0] state;
```

五、提供的文件

(1)控制单元(cunit)测试代码 cunit_tb.v、ALU 测试代码 ALU_tb.v 和 CPU 的顶层测试代码 MulticycleCPU_tb .v。

(2)寄存器堆的 Verilog HDL 代码 MultiRegisters.v。

（3）硬件测试 CPU 的 Vivado 架构，在该架构中，用带有 HDMI 接口的显示器显示 CPU 运行的内部重要变量。测试架构将程序指针的低 8 位 PC[7:0]、指令机器码 Instruction、状态 state、ALU 操作数 A 及 B、ALU 结果 ALUResult 以及 Z 和数据存储输出 MemData 送入带有 HDMI 接口的显示器，显示格式如图 7.8 所示。

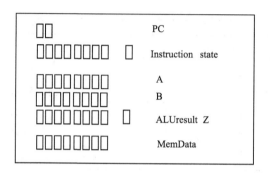

图 7.8　VGA 显示格式

当完成整个多周期 CPU 的设计与仿真测试，打开 Vivado 文件夹下的 MulticycleCPU.xpr 工程，添加多周期 CPU 设计代码（包括子模块代码），然后综合、实现和下载至开发板。连接带有 HDMI 接口的显示器，就可进行测试。测试操作有关的按键如表 7.13 所示。

表 7.13　测试的操作开关和按钮

引脚名称	对应实验板按键或开关	引脚说明
reset	中间按键	复位按键
run_mode	SW0 开关	低电平时，"单步"工作方式 高电平时，CPU 工作在 25MHz 时钟下
step	上边按键	"单步"工作方式时，产生单次脉冲

六、实验设备

（1）装有 Vivado 和 ModelSim SE 软件的计算机。
（2）Nexys Video 开发板一套。
（3）带有 HDMI 接口的显示器一台。

七、预习内容

（1）查阅 MIPS32 指令系统，充分理解 MIPS 指令格式，理解指令机器代码的含义。
（2）复习 MIPS 微处理器的工作原理和实现方案。
（3）查阅相关书籍，了解 CPU 的性能及其测试方法。
（4）查阅相关书籍，理解控制器的微程序设计方法。

八、实验内容

(1) 从网络下载相关文件。

(2) 编写控制单元 cunit 模块的 Verilog HDL 代码，并用 ModelSim 进行功能仿真。由于控制单元涉及指令，为了增加程序的可读性，需定义大量的参数。为了减少读者的工作量，作者在提供的 cunit.v 文件中，已编写模块的端口列表并定义大量的参数。

(3) 编写 ALU 模块的 Verilog HDL 代码并用 ModelSim 进行功能仿真。

(4) 编写执行单元 eunit 模块的 Verilog HDL 代码。已提供了子模块寄存器堆的 Verilog HDL 代码 MultiRegisters.v 及 eunit 模块的端口说明 eunit.v。

(5) 编写指令单元 iunit 模块的 Verilog HDL 代码。已提供了 iunit 模块的端口说明 iunit.v。

(6) 打开 Vivado 文件夹下的 MulticycleCPU.xpr 工程，生成符合 CPU 要求的存储器 IP 内核。

(7) 编写存储单元 munit 模块的 Verilog HDL 代码。已提供了 munit 模块的端口说明 munit.v。

(8) 编写 CPU 顶层的 Verilog HDL 代码，并用 ModelSim 进行功能仿真。注意：由于存在 IP 内核，仿真时，需加仿真库，方法参考实验 3。根据表 7.14 验证仿真结果。表格中显示的数据均为十六进制，表格中"—"表示此处值无意义。

(9) 再次打开 Vivado 文件夹下的 MulticycleCPU.xpr 工程，添加多周期 CPU 设计的全部代码然后综合、实现和下载至 Nexys Video 开发板。

(10) 连接带有 HDMI 接口的显示器，进行测试。首先将 SW0 置于低电平，使 MIPS CPU 工作在"单步"运行模式。复位后，每按一下上边按键，MIPS CPU 运行一步，记录下显示器上的结果，对照表 7.14 验证设计是否正确。

注意：一般设计都采用同步复位，因此在"单步"运行模式时，如果需要复位 CPU，应先按住"复位"按键(中间按键)，再按上边按键才能复位。

九、实验报告要求

(1) 写出设计原理、列出 Verilog HDL 代码并对设计作适当说明。

(2) 记录 ModelSim 仿真波形，并对仿真波形作适当解释，分析是否符合预期功能。

(3) 记录实验结果，分析设计是否正确。

(4) 记录实验中碰到的问题和解决方法。

十、思考题

(1) 表 7.6 中的 Microcode ROM 的地址 14、15 应写入什么内容？并说明原因。

(2) 设计寄存器堆时，如果同一个周期内对同一个寄存器进行读、写操作时，且要求读出的值为新写入的数据，那么对图 7.6 所示的寄存器堆的原理框图应进行怎样改进？

(3) ALU 中如要求有算术运算溢出标志 ovf，应怎样设计？

(4) 如果考虑未定义指令和算术溢出两种异常情况，那么电路结构、状态机等应作如何改进？

表 7.14 测试程序的运行结果

reset	clk	PC	Instruction	state	ALU_A	ALU_B	ALUResult	Z	MemData
1	1	0	20080042	0	0	4	4	0	—
	2	4		1	4	108	10C	0	—
	3	4	20080042	a	0	42	42	0	—
	4	4	(addi)	b	—	—	—	0	—
	5	4		0	4	4	8	0	—
	6	8	08000008	1	8	20	28	0	—
	7	8	(j)	c	—	—	—	0	—
	8	20		0	20	4	24	0	—
	9	24	1000FFF9	1	24	FFFFFFE4	8	0	—
	10	24	(beq)	d	0	0	—	1	—
	11	8		0	8	4	C	0	—
	12	c	20090004	1	C	10	1C	0	—
	13	c	(addi)	a	0	4	4	0	—
	14	c	2009 0004	b	—	—	—	0	—
	15	c	(addi)	0	c	4	10	0	—
	16	10		1	10	14088	14098	0	—
	17	10	01095022	6	42	4	3E	0	—
	18	10	(sub)	9	—	—	—	0	—
0	19	10		0	10	4	14	0	—
	20	14		1	14	16094	160A8	0	—
	21	14	01485825	6	3e	42	7e	0	—
	22	14	(or)	9	—	—	—	0	—
	23	14		0	14	4	18	0	—
	24	18		1	18	430	448	0	—
	25	18	AC0b010C	2	0	10C	10C	0	—
	26	18	(sw)	5	—	—	—	0	—
	27	18		0	18	4	1C	0	0000007E
	28	1c		1	1c	420	43C	0	—
	29	1c	8d2C0108	2	4	108	10C	0	—
	30	1c	(lw)	3	—	—	—	0	—
	31	1c		4	—	—	—	0	0000007E
	32	1c		0	1C	4	20	0	0000007E
	33	20		1	20	1C	3c	0	—
	34	20	08000007	C	—	—	—	0	—
	35	1c	(j)	0	1C	4	20	0	—
	36	20		1	20	1C	3C	0	—

实验 29　流水线 MIPS 微处理器设计

一、实验目的

(1) 了解提高 CPU 性能的方法。

(2) 掌握流水线 MIPS 微处理器的工作原理。

(3) 理解数据冒险、控制冒险的概念以及流水线冲突的解决方法。

(4) 掌握流水线 MIPS 微处理器的测试方法。

二、实验任务

设计一个 32 位流水线 MIPS 微处理器，具体要求如下所述。

(1) 至少运行下列 MIPS32 指令。

① 算术运算指令：ADD、ADDU、SUB、SUBU、ADDI、ADDIU。

② 逻辑运算指令：AND、OR、NOR、XOR、ANDI、ORI、XORI、SLT、SLTU、SLTI、SLTIU。

③ 移位指令：SLL、SLLV、SRL、SRLV、SRA。

④ 条件分支指令：BEQ、BNE、BGEZ、BGTZ、BLEZ、BLTZ。

⑤ 无条件跳转指令：J、JR。

⑥ 数据传送指令：LW、SW。

⑦ 空指令：NOP。

(2) 采用 5 级流水线技术，对数据冒险实现转发或阻塞功能。

(3) 在 Nexys Video 开发系统中实现 MIPS 微处理器，要求 CPU 的运行速度大于 25MHz。

三、实验原理

1. 总体设计

流水线是数字系统中一种提高系统稳定性和工作速度的方法，广泛应用于高档 CPU 的架构中。根据 MIPS 处理器指令的特点，将整体的处理过程分为取指令(IF)、指令译码(ID)、执行(EX)、存储器访问(MEM)和寄存器回写(WB)五级，对应多周期 CPU 的五个处理阶段。如图 7.9 所示，一个指令的执行需要 5 个时钟周期，每个时钟周期的上升沿来临时，此指令所代表的一系列数据和控制信息将转移到下一级处理。

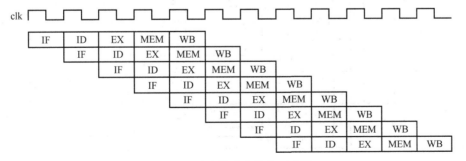

图 7.9　流水线流水作业示意图

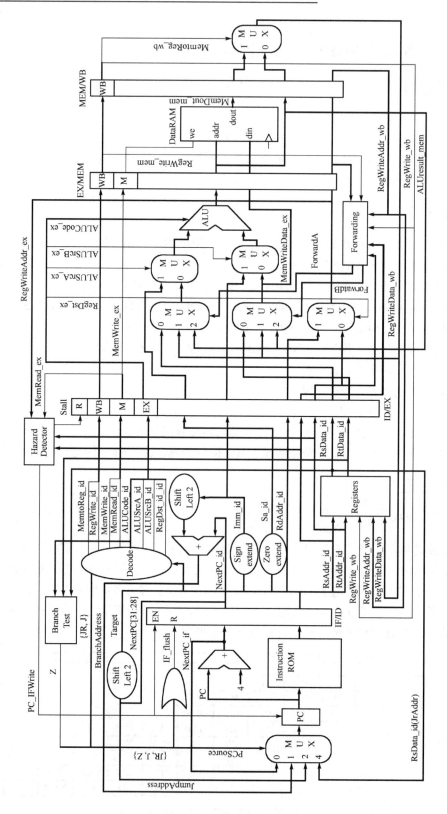

图 7.10 流水线 MIPS 微处理器的原理框图

图 7.10 所示为符合设计要求的流水线 MIPS 微处理器的原理框图, 采用五级流水线。由于在流水线中, 数据和控制信息将在时钟周期的上升沿转移到下一级, 所以规定流水线转移的变量命名遵守如下格式: 名称_流水线级名称。例如, 在 ID 级指令译码电路(decode)产生的寄存器写允许信号 RegWrite 在 ID 级、EX 级、MEM 级和 WB 级上的命名分别为 RegWrite_id、RegWrite_ex、RegWrite_mem 和 RegWrite_wb。在顶层文件中, 类似的变量名称有近百个, 这样的命名方式起到了很好的识别作用。

1) 流水线中的控制信号

(1) IF 级: 取指令级。从 ROM 中读取指令, 并在下一个时钟沿到来时把指令送到 ID 级的指令缓冲器中。该级控制信号决定下一个指令指针的 PCSource 信号、阻塞流水线的 PC_IFwrite 信号、清空流水线的 IF_flush 信号。

(2) ID 级: 指令译码级。对 IF 级来的指令进行译码, 并产生相应的控制信号。整个 CPU 的控制信号基本都是在这级上产生的。该级自身不需任何控制信号。

流水线冒险检测也在该级进行, 冒险检测电路需要上一条指令的 MemRead, 即在检测到冒险条件成立时, 冒险检测电路产生 Stall 信号清空 ID/EX 寄存器, 插入一个流水线气泡。

(3) EX 级: 执行级。此级进行算术或逻辑操作。此外 LW、SW 指令所用的 RAM 访问地址也是在本级上实现的。控制信号有 ALUCode、ALUSrcA、ALUSrcA 和 RegDst, 根据这些信号确定 ALU 操作、选择两个 ALU 操作数 A、B, 并确定目标寄存器。

另外, 数据转发也在该级完成。数据转发控制电路产生 ForwardA 和 ForwardB 两组控制信号。

(4) MEM 级: 存储器访问级。只有在执行 LW、SW 指令时才对存储器进行读写, 对其他指令只起到缓冲一个周期的作用。该级只需存储器写操作允许信号 MemWrite。

(5) WB 级: 回写级。此级把指令执行的结果回写到寄存器文件中。该级设置信号 MemtoReg 和寄存器写操作允许信号 RegWrite, 其中 MemtoReg 决定写入寄存器的数据来自于 MEM 级上的缓冲值或来自于 MEM 级上的存储器。

2) 数据相关与数据转发

如果上一条指令的结果还没有写入到寄存器中, 而下一条指令的源操作数又恰恰是此寄存器的数据, 那么, 它所获得的将是原来的数据, 而不是更新后的数据。这样的相关问题称为数据相关。如图 7.11 所示的五级流水结构, 当前指令与前三条指令都构成数据相关问题。在设计中, 采用数据转发和插入流水线气泡的方法解决此类相关问题。

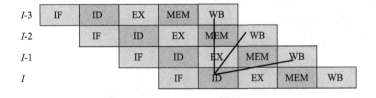

图 7.11　数据相关性问题示意图

(1) 三阶数据相关。图 7.12 所示为第 I 条指令与第 I–3 条指令的数据相关问题, 即在同一个周期内同时读写同一个寄存器, 将导致三阶数据有关。导致操作数 A 的三阶数据相关必须满足下列条件：

I-3	IF	ID	EX	MEM	WB			
I-2		IF	ID	EX	MEM	WB		
I-1			IF	ID	EX	MEM	WB	
I				IF	ID	EX	MEM	WB

图 7.12　三阶前推网络示意图

① 寄存器必须是写操作（RegWrite_wb =1）。

② 目标寄存器不是 $0 寄存器（RegWriteAddr_wb ≠ 0）。

③ 读写同一个寄存器（RegWriteAddr_wb = RsAddr_id）。

同样，导致操作数 B 的三阶数据相关必须满足下列条件：

① 寄存器必须是写操作（RegWrite_wb =1）。

② 目标寄存器不是 $0 寄存器（RegWriteAddr_wb ≠ 0）。

③ 读写同一个寄存器（RegWriteAddr_wb = RtAddr_id）。

该类数据相关问题可以通过改进设计寄存器堆的硬件电路来解决，要求寄存器堆具有 Read After Write 特性，即同一个周期内对同一个寄存器进行读、写操作时，要求读出的值为新写入的数据。具体设计方法将在后面介绍。

（2）二阶数据相关与转发（Mem 冒险）。如图 7.11 所示，如果第 *I* 条指令的源操作寄存器与第 *I*–2 条指令的目标寄存器相重，将导致二阶数据相关。导致操作数 A 的二阶数据相关必须满足下列条件：

① WB 级阶段必须是写操作（RegWrite_wb=1）。

② 目标寄存器不是 $0 寄存器（RegWriteAddr_wb ≠ 0）。

③ 一阶数据相关条件不成立（RegWriteAddr_mem ≠ RsAddr_ex）。

④ 同一周期读写同一个寄存器（RegWriteAddr_wb=RsAddr_ex）。

导致操作数 B 的二阶数据相关必须满足下列条件：

① WB 级阶段必须是写操作（RegWrite_wb=1）。

② 目标寄存器不是 $0 寄存器（RegWriteAddr_wb ≠ 0）。

③ 一阶数据相关条件不成立（RegWriteAddr_mem ≠ RtAddr_ex）。

④ 同一周期读写同一个寄存器（RegWriteAddr_wb=RtAddr_ex）。

当发生二阶数据相关问题时，解决方法是将第 *I*–2 条指令的回写数据 RegWriteData 转发至 *I* 条指令的 EX 级，如图 7.13 所示。

图 7.13　二阶前推网络示意图

(3) 一阶数据相关与转发(EX 冒险)。如图 7.11 所示，如果源操作寄存器与第 I-1 条指令的目标操作寄存器相重，将导致一阶数据相关。从图 7.11 可以看出，第 I 条指令的 EX 级与第 I-1 条指令的 MEM 级处于同一时钟周期，且数据转发必须在第 I 条指令的 EX 级完成。因此，导致操作数 A 的一阶数据相关判断的条件为

① MEM 级阶段必须是写操作(RegWrite_mem=1)。

② 目标寄存器不是$0 寄存器(RegWriteAddr_mem≠0)。

③ 两条指令读写同一个寄存器(RegWriteAddr_mem=RsAddr_ex)。

导致操作数 B 的一阶数据相关成立的条件为

① MEM 级阶段必须是写操作(RegWrite_mem=1)。

② 目标寄存器不是$0 寄存器(RegWriteAddr_mem≠0)。

③ 两条指令读写同一个寄存器(RegWriteAddr_mem=RtAddr_ex)。

除了第 I-1 条指令为 LW(SW 没有回写功能)，其他指令回写寄存器的数据均为 ALU 输出，因此当发生一阶数据相关时，除了 LW 指令，一阶数据相关的解决方法是将第 I-1 条指令的 MEM 级的 ALUResult_mem 转发至第 I 条 EX 级，如图 7.14 所示。LW 指令发生一阶数据相关的处理方法在下面介绍。

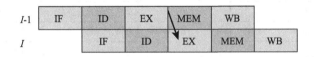

图 7.14　一阶前推网络示意图

3) 数据冒险与数据转发

由前面分析可知，当第 I 条指令读取一个寄存器，而第 I-1 条指令为 LW，且与 LW 写入为同一个寄存器时，定向转发是无法解决问题的。因此，当 LW 指令后跟一条需要读取它结果的指令时，必须采用相应的机制来阻塞流水线，即还需要增加一个冒险检测单元(hazard detector)。它工作在 ID 级，当检测到上述情况时，在 LW 指令和后一条指令插入阻塞，使后一条指令延时一个周期执行，这样就可将一阶数据问题变成二阶数据问题，就可用转发解决。

冒险检测工作在 ID 级，前一条指令已处在 EX 级，冒险成立的条件为

(1) 上一条指令必须是 LW 指令(MemRead_ex=1)。

(2) 两条指令读写同一个寄存器(RegWriteAddr_ex==RsAddr_id 或 RegWriteAddr_ex==RtAddr_id)。

当上述条件满足时，指令将被阻塞一个周期，Hazard Detector 电路输出的 Stall 信号清空 ID/EX 寄存器，另外一个输出信号 PC_IFWrite 阻塞流水线 ID 级、IF 级，即插入一个流水线气泡。

2. 流水线 MIPS 微处理器的设计

根据流水线不同阶段，将系统划分为 IF、ID、EX 和 MEM 四大模块，WB 部分功能电路非常简单，可直接在顶层文件中设计。另外，系统还包含 IF/ID、ID/EX、EX/MEM、MEM/WB 四个流水线寄存器。

1)指令译码模块(ID)的设计

指令译码模块的主要作用是从机器码中解析出指令,并根据解析结果输出各种控制信号。ID 模块主要由指令译码(Decode)、寄存器堆(Registers)、冒险检测、分支检测和加法器等组成。ID 模块的接口信息如表 7.15 所示。

表 7.15 ID 模块的输入/输出引脚说明

引脚名称	方向	说明
clk	Input	系统时钟
Instruction_id[31:0]		指令机器码
NextPC_id[31:0]		指令指针
RegWrite_wb		寄存器写允许信号,高电平有效
RegWriteAddr_wb[4:0]		寄存器的写地址
RegWriteData_wb[31:0]		写入寄存器的数据
MemRead_ex		冒险检测的输入
RegWriteAddr_ex[4:0]		
MemtoReg_id	Output	决定回写的数据来源(0:ALU;1:存储器)
RegWrite_id		寄存器写允许信号,高电平有效
MemWrite_id		存储器写允许信号,高电平有效
MemRead_id		存储器读允许信号,高电平有效
ALUCode_id[4:0]		决定 ALU 采用何种运算
ALUSrcA_id		决定 ALU 的 A 操作数的来源(0:rs;1:sa)
ALUSrcB_id		决定 ALU 的 B 操作数的来源(0:rt;1:imm)
RegDst_id		决定 Register 回写时采用的地址(rt/rd)
Stall		ID/EX 寄存器清空信号,高电平插入一个流水线气泡
Z		分支指令的条件判断结果
J		跳转指令
JR		寄存器跳转指令
PC_IFWrite		阻塞流水线的信号,低电平有效
BranchAddr[31:0]		条件分支地址
JumpAddr[31:0]		跳转地址
Imm_id[31:0]		符号扩展成 32 位的立即数
Sa_id[31:0]		0 扩展成 32 位的移位立即数
RsData_id[31:0]		Rs 寄存器数据
RtData_id[31:0]		Rt 寄存器数据

(1)指令译码(decode)子模块的设计。decode 控制器的主要作用是根据指令确定各个控制信号的值,是一个组合电路。与多周期 MIPS CPU 一样,将指令分为 R_type1、R_type2、JR、J_type、Branch、I_type、LW、SW 八类。

① 只有 LW 指令读取存储器且回写数据取自存储器,所以有

$$MemtoReg\_id=LW \tag{7.9}$$

$$MemRead\_id = LW \tag{7.10}$$

② 只有 SW 指令会对存储器写数据，所以有

$$MemWrite\_id = SW \tag{7.11}$$

③ 需要进行回写的指令类型有 LW、R_type1、R_type2 和 I_type。其中，R_type1 和 R_type2 回写寄存器地址为 RdAddr，LW 与 I_type 回写寄存器的地址为 RtAddr，所以有

$$RegWrite\_id = LW \parallel R\_type1 \parallel R\_type2 \parallel I\_type \tag{7.12}$$

$$RegDst\_id = R\_type1 \parallel R\_type2 \tag{7.13}$$

④ R_type2 类型的操作数 A 采用立即数 sa 字段；R_type1、JR、I_type 和 LW、SW 指令的操作数 A 采用 RsData；在流水线 CPU 中 Branch 类型指令没有使用 ALU，所以有

$$ALUSrcA\_id = R\_type2 \tag{7.14}$$

⑤ I_type、LW 和 SW 类型操作数 B 采用立即数 Imm_id，其他类型采用 RtData 或没有使用 ALU，所以有

$$ALUSrcB\_id = I\_type \parallel LW \parallel SW \tag{7.15}$$

⑥ ALUCode 信号的功能表如表 7.16 所示。

表 7.16 ALUCode 的功能表

op	funct	rt	运算	ALUCode
BEQ_op	××××××	×××××	Z=(A==B)	5'd 10
BNE_op	××××××	×××××	Z=~(A==B)	5'd 11
BGEZ_op	××××××	5'd1	Z=(A≥0)	5'd 12
BGTZ_op	××××××	5'd0	Z=(A>0)	5'd 13
BLEZ_op	××××××	5'd0	Z=(A≤0)	5'd 14
BLTZ_op	××××××	5'd0	Z=(A<0)	5'd 15
R_type_op	ADD_funct	×××××	加	5'd 0
	ADDU_funct	×××××		
	AND_funct	×××××	与	5'd 1
	XOR_funct	×××××	异或	5'd 2
	OR_funct	×××××	或	5'd 3
	NOR_funct	×××××	或非	5'd 4
	SUB_funct	×××××	减	5'd 5
	SUBU_funct	×××××		
	SLT_OP_funct	×××××	A<B?1:0	5'd 19
	SLTU_OP_funct	×××××	A<B?1:0（无符号数）	5'd 20
	SLL_funct	×××××	B << A	5'd 16
	SLLV_funct	×××××		
	SRL_funct	×××××	B >> A	5'd 17
	SRLV_funct	×××××		
	SRA_funct	×××××	B >>>A	5'd 18
	SRAV_funct	×××××		

续表

op	funct	rt	运算	ALUCode
ADDI_op	××××××	×××××	加	5'd 0
ADDIU_op	××××××	×××××		
ANDI_op	××××××	×××××	与	5'd 6
XORI_op	××××××	×××××	异或	5'd 7
ORI_op	××××××	×××××	或	5'd 8
SLTI_op	××××××	×××××	A<B?1:0	5'd 19
SLTIU_op	××××××	×××××	A<B?1:0（无符号数）	5'd 20
SW_op	××××××	×××××	加（计算地址）	5'd 0
LW_op	××××××	×××××		

(2)分支检测(Branch Test)电路的设计。分支检测电路主要用于判断分支条件是否成立。其中，BEQ、BNE 为两个操作数 RsData 与 RtData 比较，而 BGEZ、BGTZ、BLEZ 和 BLTZ 指令则为 RsData 与常数 0 比较。因此，输出信号 Z 的表达式为

$$Z = \begin{cases} \& (\ RsData[31:0]\ \verb|~^|RtData[31:0]\ ) & (ALUCode = alu\_beq) \\ |\ (\ RsData[31:0]\ \verb|^|RtData[31:0]) & (ALUCode = alu\_bne) \\ \verb|~|RsData[31] & (ALUCode = alu\_bgez) \\ \verb|~|RsData[31]\ \&\&\ (|\ RsData[31:0]) & (ALUCode = alu\_bgtz) \\ RsData[31] & (ALUCode = alu\_bltz) \\ RsData[31]\ ||\ \verb|~|\ (|\ RsData[31:0]) & (ALUCode = alu\_blez) \\ 0 & (ALUCode = 其他) \end{cases} \tag{7.16}$$

(3)寄存器堆(Regisers)子模块的设计。在流水线型 CPU 设计中，寄存器堆设计还应解决三阶数据相关的数据转发问题。当满足三阶数据相关条件时，寄存器具有 Read After Write 特性。

设计时，只需要在实验 28 设计的多周期 CPU 的寄存器堆中添加少量电路就可实现 Read After Write 特性，如图 7.15 所示。图中的 MultiRegisters 模块就是实验 28 设计的多周期 CPU 的寄存器堆。图中转发检测电路的输出表达式为

$$RsSel= RegWrite\_wb\ \&\&\ (\verb|~|(RegWriteAddr\_wb==0))\ \&\&$$
$$(RegWriteAddr\_wb==RsAddr\_id) \tag{7.17}$$
$$RtSel= RegWrite\_wb\ \&\&\ (\verb|~|(RegWriteAddr\_wb==0))\ \&\&$$
$$(RegWriteAddr\_wb==RtAddr\_id) \tag{7.18}$$

(4)冒险检测功能电路(Hazard Detector)的设计。由前面分析可知，冒险成立的条件为

① 上一条指令必须是 LW 指令(MemRead_ex=1)。

② 两条指令读写同一个寄存器(RegWriteAddr_ex==RsAddr_id 或 RegWriteAddr_ex== RtAddr_id)。

当冒险成立应清空 ID/EX 寄存器并且阻塞流水线 ID 级、IF 级流水线，所以有

$$Stall=((RegWriteAddr\_ex==RsAddr\_id)||$$

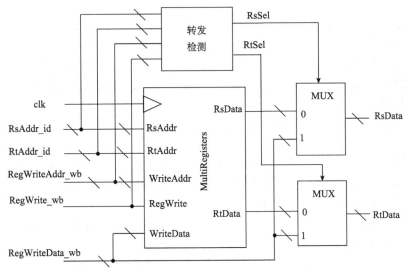

图 7.15　具有 Read After Write 特性寄存器堆的原理框图

$$(\text{RegWriteAddr\_ex}==\text{RtAddr\_id}))\&\&\text{MemRead\_ex} \tag{7.19}$$

$$\text{PC\_IFWrite}= \sim\text{Stall} \tag{7.20}$$

2) 执行模块 (EX) 的设计

执行模块主要由 ALU 子模块、数据前推电路 (Forwarding) 及若干数据选择器组成。执行模块的接口信息如表 7.17 所示。

表 7.17　EX 模块的输入/输出引脚说明

引脚名称	方向	说明
RegDst_ex		决定 Register 回写时采用的地址 (rt/rd)
ALUCode[4:0]		决定 ALU 采用何种运算
ALUSrcA_ex		决定 ALU 的 A 操作数的来源 (rs、sa)
ALUSrcB_ex		决定 ALU 的 B 操作数的来源 (rt、imm)
Imm_ex[31:0]		立即数
Sa_ex[31:0]		移位位数 (立即数)
RsAddr_ex[4:0]		Rs 寄存器地址，即 Instruction_id[25:21]
RtAddr_ex[4:0]	Input	Rt 寄存器地址，即 Instruction_id[20:16]
RdAddr_ex[4:0]		Rd 寄存器地址，即 Instruction_id[15:11]
RsData_ex[31:0]		Rs 寄存器数据
RtData_ex[31:0]		Rt 寄存器数据
RegWriteData_wb[31:0]		写入寄存器的数据
ALUResult_mem[31:0]		ALU 输出数据
RegWriteAddr_mem[4:0]		寄存器的写地址
RegWriteAddr_wb[4:0]		
RegWrite_mem		寄存器写允许信号
RegWrite_wb		

引脚名称	方向	说明
RegWriteAddr_ex[4:0]	Output	寄存器的写地址
ALUResult_ex[31:0]		ALU 运算结果
MemWriteData_ex[31:0]		存储器的回写数据
ALU_A [31:0]ALU_B[31:0]		ALU 操作数，测试时使用

(1) ALU 子模块的设计。ALU 子模块的设计与多周期 MIPS 微处理器基本一致。由于在流水线 CPU 设计中将分支测试放在 ID 级，因此在这里的 ALU 设计中，不必考虑分支比较判断电路，ALU 具体设计方法可参考实验 28。

(2) 数据前推电路的设计。操作数 A 和 B 分别由数据选择器决定，数据选择器地址信号 ForwardA、ForwardB 的含义如表 7.18 所示。

表 7.18　前推电路信号的含义

地址	操作数来源	说明
ForwardA= 2'b00	RsData_ex	操作数 A 来自寄存器堆
ForwardA=2'b 01	RegWriteData_wb	操作数 A 来自二阶数据相关的转发数据
ForwardA=2'b10	ALUResult_mem	操作数 A 来自一阶数据相关的转发数据
ForwardB=2'b00	RtData_ex	操作数 B 来自寄存器堆
ForwardB=2'b01	RegWriteData_wb	操作数 B 来自二阶数据相关的转发数据
ForwardB=2'b 10	ALUResult_mem	操作数 B 来自一阶数据相关的转发数据

由前面介绍的一、二阶数据相关判断条件，不难得到：

$$\begin{cases} \text{ForwardA}[0] = \text{RegWrite\_wb\&\&(RegWriteAddr\_wb!} = 0)\&\& \\ \quad (\text{RegWriteAddr\_mem!} = \text{RsAddr\_ex})\&\& \\ \quad (\text{RegWriteAddr\_wb} == \text{RsAddr\_ex} \\ \text{ForwardA}[1] = \text{RegWrite\_mem\&\&(RegWriteAddr\_mem!} = 0)\&\& \\ \quad (\text{RegWriteAddr\_mem} == \text{RsAddr\_ex}) \end{cases} \quad (7.21)$$

$$\begin{cases} \text{ForwardB}[0] = \text{RegWrite\_wb\&\&(RegWriteAddr\_wb!} = 0)\&\& \\ \quad (\text{RegWriteAddr\_mem!} = \text{RtAddr\_ex})\&\& \\ \quad (\text{RegWriteAddr\_wb} == \text{RtAddr\_ex} \\ \text{ForwardB}[1] = \text{RegWrite\_mem\&\&(RegWriteAddr\_mem!} = 0)\&\& \\ \quad (\text{RegWriteAddr\_mem} == \text{RtAddr\_ex}) \end{cases} \quad (7.22)$$

3) 数据存储器模块 (DataRAM) 的设计

数据存储器可用 Xilinx 的 IP 内核实现。考虑到 FPGA 的资源，数据存储器可设计为容量为 64×32 bits 的单端口 RAM，输出采用组合输出 (Non Registered)。

4) 取指令级模块 (IF) 的设计

IF 模块由指令指针寄存器 (PC)、指令存储器子模块 (Instruction ROM)、指令指针选择器 (MUX) 和一个 32 位加法器组成，IF 模块接口信息如表 7.19 所示。

表 7.19　IF 模块的输入/输出引脚说明

引脚名称	方向	说明
clk	Input	系统时钟
reset		系统复位信号，高电平有效
Z		分支指令的条件判断结果
J		跳转指令
JR		寄存器跳转指令
PC_IFWrite		阻塞流水线的信号，低电平有效
JumpAddr[31:0]		J 指令跳转地址
JrAddr[31:0]		JR 指令跳转地址
BranchAddr[31:0]		条件分支地址
Instruction [31:0]	Output	指令机器
NextPC_if [31:0]		下一个 PC 值
IF_flush		IF/ID 流水线寄存器清 0 信号

由图 7.10 可看出，指令存储器为组合存储器，可用 Verilog HDL 设计一个查找表阵列 ROM。考虑到 FPGA 的资源，该 ROM 容量可设计为 64×32bit。作者提供一个指令存储器模块 InstructionROM.v，ROM 内存放一段简单测试程序的机器码，对应的测试程序为

```
        j later
earlier:addi $t0, $0, 42
        addi $t1, $0, 4
        sub $t2, $t0, $t1        //操作B一阶数据相关，操作A二阶数据相关
        or  $t3, $t2, $t0        //操作A一阶数据相关，操作B三阶数据相关
        sw $t3, 0C($0)
        lw $t4, 08($t1)
        sll $t0, $t4, 2          //数据冒险
        lw  $t3, 08($t1)
        sltu$t3,$t1,$t2
done:   j done
later:  bne $0, $0, end          //分支条件不成立
        beq $0, $0, earlier      //分支条件成立
end:        nop
```

最后说明一下，指令指针选择器(MUX)有三位地址信号{JR,J,Z}，应设计为 8 选 1 数据选择器。

5) 流水线寄存器的设计

流水线寄存器负责将流水线的各部分分开，共有 IF/ID、ID/EX、EX/MEM、MEM/WB 四组，对四组流水线寄存器要求不完全相同，因此设计也有不同考虑。

EX/MEM、MEM/WB 两组流水线寄存器只是普通的 D 型寄存器。

当流水线发生数据冒险时，需要清空 ID/EX 流水线寄存器而插入一个气泡，因此 ID/EX 流水线寄存器是一个带同步清零功能的 D 型寄存器。

当流水线发生数据冒险时，需要阻塞 IF/ID 流水线寄存器；若跳转指令或分支成立，则还需要清空 ID/EX 流水线寄存器。因此，IF/ID 流水线寄存器除同步清零功能外，还需要具有保持功能（即具有使能 EN 信号输入）。

6）顶层文件的设计

按照图 7.10 所示的原理框图连接各模块即可。为了测试方便，可将关键变量输出，关键变量有：指令指针 PC、指令码 Instruction_id、流水线插入气泡标志 Stall、分支标志 JumpFlag 即 {JR, J, Z}、ALU 输入输出（ALU_A、ALU_B、ALUResult）和数据存储器的输出 MemDout_mem。顶层文件的端口列表描述如下。

```
module PipelineCPU(clk, reset, JumpFlag, Instruction_id, ALU_A,
                   ALU_B, ALUResult, PC, MemDout_mem,Stall);
    input clk;
    input reset;
    output[2:0] JumpFlag;
    output [31:0] Instruction_id;
    output [31:0] ALU_A;
    output [31:0] ALU_B;
    output [31:0] ALUResult;
    output [31:0] PC;
    output [31:0] MemDout_mem;
    output Stall;
```

四、提供的文件

（1）指令译码模块（decode）的测试代码 Decode_tb.v、ALU 测试代码 ALU_tb.v、取指令级模块（IF）的测试代码 IF_tb.v 和 CPU 的顶层测试代码 PipelineCPU_tb .v。

（2）指令存储器（InstructionROM）的 Verilog HDL 代码 InstructionROM.v。

（3）硬件测试 CPU 的 Vivado 架构，在该架构中，用带有 HDMI 接口的显示器显示 CPU 运行的内部重要变量。测试架构将程序指针的低 8 位 PC[7:0]、指令机器码 Instruction_id、流水线气泡插入标志 Stall、跳转标记 JumpFlag、ALU 操作数 A 及 B、ALU 结果 ALUResult 和数据存储输出 MemDout_mem 等送入带有 HDMI 接口的显示器，显示格式如图 7.16 所示。

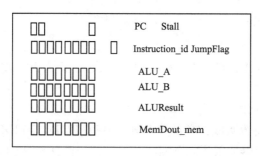

图 7.16　VGA 显示格式

当完成整个流水线 CPU 的设计与仿真测试，打开 vivado 文件夹下的 PipelineCPU.xpr 工程，添加流水线 CPU 设计代码（包括子模块代码），然后综合、实现和下载至开发板，连接带有 HDMI 接口的显示器，就可进行测试。测试操作有关的按键与实验 28 相同。

五、实验设备

(1) 装有 Vivado 和 ModelSim SE 软件的计算机。

(2) Nexys Video 开发板一套。

(3) 带有 HDMI 接口的显示器一台。

六、预习内容

(1) 查阅相关书籍，掌握流水线 MIPS CPU 工作原理。

(2) 查阅相关书籍或资料，理解流水线数据相关和数据冒险的概念，掌握数据相关和数据冒险的解决方法。

七、实验内容

(1) 从网络下载相关文件。

(2) 编写指令译码单元 Decode 模块的 Verilog HDL 代码，并用 ModelSim 进行功能仿真。由于控制指令译码单元涉及指令，为了增加程序的可读性，需定义大量的参数。为了减少读者的工作量，作者在提供的 Decode.v 文件中，已编写模块的端口列表并定义了大量的参数。

(3) 编写寄存器堆 Register 模块的 Verilog HDL 代码，建议在实验 28 提供的多周期的寄存器堆基础上修改完善。

(4) 编写 ID 模块 Verilog HDL 代码，ID.v 文件已给端口列表。

(5) 编写 ALU 模块的 Verilog HDL 代码并用 ModelSim 进行功能仿真。

(6) 编写 EX 模块的 Verilog HDL 代码，EX.v 文件已给端口列表。

(7) 编写 IF 模块的 Verilog HDL 代码并用 ModelSim 进行功能仿真。

(8) 打开 vivado 文件夹下的 PipelineCPU.xpr 工程，生成符合 CPU 要求的数据存储器 IP 内核。

(9) 编写 CPU 顶层的 Verilog HDL 代码，并用 ModelSim 进行功能仿真。注意：由于存在 IP 内核，仿真时，需加仿真库，方法参考实验 3.

根据表 7.20 验证仿真结果。表格中显示的数据均为十六进制，表格中"—"表示此处值无意义。

(10) 再次打开 vivado 文件夹下的 PipelineCPU.xpr 工程，添加流水线 CPU 设计的全部代码，然后综合、实现和下载至 Nexys Video 开发板。

(11) 连接带有 HDMI 接口的显示器，进行测试。首先将 SW0 置于低电平，使 MIPS CPU 工作在"单步"运行模式。复位后，每按一下上边按键，MIPS CPU 运行一步，记录下显示器上的结果，对照表 7.20 验证设计是否正确。

注意：一般设计都采用同步复位，因此在"单步"运行模式时，如果需要复位 CPU，应先按住"复位"按键(中间按键)，再按上边按键才能复位。

表 7.20　测试程序的运行结果

reset	clk	PC	Instruction (ID)	JumpFlag	Stall	ALU_A	ALU_B	ALUResult	MemDout (MEM)
1	1	0	0	0	0	0	0	0	
0	2	4	0800000B (j)	2	0	—	—	—	—
	3	2c	0	0	0	—	—	—	—
	4	30	14000001 (bne)	0	0	—	—	—	—
	5	34	1000FFF4 (beq)	1	0	—	—	—	—
	6	04	0	0	0	—	—	—	—
	7	08	20080042 (addi)	0	0	—	—	—	—
	8	0c	20090004 (addi)	0	0	0	42	42	—
	9	10	01095022 (sub)	0	0	0	4	4	—
	10	14	01485825 (or)	0	0	42	4	3E	—
	11	18	AC0B000C (sw)	0	0	3E	42	7E	—
	12	1c	8D2C0008 (lw)	0	0	0	c	c	—
	13	20	000C4080 (sll)	0	1	4	8	c	—
	14	20		0	0	0	0	0	7E
	15	24	8D2B0008 (lw)	0	0	2	7E	1F8	—
	16	28	012A582B (sltu)	0	0	4	8	c	—
	17	2c	0800000A (j)	2	0	4	3E	1	7E
	18	28	0	0	0	0	0	0	—
	19	2c	0800000A (j)	2	0	0	0	0	—

八、实验报告要求

(1) 写出设计原理、列出 Verilog HDL 代码并对设计作适当说明。

(2) 记录 ModelSim 仿真波形，并对仿真波形作适当解释，分析是否符合预期功能。

(3) 记录实验结果，分析设计是否正确。

（4）记录实验中碰到的问题和解决方法。

九、思考题

（1）如果考虑未定义指令和算术溢出两种异常情况，那么电路结构应如何改进？

（2）怎样在流水线 MIPS CPU 中接入 I/O 设备？

Basys3 开发板是围绕着 Xilinx Artix-7 FPGA 芯片 XC7A35T-1CPG236C 搭建的，它提供了完整、随时可以使用的硬件平台，并且它适合于从基本逻辑器件到复杂控制器件的各种数字电路和数字系统开发。Basys3 上集成了大量的 I/O 设备和 FPGA 所需的电路，由此可以构建无数设备而不需其他器件，使得其成为入门复杂数字电路设计系统的完美低成本平台。

Basys3 开发板的实物结构图如附图 A.1 所示，附表 A.1　为 Basys3 开发板外围设备与开发板的实物对照表。

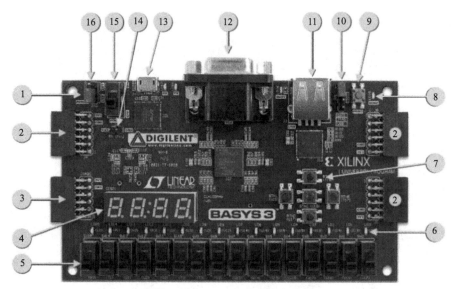

附图 A.1　Basys3 开发板的实物图

附表 A.1　Basys3 开发板外围设备对照表

序号	描述	序号	描述
1	电源指示灯	9	FPGA 配置复位按钮
2	PMOS 连接插座	10	编程模式跳线座
3	用模拟信号 Pmod 连接插座	11	USB 插座
4	4 位七段数码显示	12	VGA 插座
5	16 个拨键开关	13	FMC 连接插座
6	16LED 指示灯	14	Micro USB（UART、 JATG）插座
7	5 个按键开关	15	电源开关
8	FPGA 编程指示灯	16	电源选择跳线座

A.1　FPGA 主芯片介绍

Basys3 开发板使用了 Xilinx 公司 Artix-7 系列的 FPGA 芯片 XC7A35T-1CPG236C，其关键特性如下。

(1) 33280 个逻辑单元，六输入 LUT 结构。

(2) 1800 Kbits 快速 RAM 块。

(3) 5 个时钟管理单元，均各含一个锁相环(PLL)。

(4) 90 个 DSP slices 。

(5) 内部时钟最高可达 450MHz 。

(6) 1 个片上模数转换器(XADC)。

A.2　电源电路

Basys3 开发板的电源电路如附图 A.2 所示，Basys3 开发板可以通过两种方式进行供电，一种是通过 J4 的 USB 端口供电；另一种是通过 J6 的接线柱进行供电(5V)。通过 JP2 跳线柱的不同选择进行供电方式的选择。开关电源电路产生 1.0V、1.8V 和 3.3V 等各种规格电压供 Basys3 开发板的 FPGA 芯片和外围设备使用。

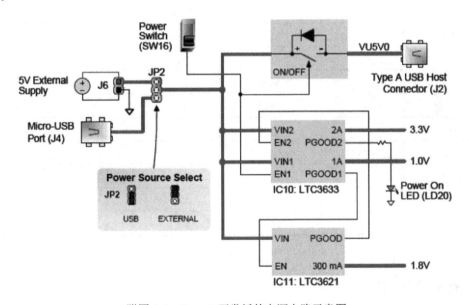

附图 A.2　Basys3 开发板的电源电路示意图

注意：绝大多数情况下，电源直接从 USB 接口取电。

A.3　时钟电路

Basys3 开发板的晶体振荡电路产生频率为 100MHz 的系统时钟，从 FPGA 的 W5 引脚接入。

A.4 基本 I/O 接口

Basys3 开发板提供 16 个开关、5 个按键和 16 个 LED 指示灯。开关和按键供用户进行逻辑输入使用。开关拨上时，表示 FPGA 的输入为高电平，否则为低电平。按键按下时，输入高电平，否则为输入低电平。LED 指示灯用于逻辑输出指示，当 FPGA 输出为高电平时，相应的 LED 点亮；否则，LED 熄灭。开关、按键和 LED 指示灯与 FPGA 的连接关系如附表 A.2 所示。

附表 A.2　FPGA 与开关、按钮和 LED 指示灯的连接关系

指示灯	FPGA 引脚	开关	FPGA 引脚	按键	FPGA 引脚
LED0	U16	SW0	V17	BNTU（Up）	T18
LED1	E19	SW1	V16	BNTD（Down）	U17
LED2	U19	SW2	W16	BNTL（Left）	W19
LED3	V19	SW3	W17	BNTR（Right）	T17
LED4	W18	SW4	W15	BNTC（Center）	U18
LED5	U15	SW5	V15		
LED6	U14	SW6	W14		
LED7	V14	SW7	W13		
LED8	V13	SW8	V2		
LED9	V3	SW9	T3		
LED10	W3	SW10	T2		
LED11	U3	SW11	R3		
LED12	P3	SW12	W2		
LED13	N3	SW13	U1		
LED14	P1	SW14	T1		
LED15	L1	SW15	R2		

A.5 数码管电路

数码管显示采用动态显示驱动方式电路如附图 A.3 所示。使用的是一个四位带小数点的七段共阳数码管，当 FPGA 相应的输出脚为低电平时，该段位的 LED 点亮。位选信号也是低电平有效。

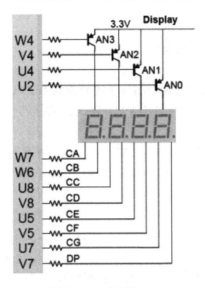

附图 A.3　数码管电路

A.6　I/O 扩展电路

4 个标准的扩展连接器(其中一个为专用 AD 信号 Pmod 接口)允许设计使用面包板、用户设计的电路或 Pmods 扩展 Basys3 板。附图 A.4 标出连接器的引脚编号方式，而附表 A.3 给出了 FPGA 与 Pmod 扩展连接器的连接关系。

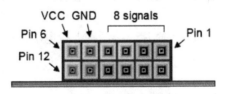

附图 A.4　Pmods 扩展连接器

附表 A.3　FPGA 与 Pmod 扩展连接器的连接关系

Pomd JA	FPGA 引脚	Pomd JB	FPGA 引脚	Pomd JC	FPGA 引脚	Pomd JC	FPGA 引脚
JA1	J1	JB1	A14	JC1	K17	JXADC1	J3
JA2	L2	JB2	A16	JC2	M18	JXADC2	L3
JA3	J2	JB3	B15	JC3	N17	JXADC3	M2
JA4	G2	JB4	B16	JC4	P18	JXADC4	N2
JA7	H1	JB7	A15	JC7	L17	JXADC7	K3
JA8	K2	JB8	A17	JC8	M19	JXADC8	M3
JA9	H2	JB9	C15	JC9	P17	JXADC9	M1
JA10	G3	JB10	C16	JC10	R18	JXADC10	N1

A.7 USB-UART 桥接电路

Basys3 开发板包含由 FT2232 桥接芯片搭建而成的 USB-UART 的转换电路，如附图 A.5 所示， FT2232HQ 是单 USB 转两路 UART/FIFO 的桥接芯片，因此 Basys3 可以同时支持 USB-UART 和 USB-JTAG。

FT2232 芯片同时可以用来控制 USB-JTAG 电路，然而两个电路的功能可以独立运行，并且两个电路同时运行时并不会相互影响。因此虽然只有一根 Micro USB 线，却可以同时进行程序下载、UART 通信以及供电。

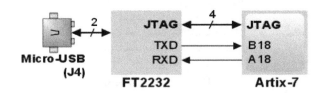

附图 A.5　USB-UART 桥接电路

A.8 USB HID Host

USB 设备是通过一个 USB HID 控制器与 FPGA 芯片连接，与附图 A.6 所示。接入一个 USB 鼠标或键盘，USB HID 控制器将 USB 鼠标或键盘转换成 PS2 鼠标或键盘，然后与 FPGA 芯片连接。

注意：USB HID 控制器与 FPGA 芯片连接没有上拉电阻，因此，在做 FPGA 引脚约束时，引脚特性要加有上拉电阻。

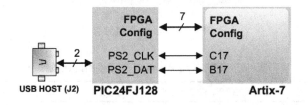

附图 A.6　USB-HID Host 电路

A.9 VGA 接口

VGA 视频显示部分的电路如附图 A.7 所示。我们所用的电阻搭的 12bit（212 色）电路，由于没有采用视频专用 DAC 芯片，因此色彩过渡表现不是十分完美。

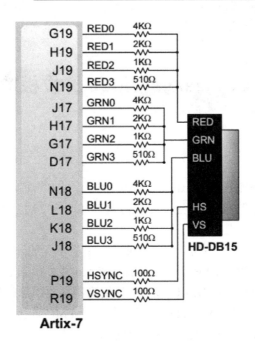

附图 A.7　VGA 接口电路

A.10　FPGA 调试及配置电路

Basys3 开发板配置电路如附图 A. 8 所示，下载程序有 3 种方式。

（1）用 Vivado 通过 JTAG 方式下载.bit 文件到 FPGA 芯片。

（2）用 Vivado 通过 QSPI 方式下载.bit 文件到 Flash 芯片，实现掉电不易失。

（3）用 U 盘或移动硬盘通过 J2 的 USB 端口下载.bit 文件到 FPGA 芯片(建议将.bit 文件放到 U 盘根目录下，且只放 1 个)，该 U 盘应该是 FAT32 文件系统。

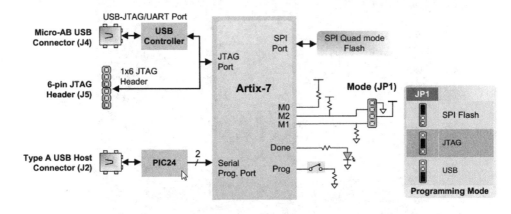

附图 A.8　配置电路

附录 B

Nexys Video 开发板的使用

Nexys Video 开发板是围绕着 Artix-7 系列中功能最强大的芯片 XC7A200T 搭建的，开发板集成了高带宽外部存储器，3 个高速数字视频端口和一个 24 位音频编解码器，这几大部件为音视频开发者提供了一个强有力的平台。

同时，Nexys Video 产品还搭载丰富的工业应用中所常见的通信、用户和扩展外设。如板载以太网、USB-UART、高速 USB 等，使 Nexys Video 能外接到更大的系统。板载用户外设如开关、按钮、LED 灯以及一块 OLED 显示屏让用户不需要附加任何接线就能够方便地直接在板卡上进行作业。另外，Nexys Video 所带有的一个 FMC 连接器和四个 Pmod 连接器使其能够支持添加更多的外设，随时能够丰富板卡的功能。

Nexys Video 开发板的实物结构图如附图 B.1 所示，附表 B.1 为 Nexys Video 开发板外围设备与开发板的实物对照表。

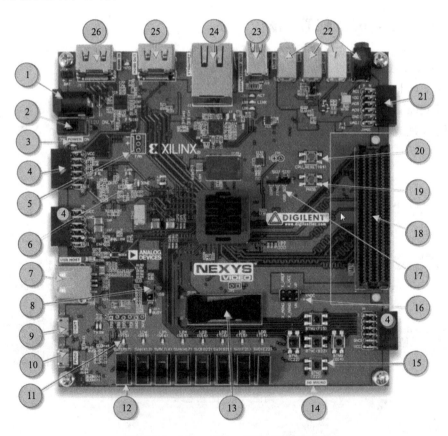

附图 B.1　Nexys Video 开发板的实物图

附表 **B.1**　**Nexys Video 开发板外围设备对照表**

序号	描述	序号	描述
1	电源插座	14	microSD 卡插槽
2	电源开关	15	5 个按键开关
3	电源指示灯	16	片上模拟转换器(XADC)引脚
4	PMOS 连接插座	17	编程模式跳线座
5	外接风扇焊点	18	FMC 连接插座
6	FPGA 编程指示灯	19	FPGA 配置复位按钮
7	USB 插座	20	处理器复位按钮(软核)
8	外接配置跳线座(SD/USB)	21	专用模拟信号 Pmod 连接插座
9	Micro USB(UART)插座	22	音频接口插座
10	Micro USB(JATG)插座，配置编程使用	23	VGA 显示(DisplayPort)输出插座
11	8 个 LED 指示灯	24	网络接口
12	8 个拨键开关	25	HDMI 输出接口
13	OLED 显示屏	26	HDMI 输入接口

B.1　FPGA 主芯片介绍

Nexys Video 开发板使用了 Xilinx 公司 Artix-7 系列的 FPGA 芯片 XC7A200T-1SBG484C ，其关键特性如下。

(1) 33650 个逻辑片，每个单元有 4 个 6-input LUT 和 8 个触发器。

(2) 13Mbits 快速 RAM 块。

(3) 10 个时钟管理单元，均各含一个锁相环(PLL)。

(4) 740 个 DSP slices。

(5) 内部时钟超过 450MHz。

(6) 片上模数转换器(XADC)。

(7) 高达 3.75Gbps GTP 收发器。

B.2　电源电路

Nexys Video 开发板的电源电路如附图 B.2 所示，外接 3.3V 电源，并由开关电源电路产生 1.0V、1.2 V、1.5 V、1.8V、2.5 V、3.3V 和 5V 等各种规格电压供 Nexys Video 开发板的 FPGA 芯片和外围设备使用。

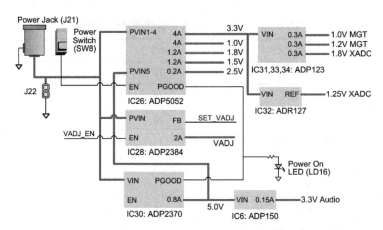

附图 B.2　Nexys Video 开发板的电源电路示意图

B.3　时钟电路

Nexys Video 开发板的晶体振荡电路产生频率为 100MHz 的系统时钟，从 FPGA 的 R4 引脚接入。

B.4　基本 I/O 接口

Nexys Video 开发板提供 8 个开关，5 个按键和 8 个 LED 指示灯。开关和按键供用户进行逻辑输入使用。开关拨上时，表示 FPGA 的输入为高电平，否则为低电平。按键按下时，输入高电平，否则为输入低电平。LED 指示灯用于逻辑输出指示，当 FPGA 输出为高电平时，相应的 LED 点亮；否则，LED 熄灭。开关、按键和 LED 指示灯与 FPGA 的连接关系如附表 B.2 所示。

附表 B.2　FPGA 与开关、按钮和 LED 指示灯的连接关系

指示灯	FPGA 引脚	开关	FPGA 引脚	按键	FPGA 引脚
LED0	T14	SW0	E22	BNTU（Up）	F15
LED1	T15	SW1	F21	BNTD（Down）	D22
LED2	T16	SW2	G21	BNTL（Left）	C22
LED3	U16	SW3	G22	BNTR（Right）	D14
LED4	V15	SW4	H17	BNTC（Center）	B22
LED5	W16	SW5	J16		
LED6	W15	SW6	K13		
LED7	Y13	SW7	M17		

B.5　I/O 扩展电路

4 个标准的扩展连接器（其中一个为专用 AD 信号 Pmod 接口）允许设计使用面包板、用

户设计的电路或 Pmods 扩展 Nexys Video 板。而附表 B.3 给出了 FPGA 与 Pmod 扩展连接器的连接关系。

附表 B.3　FPGA 与 Pmod 扩展连接器的连接关系

Pomd JA	FPGA 引脚	Pomd JB	FPGA 引脚	Pomd JC	FPGA 引脚	Pomd JC	FPGA 引脚
JA1	AB22	JB1	V9	JC1	Y6	JXADC1	J14
JA2	AB21	JB2	V8	JC2	AA6	JXADC2	H13
JA3	AB20	JB3	V7	JC3	AA8	JXADC3	G15
JA4	AB18	JB4	W7	JC4	AB8	JXADC4	J15
JA7	Y21	JB7	W9	JC7	R6	JXADC7	H14
JA8	AA21	JB8	Y9	JC8	T6	JXADC8	G13
JA9	AA20	JB9	Y8	JC9	AB7	JXADC9	G16
JA10	AA18	JB10	Y7	JC10	AB6	JXADC10	H15

B.6　音频编解码(CODEC)接口电路

Nexys Video 开发板内含 CODEC 音频编解码芯片 ADAU1761,包含多路立体声输入通道(LINE_IN、MIC_IN)、混合器、A/D 转换器、D/A 转换器、立体声功率放大器和多路立体声输出通道(LINE_OUT、AMP_OUT)等。音频编解码芯片与 FPGA 连接示意如附图 B.3 所示。

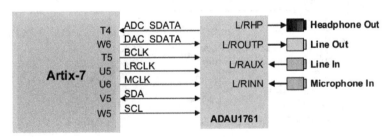

附图 B.3　音频 CODEC 接口电路

FPGA 与音频编解码芯片 ADAU1761 连接关系如附表 B.4 所示。

附表 B.4　FPGA 与 ADAU1761 连接关系

信号	I/O	FPGA 引脚	描述
ADC_SDATA	I	T4	串行音频数据输入
DAC_SDATA	O	W6	串行音频数据输出
BCLK	O	T5	串行音频数据位时钟
LRCLK	O	U5	串行音频数据帧时钟
MCLK	O	U6	CODEC 芯片的主时钟
SDA	I/O	V5	I^2C 总线的数据
SCL	I/O	W5	I^2C 总线的时钟

B.7   USB-UART 桥接电路

Nexys Video 开发板包含由 FT232R 桥接芯片搭建而成的 USB-UART 的转换电路，如附图 B.4 所示。这使得用户可以通过标准的 Windows 系统的 COM 端口用 PC 上的应用与开发板进行通信。

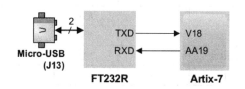

附图 B.4   USB-UART 桥接电路

B.8   USB HID Host

USB 设备是通过一个 USB HID 控制器与 FPGA 芯片连接，与附图 B.5 所示。接入一个 USB 鼠标或键盘，USB HID 控制器将 USB 鼠标或键盘转换成 PS2 鼠标或键盘，然后与 FPGA 芯片连接。

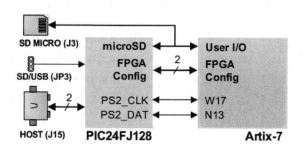

附图 B.5   USB-HID Host 电路

注意：USB HID 控制器与 FPGA 芯片连接没有上拉电阻，因此，在做 FPGA 引脚约束时，引脚特性要加有上拉电阻。

B.9   HDMI 接口

Nexys Video 开发板包含两个缓冲的 HDMI 端口：一个发送端口(J8)和一个接收端(J9)。两端口均使用 A 型 HDMI 插座，分别通过输出缓冲器(TMDS141)和输入缓冲(AD8195)与 FPGA 引脚连接。连接到 FPGA 的信号采用 TMDS IO 标准，附表 B.5 为 FPGA 与 HDMI 缓冲器的连接关系。

附表 B.5　FPGA 与 HDMI 缓冲器的连接关系

信号	输出 (J8)		输入 (J9)	
	FPGA 引脚	描述	FPGA 引脚	描述
D[2]_P, D[2]_N	AB3, AB2	通道 2 数据差分输出	U2, V2	通道 2 数据差分输入
D[1]_P, D[1]_N	AA1, AB1	通道 1 数据差分输出	W2, Y2	通道 1 数据差分输入
D[0]_P, D[0]_N	W1, Y1	通道 0 数据差分输出	Y3, AA3	通道 0 数据差分输入
CLK_P, CLK_N	T1, U1	时钟差分输出	V4, W4	时钟差分输入
CEC	AA4	消费性电子产品控制 (双向端口)	AA5	消费性电子产品控制(双向端口)
SCL, SDA	U3, V3	I²C 总线时钟和数据	Y4, AB5	I²C 总线时钟和数据
HPD/HPA	AB13	热插拔检测输入	AB12	热插拔输出
TXEN			R3	发送使能

B.10　FPGA 调试及配置电路

Nexys Video 开发板配置电路如附图 B.6 所示，下载程序有 3 种方式。

(1) 用 Vivado 通过 JTAG 方式下载.bit 文件到 FPGA 芯片。

(2) 用 Vivado 通过 QSPI 方式下载.bit 文件到 Flash 芯片，实现掉电不易失。

(3) 用 U 盘或 SD 存储卡中的.bit 文件通过控制器(PIC24)下载 FPGA 芯片。建议将.bit 文件放到根目录下，且只放 1 个，U 盘或 SD 存储卡应该是 FAT32 文件系统。

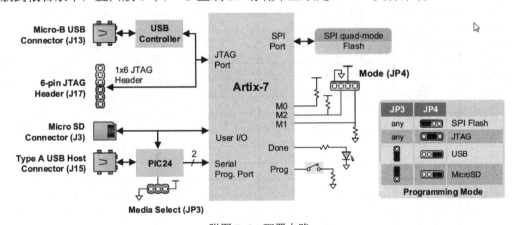

附图 B.6　配置电路

除了上述模块，Nexys 开发板还搭建了 DDR3 RAM 存储器模块、Quad-SPIFlash 存储器模块、以太网接口模块、OLED 显示模块、DisplayPort 显示接口等，由于本书未涉及上述模块，所以这里不再介绍。

附录 C

ASCII 码表

附表 C.1 列出了 ASCII 字符集，包含每一个字符的 ASCII 值助记名和 ASCII 控制字符定义。附表 C.2 为部分控制字符的含义。

附表 C.1　ASCII 码表

ASCII 值	控制字符	ASCII 值	控制字符	ASCII 值	控制字符	ASCII 值	控制字符
0	NUL	32	（space）	64	@	96	`
1	SOH	33	!	65	A	97	a
2	STX	34	"	66	B	98	b
3	ETX	35	#	67	C	99	c
4	EOT	36	$	68	D	100	d
5	ENQ	37	%	69	E	101	e
6	ACK	38	&	70	F	102	f
7	BEL	39	'	71	G	103	g
8	BS	40	(	72	H	104	h
9	HT	41	)	73	I	105	i
10	LF	42	*	74	J	106	j
11	VT	43	+	75	K	107	k
12	FF	44	,	76	L	108	l
13	CR	45	-	77	M	109	m
14	SO	46	.	78	N	110	n
15	SI	47	/	79	O	111	o
16	DLE	48	0	80	P	112	p
17	DC1	49	1	81	Q	113	q
18	DC2	50	2	82	R	114	r
19	DC3	51	3	83	X	115	s
20	DC4	52	4	84	T	116	t
21	NAK	53	5	85	U	117	u
22	SYN	54	6	86	V	118	v
23	ETB	55	7	87	W	119	w
24	CAN	56	8	88	X	120	x
25	EM	57	9	89	Y	121	y
26	SUB	58	:	90	Z	122	z
27	ESC	59	;	91	[	123	{
28	FS	60	<	92	\	124	|
29	GS	61	=	93	]	125	}
30	RS	62	>	94	^	126	~
31	US	63	?	95	-	127	DEL

表 C.2   ASCII 控制字符的含义

控制字符	含义	控制字符	含义	控制字符	含义
NUL	空	VT	垂直制表	SYN	空转同步
SOH	标题开始	FF	走纸控制	ETB	信息组传送结束
STX	正文开始	CR	回车	CAN	作废
ETX	正文结束	SO	移位输出	EM	纸尽
EOY	传输结束	SI	移位输入	SUB	换置
ENQ	询问字符	DLE	空格	ESC	换码
ACK	承认	DC1	设备控制 1	FS	文字分隔符
BEL	报警	DC2	设备控制 2	GS	组分隔符
BS	退一格	DC3	设备控制 3	RS	记录分隔符
HT	横向列表	DC4	设备控制 4	US	单元分隔符
LF	换行	NAK	否定	DEL	删除

仿真环境的建立

ModelSim 是目前应用最广泛的 FPGA 仿真器，由 Mentor Graphics 的子公司 Model Technology 开发。因为 ModelSim 好学易用，调试方便，仿真速度快，功能强大，所以很多芯片厂商的开发系统都集成了 ModelSim 仿真器，包括 Xilinx、Altera、Lattice 和 Actel 等。ModelSim 是一个单内核仿真器，同一个内核可以进行 VHDL 仿真、Verilog HDL 仿真和 VHDL/Verilog HDL 混合仿真；支持所有的 VHDL 和 Verilog HDL 标准；采用直接编译技术（direct-compiled），大大提高了 HDL 编译和仿真速度。

ModelSim 支持三个层次的仿真：RTL 仿真、综合后仿真和布局布线后仿真。为了加快仿真速度，一般情况下设计中调用的库都是已经进行编译过的，在仿真时仿真器直接调用库中已经编译过的单元，而不是再次对设计中的单元模块进行编译。因此，如果要对设计进行综合后仿真和布局布线后仿真，必须先对设计中调用的库进行编译处理。每个厂商的库不一样，本书只对 Xilinx 公司的芯片的库问题进行探讨。

一、器件库编译

（1）在 ModelSim 安装路径中新建一个名为 xilinx_lib 的文件夹（路径和文件名可改）。如作者的 ModelSim 是安装在 D:\modeltech64_10.4 文件夹，即在 D:\modeltech64_10.4 文件夹中新建 xilinx_lib 的文件夹。

（2）启动 vivado 软件，选择 vivado 菜单"Tools"⇨"Compile Simulation Libraries..."命令，如附图 D.1 所示。

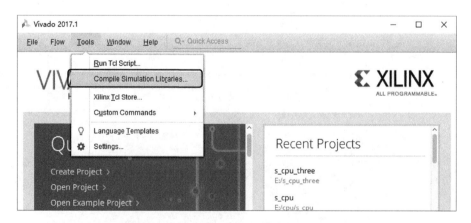

附图 D.1　选择 Compile Simulation Libraries 命令

（3）在弹出的如附图 D.2 所示对话框中设置器件库编译参数，各参数设置方法如下。

①仿真工具 Simulator：选择 ModelSim Simulator。

②语言 Language：选择为 Verilog。

③库 Library：默认设置 All。

④器件家族 Family：选择 kintex-7、virtex-7 和 artix-7 系列，注意这一项需根据自己所采用的 FPGA 芯片的型号进行设置。

⑤仿真库存放位置"Compiled library location"：选择编译器件库的文件夹，即前面新建的 xilinx_lib 文件夹。

⑥modelsim 执行文件的路径"Simulator executable path"：这一项与 ModelSim 安装路径有关，即 modelsim.exe 的文件夹，如作者的 ModelSim 安装路径为 D:\modeltech64_10.4\win64。

⑦其他参数默认。

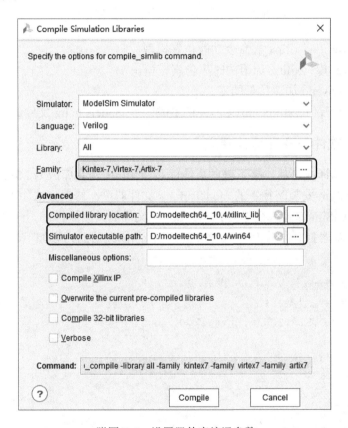

附图 D.2　设置器件库编译参数

（4）单击附图 D.2 中 compile 按钮，开始编译库文件，需要几分钟。编译完成后应该在 xilinx_lib 文件夹下多出如下文件夹，如附图 D.3 所示。

xilinx 各仿真库的含义为

① secureip 库：硬核功能仿真和时序仿真模型（Hard IP simulation model），如 PowerPC、PCIE、SRIO、DDR 等。

②unisims_ver 库：xilinx 原语的功能仿真模型。

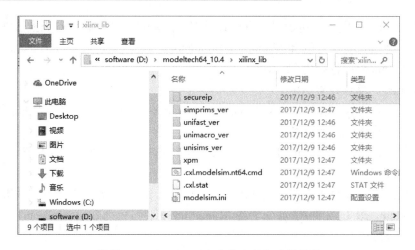

附图 D.3   在 xilinx_lib 文件夹中生成器件库

③unimacro_ver 库：xilinx 宏命令功能仿真模型。

④simprims_ver 库：xilinx 原语的时序仿真模型。

⑤unifast 库：vivado 加速仿真的库。

最后，注意一下，在 xilinx_lib 文件夹还生成一个 modelsim.ini 文件。

二、ModelSim 软件仿真环境的建立

xilinx 仿真库编译成功后，接下来的事情就是使 xilinx 仿真库成为 ModelSim 的标准库，这只需修改 ModelSim 安装路径下的 modelsim.ini 文件即可，修改方法如下。

(1)去除 ModelSim 安装路径下的 modelsim.ini 文件的只读属性。

(2)用文本编辑器打开并修改 modelsim.ini 文件，修改后的内容如下。

```
[Library]
std = $MODEL_TECH/../std
ieee = $MODEL_TECH/../ieee
vital2000 = $MODEL_TECH/../vital2000
;
; VITAL concerns:
......
;    $MODEL_TECH/../vital2000
;
verilog = $MODEL_TECH/../verilog
std_developerskit = $MODEL_TECH/../std_developerskit
synopsys = $MODEL_TECH/../synopsys
modelsim_lib = $MODEL_TECH/../modelsim_lib
sv_std = $MODEL_TECH/../sv_std
mtiAvm = $MODEL_TECH/../avm
mtiRnm = $MODEL_TECH/../rnm
mtiOvm = $MODEL_TECH/../ovm-2.1.2
mtiUvm = $MODEL_TECH/../uvm-1.1d
```

```
mtiUPF = $MODEL_TECH/../upf_lib
mtiPA  = $MODEL_TECH/../pa_lib
floatfixlib = $MODEL_TECH/../floatfixlib
mc2_lib = $MODEL_TECH/../mc2_lib
osvvm = $MODEL_TECH/../osvvm
secureip = D:/modeltech64_10.4/xilinx_lib/secureip
unisims_ver = D:/modeltech64_10.4/xilinx_lib/unisims_ver
unimacro_ver = D:/modeltech64_10.4/xilinx_lib/unimacro_ver
unifast_ver = D:/modeltech64_10.4/xilinx_lib/unifast_ver
simprims_ver = D:/modeltech64_10.4/xilinx_lib/simprims_ver
xpm = D:/modeltech64_10.4/xilinx_lib/xpm

; added mapping for ADMS
```

上面斜体的六行为新添加的内容，该内容可从 xilinx_lib 文件夹的 modelsim.ini 文件中复制。

（3）修改后保存 modelsim.ini 文件，然后恢复 modelsim.ini 文件的只读属性。

（4）启动 ModelSim 软件（如 ModelSim 软件已经打开，需关掉重启）， 如附图 D.4 所示，单击工作区中 Library 标签，查看这 5 个库是否在 Library 框里面。如果看到了，那么 ModelSim 仿真环境的建立就已经完成。值得说明的是，这些操作过程是一劳永逸的，仿真库一旦完成建立，下次就不再需要重复这些步骤了。

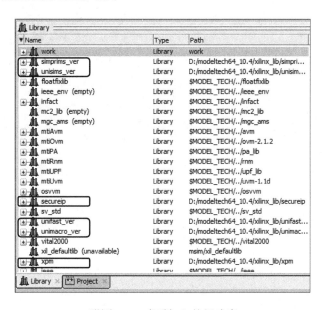

附图 D.4　查看加入的新建库

参 考 文 献

陈邦媛, 2009. 射频通信电路. 2 版. 北京: 科学出版社.

樊昌信, 2012. 通信原理. 7 版. 北京: 国防工业出版社.

方建中, 屈民军, 2007. 电子线路综合实验. 杭州: 浙江大学出版社.

何小艇, 2008. 电子系统设计. 4 版. 杭州: 浙江大学出版社.

黄瑞祥, 2013. 数字电子技术. 2 版. 杭州: 浙江大学出版社.

蒋焕文, 孙续, 2008. 电子测量. 2 版. 北京: 中国计量出版社.

廉玉欣, 2016. 基于 Xilinx Vivado 的数字逻辑实验教程. 北京: 电子工业出版社.

田耘, 徐文波, 2012. Xilinx FPGA 开发实用教程. 2 版. 北京: 清华大学出版社.

王金明, 2016. 数字系统设计与 Verilog HDL. 6 版. 北京: 电子工业出版社.

阎石, 2016. 数字电子技术基础. 6 版. 北京: 高等教育出版社.

Ciletti M D, 2014. Verilog HDL 高级数字系统设计. 李广军译. 北京: 电子工业出版社.

Floyd T L, 2002. 数字电子技术. 7 版. 余璆译. 北京: 科学出版社.

Katz R H, Borriello G, 2005. 现代逻辑设计. 2 版. 罗嵘, 刘伟, 罗洪, 等译. 北京: 电子工业出版社.